大数据与人工智能技术丛书

深度学习与交通大数据实战

◎ 张金雷 杨立兴 高自友 编著

清华大学出版社
北京

内 容 简 介

本书通过基础理论和算法实战相结合，循序渐进地介绍了深度学习与交通大数据领域内的计算机基础知识案例和应用实战案例，并通过 PyTorch 框架实现所有深度学习算法及案例应用。全书共 8 章，分别介绍了 Python 基础知识、PyTorch 基础知识、深度学习基础模型，以及基于深度学习的轨道交通刷卡数据、共享单车轨迹数据、出租车轨迹数据、私家车轨迹数据、空中交通运行数据五个案例实战。

本书主要面向广大从事交通大数据分析、机器学习或深度学习的专业人员，从事高等教育的专任教师，高等学校的在读学生及相关领域的广大科研人员。

图书在版编目(CIP)数据

深度学习与交通大数据实战/张金雷，杨立兴，高自友编著. —北京：清华大学出版社，2022.6 (2024.7重印)
(大数据与人工智能技术丛书)
ISBN 978-7-302-60292-7

Ⅰ. ①深… Ⅱ. ①张… ②杨… ③高… Ⅲ. ①机器学习 ②数据处理－应用－交通运输管理 Ⅳ. ①TP181 ②U495

中国版本图书馆 CIP 数据核字(2022)第 039370 号

责任编辑：陈景辉 薛 阳
封面设计：刘 键
责任校对：徐俊伟
责任印制：宋 林

出版发行：清华大学出版社
网　　址：https：//www. tup. com. cn，https：//www. wqxuetang. com
地　　址：北京清华大学学研大厦 A 座　　**邮　　编**：100084
社 总 机：010-83470000　　**邮　　购**：010-62786544
投稿与读者服务：010-62776969，c-service@tup. tsinghua. edu. cn
质量反馈：010-62772015，zhiliang@tup. tsinghua. edu. cn
课件下载：https：//www. tup. com. cn，010-83470236
印 装 者：三河市天利华印刷装订有限公司
经　　销：全国新华书店
开　　本：185mm×260mm　　**印　　张**：19.75　　**字　　数**：466 千字
版　　次：2022 年 7 月第 1 版　　**印　　次**：2024 年 7 月第 4 次印刷
印　　数：4301～5100
定　　价：69.90 元

产品编号：088732-02

编委会

前　言

近年来，人工智能、机器学习、深度学习等新兴技术飞速发展，在智慧交通领域掀起了一场新的技术革命，极大地促进了智慧交通学科的发展。作为计算机与交通的交叉学科，智慧交通学科旨在塑造集计算机编程技术和交通专业知识于一体的优秀复合型人才。本书以计算机编程知识简介为切入点，以交通大数据领域案例应用为落脚点，循序渐进，步步深入，为相关领域学习者提供了清晰翔实的学习路线和学习资料，有利于培养兼具计算机编程技术与交通专业知识的优秀复合型人才，有利于促进人工智能学科和智慧交通学科的不断发展，意义重大而深远。

本书主要内容

本书作为一本以案例实战应用为导向的书籍，非常适合具备一定数学基础和 Python 基础的读者学习。读者可以在短时间内学习并掌握本书介绍的所有算法以及深度学习在交通大数据领域内的应用流程。

作为一本关于深度学习与交通大数据的书籍，本书共有 8 章。

第 1 章为 Python 基础知识简介，包括 Python 数据类型、Python 三大语句、Python 的函数、类和对象、Python 的文件读取和写入，在讲解 Python 的基本语法后，详细介绍了 Python 数组包 NumPy、Python 数据分析包 Pandas、Python 科学计算包 SciPy、Python 机器学习包 Scikit-Learn、Python 可视化包 Matplotlib 五个交通数据处理过程最常用的 Python 工具包，每个工具包的简介均配备了多个实战小案例，以用带学，帮助读者更好地学习对应工具包的使用。

第 2 章为 PyTorch 基础知识简介，详细介绍了常用的张量模块、数据模块、网络模块、激活函数模块、优化器模块、训练和测试模块、模型保存与重载模块，以及可视化模块，每个模块均配备相应的代码对其使用方法的详细讲解，确保读者在后续学习人工智能建模时已经具备深厚的深度学习建模基础。

第 3 章为深度学习基础模型简介，从基本的反向传播算法，到循环神经网络、卷积神经网络和图卷积神经网络，每一节首先对模型原理进行简介，然后借助相应的实战案例来帮助读者加深对模型原理的理解。

第 4～8 章为全书主体部分，分别讲解基于深度学习的轨道交通刷卡数据、共享单车轨迹数据、出租车轨迹数据、私家车轨迹数据和空中交通运行数据案例实战，具体内容包括研究背景、研究现状、数据获取手段及开源数据集简介、数据预处理、基于 PyTorch 的案例建模。案例建模部分又对问题陈述及模型框架、数据准备、模型构建、模型训练及测试、结果展示进行了详细介绍。每一部分均附有完整的代码以及代码解释，带领读者了解从最初的数据获取到最终的结果展示，实现多个完整的应用案例，确保读者学完该案例能够对该领域有较为深刻的理解，建模技能有较为明显的提升。

本书第 1～4 章由北京交通大学张金雷博士完成；第 5 章由奥尔堡大学缪浩博士完成；第 6 章由国防科技大学金广垠博士完成；第 7 章由湖南大学刘晨曦博士完成；第 8 章由北京航空航天大学张明华博士完成。全书由北京交通大学张金雷博士、杨立兴教授、高自友教授、陈瑶、李华、章树鑫、杨咏杰校核。本书撰写过程得到北京交通大学轨道交通控制与安全国家重点实验室的支持。

本书特色

（1）以案例为导向，对基础理论知识点与代码演练进行详细讲解。

（2）实战案例丰富，涵盖百余个知识点案例、5 个交通大数据完整项目案例。

（3）案例过程完整，体系化介绍完整的深度学习与交通大数据项目案例。

（4）代码清晰详尽，所有代码均附有详细说明，避免对代码的无效展示。

（5）基础知识与案例应用各个模块的算法相对独立，便于读者针对性学习。

配套资源

为便于教学，本书配有源代码、数据集、教学课件、教学大纲、教案、微课视频、程序安装指导。

（1）获取源代码和数据集、微课视频以及需要彩色展示图片的方式：先扫描本书封底的文泉云盘防盗码，再扫描下方二维码，即可获取。

源代码和数据集

微课视频

彩色图片

（2）其他配套资源可以扫描本书封底的“书圈”二维码，回复本书的书号即可下载。

读者对象

本书主要面向广大从事交通大数据分析、机器学习或深度学习的专业人员，从事高等教育的专任教师，高等学校的在读学生及相关领域的广大科研人员。

本书作者在编写过程中，参考了诸多相关资料，得到了各位编委的大力支持，在此对相关资料的作者和各位编委表示衷心的感谢。

限于个人水平和时间仓促，书中难免存在疏漏之处，欢迎广大读者批评指正。

作　者

2022 年 3 月

目录

第1章

Python基础知识简介

1.1 Python 数据类型

本章将介绍 Python 中基础的数据类型，这些不同的数据类型被用作不同状态下 Python 的输入，对基本数据类型以及其基本操作的理解能够帮助读者有效地进行数据的存储和读取，对于后续基于 Python 的深度学习具有重要的意义。在介绍数据类型之前，引入一个新的概念：数据结构。数据结构是以某种方式(如通过编号)组合起来的数据元素(如数、字符及其他数据结构)的集合。序列是 Python 中最基本的数据结构。序列中的每个元素都分配一个编号——它的位置或索引，第一个索引是 0，第二个索引是 1，以此类推。

本章将介绍数据分析中最常用的四种不同数据类型：列表、元组、字符串和字典。对于每种不同的数据类型，首先介绍其定义，然后介绍其常见的操作，最后介绍其方法。

1.1.1 列表

1. 列表的定义

列表是一个由不同元素构成的序列，用[]表示。[]内以逗号分隔，按照索引，存放各种数据类型，每个位置代表一个元素，列表元素可以是不同的数据类型。

2. 列表的创建

列表的创建方式，代码如下。

```
list = ['physics', 'chemistry', 1997, 2000]
nums = [1, 3, 5, 7, 8, 13, 20]
```

3. 列表的基本操作

列表的基本操作包括修改列表、删除元素、列表切片以及使用列表的函数和方法。

(1) 修改列表。

修改列表是对列表元素进行替换的过程。修改列表需要使用赋值语句,利用索引给特定位置的元素赋值,代码如下。

```
nums = [1, 3, 5, 7, 8, 13, 20]
nums[0] = 100
print(nums) #nums = [100, 3, 5, 7, 8, 13, 20]
```

(2) 删除元素。

删除元素是去除列表中某些元素的过程。从列表中删除元素需要使用 del 语句,代码如下。

```
list = ['physics', 'chemistry', 1997, 2000]
del list[0]
print(list)  #list = ['physics', 'chemistry', 1997, 2000]

nums = [1, 3, 5, 7, 8, 13, 20]
print(nums[0:3])    #[1, 3, 5]
print(nums[3:])     #[7, 8, 13, 20]
print(nums[-2:])    #[13, 20]
```

(3) 列表切片。

列表切片是取出整个列表中一部分元素的过程。列表切片的功能很强大,给切片赋值可以直接同时改变列表中多个元素,代码如下。

```
list = ['physics', 'chemistry', 1997, 2000]
list[2:] = [2020, 2021]
print(list)  #['physics', 'chemistry', 2020, 2021]
```

同时,可以使用切片赋值,将切片替换为与其长度不同的序列,代码如下。

```
list = ['physics', 'chemistry', 1997, 2000]
list[2:] = [2020, 2021, 2022]
print(list)  #['physics', 'chemistry', 2020, 2021, 2022]
```

此外,使用切片赋值还可以实现在列表中增加新元素,代码如下。

```
list = ['physics', 'chemistry', 1997, 2000]
list[2:2] = [2020]
print(list)  #['physics', 'chemistry', 2020, 1997, 2000]
```

同样,也可以使用切片赋值删除列表中的元素,代码如下。

```
list = ['physics', 'chemistry', 1997, 2000]
list[2:] = []
print(list)  #['physics', 'chemistry']
```

(4) 列表方法。

列表方法是与对象(如列表、数、字符串等)紧密连接的函数,其调用方法代码如下。

```
object.method(arguments)
```

列表中包含查看和修改其内容的许多方法,下面将一一介绍。

① append()。

append()函数用于在列表末尾增加一个对象,代码如下。

```
list = ['physics', 'chemistry', 1997, 2000]
list.append(2021)
print(list)  #['physics', 'chemistry', 1997, 2000, 2021]
```

② clear()。

clear()函数用于清空列表中的内容,代码如下。

```
list = ['physics', 'chemistry', 1997, 2000]
list.clear()
print(list)  #[]
```

③ copy()。

copy()函数用于复制列表,代码如下。

```
list = ['physics', 'chemistry', 1997, 2000]
list2 = list.copy()
print(list2)  #['physics', 'chemistry', 1997, 2000]
```

④ count(value)。

count()函数用于计数,计算指定的元素在列表中出现的次数,代码如下。

```
list = ['physics', 'chemistry', 1997, 2000, 2000]
number = list.count(2000)
print(number)  #2
```

⑤ extend(iterable)。

extend()函数可以在列表末尾增加多个值,使用一个列表来扩展另一个列表,代码如下。

```
list = ['physics', 'chemistry', 1997, 2000]
list2 = [2020, 2021, 2022]
list.extend(list2)
print(list)  #['physics', 'chemistry', 1997, 2000, 2020, 2021, 2022]
```

⑥ index(value, start=None, stop=None)。

index()函数用于查找指定值第一次出现的索引,代码如下。

```
list = ['physics', 'chemistry', 1997, 2000, 1997]
index = list.index(1997)
print(index)  #2
```

⑦ insert(index, p_object)。

insert()函数用于将一个对象插入列表,index 为对象 p_object 需要插入的索引位置;p_object 为要插入列表中的对象,代码如下。

```
list = ['physics', 'chemistry', 1997, 2000, 1997]
list.insert(0, 'name')
print(list)  #['name', 'physics', 'chemistry', 1997, 2000, 1997]
```

⑧ pop(index=None)。

pop()函数用于从列表中删除元素,index 为要移除列表元素的索引值,不能超过列表总长度,默认为 index=-1,表示删除最后一个列表值,代码如下。

```
list = ['physics', 'chemistry', 1997, 2000]
list.pop(3)
print(list)  #['physics', 'chemistry', 1997]
```

⑨ remove(value)。

remove()函数用于删除列表中第一个指定值位置的元素,value 为列表中要删除的元素,代码如下。

```
list = ['physics', 'chemistry', 1997, 2000, 1997]
list.remove(1997)
print(list)  #['physics', 'chemistry', 2000, 1997]
```

⑩ reverse()。

reverse()函数用于将列表中的元素倒序重新排列,代码如下。

```
list = ['physics', 'chemistry', 1997, 2000]
list.reverse()
print(list)  #[2000, 1997, 'chemistry', 'physics']
```

⑪ sort (key=None, reverse=False)。

sort()函数用于对原列表进行排序,如果指定参数,则使用指定的比较函数。key 是指定排序依据的函数,常用 lambda 匿名函数。reverse 为指定排序规则,默认为升序,reverse=True 表示降序,reverse=False 表示升序(默认),代码如下。

```
nums = [1, 3, 10, 7, 16, 13, 20]
nums.sort()
print(nums)  #[1, 3, 7, 10, 13, 16, 20]
nums.sort(key = lambda x: x * ( - 1))
print(nums)  #[20, 16, 13, 10, 7, 3, 1]
```

1.1.2 元组

元组与列表类似,元组也是序列,不同之处在于元组的元素不能修改,不能删除,不能新增,只能读取。使用()表示元组;如果元组中只有一个元素,则表现形式为:(元素),因为元组中只包含一个元素时,如果不加逗号,会被当作运算符使用。空元组的表达形式为:tuple()。创建元组的方法如下。

```
tuple1 = (1, 2, 3, 4)
print(tuple1)  #(1, 2, 3, 4)
tuple2 = 2020,
print(tuple2)  #(2020,)
```

元组并不复杂,除了创建和访问元素外,对元组可执行的操作不多,元组的索引切片的使用方式与列表的索引切片使用方式是一样的,因此,不再介绍元组的其他内容。

1.1.3 字符串

字符串是 Python 中较为常用的数据类型,可以使用'或"来创建字符串。字符串是不可变的数据类型,所以不能对字符串的所有元素赋值或切片赋值,不论执行何种操作,源字符串是不会改变的,每次操作都会返回新字符串。字符串的创建方式如下。

```
str = 'hello world'
print(str)  #hello world
```

字符串的基本操作有多种,包括字符串切片、字符串格式化(format()函数的使用)以及使用字符串的函数和方法。

1. 字符串切片

字符串的索引与列表的索引相同,下标从零开始,通过索引取出字符串中相应的值。字符串的切片与列表的切片也相同,通过切片可以取出字符串中的一段字符,代码如下。

```
str = 'hello world'
print(str[0:3])  #hel
print(str[3:])  #lo world
print(str[:-1])  #hello world
```

2. 字符串格式化

将值转换为字符串并设置其格式是一项重要的操作，在Python中，format()函数用于字符串的格式化，通过{}和:来代替%。传入的参数有两种形式，一种是位置参数，一种是关键字参数。位置参数不受顺序约束，且可以为{}，只要format()函数里有相对应的参数值即可，参数索引从0开始，传入位置参数列表可用*列表。关键字参数值需要一一对应，可用字典当作关键字参数传入值，字典前加**即可。需要注意的是，当位置参数和关键字参数混合使用时，位置参数一定要在关键字参数左边。不同的使用方法如下所述。

(1) 不设置指定位置，按默认排序。

代码如下。

```
str = "北京的地铁站有{}、{}、{}、{}"
str = str.format("北京西站", "西直门站", "动物园站", "回龙观站")
print(str)  #北京的地铁站有北京西站、西直门站、动物园站、回龙观站
```

(2) 设置指定位置。

代码如下。

```
str = "北京的地铁站有,{3},{0},{2},{1}"
str = str.format("北京西站", "西直门站", "动物园站", "回龙观站")
print(str)  #北京的地铁站有回龙观站,北京西站,动物园站,西直门站
```

(3) 以列表的形式传入参数。

代码如下。

```
str = "北京的地铁站有,{},{},{},{}"
subway = ["北京西站","西直门站","动物园站","回龙观站"]
str = str.format(*subway)
print(str)  #北京的地铁站有北京西站,西直门站,动物园站,回龙观站
```

(4) 使用关键字传入参数。

代码如下。

```
str ="北京的地铁站有,{k0},{k1},{k2},{k3}"
str = str.format(k1="北京西站", k0="西直门站", k2="动物园站", k3="回龙观站")
print(str)  #北京的地铁站有西直门站,北京西站,动物园站,回龙观站
```

(5) 以字典为关键字传入参数。

代码如下。

```
str = "北京的地铁站有,{k0},{k1},{k2},{k3}"
str = str.format( **{"k1": "北京西站", "k0": "西直门站", "k2": "动物园站", "k3": "回龙观站"})
print(str)  #北京的地铁站有西直门站,北京西站,动物园站,回龙观站
```

(6) 使用混合模式传入参数。

代码如下。

```
str = "北京的地铁站有, {3}, {1}, {2}, {0}, {c}"
str = str.format("北京西站", "西直门站", "动物园站", "回龙观站", **{"c": "东直门站"})
print(str)  #北京的地铁站有回龙观站,西直门站,动物园站,北京西站,东直门站
```

(7) 使用.format()进行数字格式化。

代码如下。

```
a = 3.1415926
b = "{:.2f}".format(a)
print(b)  #3.14
```

3. 字符串方法

与列表的方法相比,字符串的方法要多很多,本节将介绍几种常用的字符串方法,具体如下。

(1) center(width, fillchar=None)。

center()函数返回一个指定的宽度 width 且居中的字符串,字符串长度为 width,fillchar 为填充的字符,默认为空格,代码如下。

```
str = "中国铁路"
str = str.center(30, "*")
print(str)  # *************中国铁路*************
```

(2) find(sub, start=None, end=None)。

find()函数用于检测字符串中是否包含子字符串 sub,如果指定关键字 start(开始)和 end(结束),则检查是否包含在指定范围内。如果指定范围内包含指定索引值,返回的是索引值在字符串中的起始位置,如果不包含索引值,返回-1,代码如下。

```
str = "Deep learning is becoming increasingly popular"
print(str.find("learning"))          #5
print(str.find("learning", 7, 19))        # -1
```

(3) join(iterable)。

join()函数用于将序列中的元素以指定的字符连接生成一个新的字符串,代码如下。

```
str = "abcde"
str = "-".join(str)
print(str)  #a-b-c-d-e
```

(4) lower()。

lower()函数用于将字符串中所有大写字符转换为小写,代码如下。

```
str = "DEEP LEARNING"
str = str.lower()
print(str)  #deep learning
```

(5) replace(old, new, count=None)。

replace()函数用于将字符串中的某子串进行替换,默认替换指定的所有子串。old为旧的字符串,new为新的字符串,count为替换的次数,代码如下。

```
str = "china"
str = str.replace("c", "C")
print(str)  #China
```

(6) split(sep=None, maxsplit=-1)。

split()函数用于分隔字符串,从左侧开始分隔,返回一个将字符串以指定分隔符分隔的列表,从左边开始查找分隔符,默认空格为分隔符;注意,最终获得的sep为指定分隔符,maxsplit为最多分隔的次数,-1表示全部分隔,列表中不存在之前所指定的分隔符,代码如下。

```
str = "c h i n a"
str = str.split(" ", maxsplit=-1)
print(str)  #['c', 'h', 'i', 'n', 'a']
```

(7) strip(chars=None)。

strip()函数用于移除字符串头尾指定的字符(默认为空格)或字符序列。注意:该方法只能删除开头或结尾的字符,不能删除中间部分的字符。chars表示移除字符串头尾指定的字符序列,代码如下。

```
str = "*************中国铁路*************"
str = str.strip("*")
print(str)  #中国铁路
```

(8) translate(table)。

translate()函数根据由maketrans()函数生成的对照表table完成字符替换,table是对照表,由maketrans函数生成,代码如下。

```
table = str.maketrans("world", "12345")
str = "hello world"
print(str.translate(table))   #he442 12345
```

1.1.4 字典

字典是 Python 中唯一的内置映射类型，它是以{}括起来的键值对组成的{key：value}，这种{key：value}称为项(item)。在字典中，key 是唯一的，在保存的时候，根据 key 来计算出一个内存地址，然后将 key-value 保存在这个地址中，这种算法被称为 hash 算法，所以，在 dict 中存储的 key-value 中的 key 必须是可 hash 的；其中的值不按顺序排列，而是存储在键下。键可能是数字、字符串或元组。因此，字典是一个可变的无序的可以存储任何类型的数据类型，字典用好了其效率和方便程度要比列表和字符串高得多。字典的创建方式如下。

```
dic = {"name": "xiaoming", "age": 18}
print(dic)   #{'name': 'xiaoming', 'age': 18}
```

还可以使用函数 dict()从其他映射(如其他字典)或键-值对序列创建字典，代码如下。

```
items = [("name", "xiaoming"), ("age", 18)]
dict = dict(items)
print(dict)   #{'name': 'xiaoming', 'age': 18}
```

由于字典是无序的，不存在切片操作，因此下面仅介绍字典的函数，其具体函数介绍如下。

(1) clear()。

clear()函数用于删除字典内的所有元素，清空字典，代码如下。

```
dic = {"name": "xiaoming", "age": 18}
dic.clear()
print(dic)   #{}
```

(2) copy()。

copy()函数用于返回一个字典的浅复制，将字典进行复制，代码如下。

```
dic = {"name": "xiaoming", "age": 18}
dict1 = dic.copy()
print(dict1)   #{'name': 'xiaoming', 'age': 18}
```

(3) fromkeys(seq,value)。

fromkeys()函数用于创建一个新字典，以序列 seq 中元素作为字典的键，value 作为字典所有键对应的初始值，代码如下。

```
items = ["name", "age"]
items = dict.fromkeys(items, "123")
print(items)  #{'name': '123', 'age': '123'}
```

(4) get(key, default=None)。

get()函数返回指定键的值,如果值不在字典中返回默认值。默认值为 None。key 为字典中要查找的键,代码如下。

```
dic = {"name": "xiaoming", "age": 18}
dict1 = dic.get("name")
print(dict1)  #xiaoming
```

(5) items()。

items()函数以列表形式返回可遍历的(键,值)元组数组,代码如下。

```
dic = {"name": "xiaoming", "age": 18}
dict1 = dic.items()
print(dict1)  #dict_items([('name', 'xiaoming'), ('age', 18)])
```

(6) keys()。

keys()函数用于以列表返回一个字典所有的键,代码如下。

```
dic = {"name": "xiaoming", "age": 18}
dict1 = dic.keys()
print(dict1)  #dict_keys(['name', 'age'])
```

(7) pop(key, default=None)。

pop()函数用于删除字典给定键 key 所对应的值,返回值为被删除的值。key 值必须给出。否则返回 default 值,代码如下。

```
dic = {"name": "xiaoming", "age": 18}
dict1 = dic.pop("name")
print(dict1)  #xiaoming
```

(8) popitem()。

popitem()函数用于随机返回并删除字典中的一对键和值(一般删除末尾对),代码如下。

```
dic = {"name": "xiaoming", "age": 18}
dict1 = dic.popitem()
print(dict1)  #('age', 18)
```

(9) setdefault(key, default=None)。

setdefault()函数与 get()函数用法类似,如果 key 在字典中,返回对应的值。如果不在字典中,则插入 key 及设置的默认值 default,并返回 default,default 默认值为 None,代码如下。

```
dic = {"name": "xiaoming", "age": 18}
dict1 = dic.setdefault("name")
print(dict1)  #xiaoming
```

(10) update()。

update()函数用于把字典参数 dict1 的 key/value(键/值)对更新到字典 dict 里,如果有相同的键值进行替换,代码如下。

```
dic = {"name": "xiaoming", "age": 18}
dic1 = {"a": 1,"b": 2,"age": 18}
dic.update(dic1)
print(dic)  #{'name': 'xiaoming', 'age': 18, 'a': 1, 'b': 2}
```

(11) values()。

values()函数用于以列表返回字典中的所有值,代码如下。

```
dic = {"name": "xiaoming", "age": 18}
dic1 = dic.values()
print(dic1)  #dict_values(['xiaoming', 18])
```

1.2　Python 三大语句

Python 流程控制语句主要分为三种:顺序语句、条件语句和循环语句。本节将对这三种语句进行详细介绍。

1.2.1　顺序语句

顺序语句是流程控制中最简单的一种语句。该语句的特点是按照语句的先后顺序依次执行,每条语句只执行一次,print()语句、import()语句和赋值语句即为顺序语句。本节将对这三种语句进行介绍。

(1) print()语句。

已知 print()语句可以打印一个表达式,在前文的代码中已具体体现。此外,print()语句还可以用来打印多个表达式,这时需要用逗号将不同的表达式分隔开,代码如下。

```
print("name:", "xiaoming")  #name: xiaoming
```

当输出的字符串不带有符号,但想在结果中添加时,可以采用如下方式。

```
print("name" + ":", "xiaoming")  #name: xiaoming
```

(2) import 语句。

采用 import 语句导入包时,通常有以下四种方式。

① import somemodule:导入整个模块。

② from somemodule import somefunction:导入某个模块中的某个函数。

③ from somemodule import somefunction, anotherfunction, yetanotherfunction:导入某个模块中的几个函数。

④ from somemodule import * :导入模块中的所有函数。

当有两个模块,它们都包含函数 open 时,可使用第一种方式导入这两个模块,并像下面这样调用函数。

```
module1.open(…)
module2.open(…)
```

此外,在导入模块后还可以重新指定别名,代码如下。

```
import math as foobar
a = foobar.sqrt(16)
print(a)  #4.0
```

所以,当两个模块都含有同一个函数时,还可以用重新指定别名的方式加以区分,对于前面的 open 函数,还可以采用如下导入方式。

```
from module1 import open as open1
from module2 import open as open2
```

(3) 赋值语句。

赋值语句在程序编写过程中十分常见,可以给变量赋值,也可以给数据结构的一部分赋值,比如可以对列表中的元素和切片赋值,代码如下。

```
x, y, z = 1, 2, 3
print(x, y, z)  #1 2 3
```

上述对变量赋值的方式也称作序列解包(或迭代对象解包):将一个序列(或任何可迭代对象)解包,并将得到的值存储到一系列变量中,代码如下。

```
values = 4, 8, 9
x, y, z = values
print(x, y, z)  #4 8 9
```

将序列解包的方法用于元组的方法和函数中时,会有很大的作用,代码如下。

```
dic = {"name": "xiaoming", "age": 18}
key, value = dic.popitem()
print(key)      #age
print(value)    #18
```

由上述例子可以看出，通过序列解包的方法可以轻松地访问函数返回的值。

除了序列解包这种赋值方式外，还有链式赋值的方式，链式赋值是一种快捷方式，用于将多个变量关联到同一个值，代码如下。

```
x = y = 2020
print(x, y)   #2020 2020
```

链式赋值还有下面这种表示方式。

```
x = 2020
y = x
print(x, y)   #2020 2020
```

除了序列解包、链式赋值这两种赋值方式外，还有增强赋值。增强赋值是指将赋值语句中右边表达式的运算符移动到赋值运算符的左边，这称为增强赋值，这种方法适用于所有的标准运算符，如 *、/、%，代码如下。

```
x = 1
x += 1     #2
x * = 4    #8
print(x)   #8
```

1.2.2　条件语句

Python 条件语句是通过一条或多条语句的执行结果（True 或者 False）来决定执行的代码块，True 和 False 都为布尔值。条件语句中，标准值 None 和 False、各种类型的数值 0（包括浮点型和复数等）、空序列（如空列表、空字符串和空元组）以及空映射（如空字典）都为假，其他各种值，包括标准值 True 都为真。

Python 中条件语句用于控制程序的执行，基本形式为：

```
if 判断条件:
    执行语句
else:
    执行语句
```

其中，"判断条件"成立（为真）时，则执行后面的语句，而执行内容可以有多行，以缩进来区分表示同一范围；else 为可选语句，在条件不成立时执行，代码如下。

```
flag = False
name = "java"
if name == 'Python':           #判断变量是否为 Python
    flag = True                #条件成立时设置标志为真
    print('welcome boss')      #并输出欢迎信息
else:
    print(name)                #条件不成立时输出变量名称
```

上述代码因判断条件为假,所以执行 else 后面的语句,最终输出为: java。

if 语句的判断条件可以用>(大于)、<(小于)、==(等于)、>=(大于或等于)、<=(小于或等于)来表示其关系。上述条件语句的判断条件只有一个,当条件语句中的判断条件有多个时,可以使用以下形式。

```
if 判断条件 1:
    执行语句 1
elif 判断条件 2:
    执行语句 2
elif 判断条件 3:
    执行语句 3
else:
    执行语句 4
```

判断多个条件的条件语句代码如下。

```
num = 10
if num == 3:                #判断 num 的值
    print('boss')
elif num == 2:
    print('user')
elif num == 10:
    print('worker')
elif num < 0:               #值小于零时输出
    print('error')
else:
    print('roadman')        #条件均不成立时输出
```

上述代码中第三个判断条件为真,所以输出为 worker。

多个条件单独判断可以使用 elif,如果多个条件需同时判断,可以使用 or(或),表示两个条件中有一个成立时判断条件成功; 使用 and(与)时,表示只有两个条件同时成立的情况下,判断条件才成功,代码如下。

```
num = 11
if num < 0 or num > 10:         #判断值是否小于 0 或大于 10
    print('hello')
else:
    print('undefine')
#输出结果: hello

num = 8
#判断值是否为 0~5 或者 10~15
if (num >= 0 and num <= 5) or (num >= 10 and num <= 15):
    print('hello')
else:
    print('undefine')
#输出结果: undefine
```

除了可以进行多条件判断外,条件语句的代码块还可以嵌套,代码如下。

```
num = 5
if num == 5:
    if num > 10:
        print('hello')
    elif num < 6:
        print('hi')
    else:
        print('undefine')
else:
    print('hello, world')
#输出结果:hi
```

1.2.3 循环语句

Python 中的循环语句可以执行一个语句或者语句组多次,循环语句的循环类型有两种:while 循环语句和 for 循环语句。其中,循环控制语句可以通过 break 语句和 continue 语句对循环过程进行控制。下面将进行具体介绍。

1. while 循环语句

Python 编程中 while 语句用于循环执行程序,即在某条件下循环执行某段程序,以处理需要重复处理的相同任务。其基本形式为:

```
while 判断条件:
    执行语句
```

执行语句可以是单个语句或语句块。判断条件可以是任何表达式,任何非零或非空(null)的值均为 True。当判断条件为 False 时,循环结束,代码如下。

```
num = 0
while (num < 5):
    print('The number is:', num)
    num = num + 1
print("Good bye!")
#输出结果为:
#The number is: 0
#The number is: 1
#The number is: 2
#The number is: 3
#The number is: 4
#Good bye!
```

while 循环中也可以使用 else 语句,while…else 在循环条件为 false 时执行 else 语句块,代码如下。

```
count = 0
while count < 3:
   print(count, " is less than 3")
   count = count + 1
else:
   print(count, " is not less than 3")
#输出结果为:
#0 is less than 3
#1 is less than 3
#2 is less than 3
#3 is not less than 3
```

while 语句中还有另外两个重要的命令 continue 和 break 用来跳过循环。continue 用于跳过该次循环，break 则用于退出循环。此外，“判断条件”还可以是个常数值，表示循环必定成立。

continue 语句用法如下。

```
i = 1
while i < 6:
    i += 1
    if i % 2 > 0:#非双数时跳过输出
        continue
    print(i)
#输出双数 2、4、6
```

break 语句用法如下。

```
i = 1
while 1:          #循环条件为 1 必定成立
    print(i)
    #输出 1~3
    i += 1
    if i > 3:  #当 i 大于 3 时跳出循环
        break
```

2. for 循环语句

Python 中 for 循环可以遍历任何序列的项目，如一个列表或者一个字符串。for 循环的基本形式为：

```
for iterating_var in sequence:
    statements
```

for 循环语句代码如下。

```
city = ['北京', '上海', '深圳']
for index in range(len(city)):
```

```
    print('当前城市 : %s' % city[index])
print("Good bye!")
#输出结果:
#当前城市 : 北京
#当前城市 : 上海
#当前城市 : 深圳
#Good bye!
```

for 循环语句和 while 循环语句类似,也可以使用 else 条件语句,for…else 中的 for 语句和普通的 for 语句没有区别,else 中的语句会在循环正常执行完(即 for 不是通过 break 跳出而中断)的情况下执行。代码如下。

```
for num in range(10, 13):          #迭代 10~13 的数字
    for i in range(2, num):        #根据因子迭代
        if num % i == 0:           #确定第一个因子
            j = num / i            #计算第二个因子
            print('%d 等于 %d * %d' % (num, i, j))
            break                  #跳出当前循环
    else:                          #循环的 else 部分
        print('%d 是一个质数' % num)
#输出结果为:
#10 等于 2 * 5
#11 是一个质数
#12 等于 2 * 6
```

1.2.4 列表推导式

列表推导是一种从其他列表创建列表的方式,类似于数学中的集合推导。列表推导的工作原理非常简单,其基本表达方式为:[表达式 for 变量 in 序列或迭代对象]。列表推导式在逻辑上相当于一个循环,代码如下。

```
list = [x * x for x in range(3)]
print(list)  #[0, 1, 4]
```

除了在列表推导式中使用 for 语句进行循环外,还可以使用 if 语句进行选择,代码如下。

```
list = [x * x for x in range(3) if x % 2 == 0]
print(list)  #[0, 4]
```

还可添加更多的 for 部分,代码如下。

```
list = [(x, y) for x in range(2) for y in range(2)]
print(list)  #[(0, 0), (0, 1), (1, 0), (1, 1)]
```

在使用多个 for 部分时，也可以使用 if 语句，代码如下。

```
list = [(x, y) for x in range(4) if x % 2 == 0 for y in range(4) if y % 2 == 0]
print(list)  #[(0, 0), (0, 2), (2, 0), (2, 2)]
```

1.3 Python 的函数、类和对象

1.3.1 函数

1. 函数的基本使用

函数是一段封装的具有独立功能的代码块。把开发的具有独立功能的代码块封装到一个函数里，可以在重复使用此独立功能时直接调用，非常方便。定义 Python 函数的方式如下。

```
def Fun():
    """对函数功能的简要说明"""
    some codes
```

在定义函数后，上述步骤只是将具有功能的独立代码块封装起来备用，在真正使用函数的时候，还需要对其进行调用，调用已经定义好的 Fun()函数的代码如下。

```
Fun()
```

如果在其他文件里想要调用这个文件中定义的函数，需要先用 import 导入这个文件包。如果不主动调用，函数自身是不会执行其内部的代码，定义的效果只是让 Python 的解释器知道用户定义了一个待使用的函数。

定义函数时，第一行与其他代码通常保留两个空行的间隔，并且在冒号后的第一行在三个双引号中输入对函数的说明，这样可以方便调用者在调用函数的时候快速查看函数的功能。

2. 函数的参数

函数的参数可以让功能独立的代码块具有更好的通用性，使得函数可以在相同计算逻辑下得到不同数值的计算结果。下面定义一个实现两个数字相加功能的函数，代码如下。

```
def sum_num(num1, num2):
    result = num1 + num2
    print("%d + %d = %d" % (num1, num2, result))

sum_num(1, 2)  #1 + 2 = 3
```

在上述代码中,num1,num2,1,2这些在括号里面的都是参数,可以看到参数之间用逗号分隔。num1,num2与1,2两组参数含义不同。num1和num2称为形参,1和2称为实参。

形参是定义函数时括号中的参数,代表在调用时要传入的值。它的功能有两点,一是为了给实参提供传入参考,二是当作变量使用。实参是在调用时小括号里的参数,是调用函数时真正要计算的数,它直接传入函数中参与计算最终的结果。可以说,形参的使命就是等待实参输入,来替代它原本的位置。

3. 函数的返回值

函数的返回值是函数功能完成后的结果,返回值可以方便函数的调用者根据接收结果做后续的处理,使用return+关键字的形式返回结果。需要注意的是,当函数使用return完毕,函数的定义部分就结束了,后续的代码都不会被执行了。更改上面定义的函数,代码如下。

```
def sum_num(num1, num2):
    result = num1 + num2
    print("%d + %d = %d" % (num1, num2, result))
    return result
```

如果在调用时使用sum_num(1,2)来接收结果,会发现运行后没有任何显示,原因是要用变量来接收结果。因此,正确的调用方式代码如下。

```
answer = sum_num(1, 2)
print("计算结果: %d" % answer)   #3
```

4. 函数的嵌套调用

函数的嵌套调用是指在函数2里面调用函数1,代码如下。

```
def sum_num(num1, num2):
    result = num1 + num2
    print("%d + %d = %d" % (num1, num2, result))   #1 + 2 = 3
    return result

def sum_num2():
    answer = sum_num(1, 2)                           #调用上面的函数
    print("计算结果: %d" % answer)                   #3

sum_num2()                                           #1 + 2 = 3 计算结果:3
```

最后,类比一个生活中的示例来帮助读者理解Python函数。假设一公司某部门有一项工作需要完成。在制定完成计划的步骤阶段,需要人员A和人员B分别完成一项任务,这个计划阶段叫作定义函数。此时,人员A和B还未指定具体完成任务,即为形参。

指定人员A完成其中的任务1,人员B完成任务2,在指定人员完成的具体任务时,相当于给函数传入了实参,指定的具体任务就是实参。完成任务后,需要给出的任务报告就叫作返回值。调用者只需要看到返回值来评判工作的完成质量,这里的调用者当然就指的是老板。

1.3.2 类和对象

1.3.1节介绍了如何使用Python函数来封装各种功能,怎样在需要的时候随时调用各种功能。然而,随着编程项目的复杂性越来越高,需要调用的函数也越来越多,一定程度下,代码的整体结构就会变得混乱,各种调用混杂在一起,非常不利于大型项目的开发和维护。此时,需要一种适用于复杂项目的编程方式,下面就来寻找这种方式。

在自然界中,人类对事物的理解通常是先认识到事物所属类别,以及类别具有的属性。例如,在认识一个人的时候,首先知道对方属于人类,再认识到对方的属性,如身高、体型等,之后才和对方共同进行行为活动。这样的认识逻辑更符合自然的基本规则。于是,面向对象编程出现了。

1. 类和对象的基本理解

类是现实生活中的一个类别,是一群具有相同特征或行为的事物的统称。类是一个抽象的概念,例如,人类、动物、物品等,这些都是类,甚至还可以分为大类和小类,人类就是大类,儿童、青少年、成年人就是小类,是人类的子类。

类的特征被称为属性,类的行为被称为方法。类是一个模板,里面封装了各种各样的属性和方法,并且类不能直接使用。属性是关于对象特征的描述,而方法则是对象具有的行为。

对象是根据类创建出来的具体实例,可以有一个或多个,对象可以直接使用。例如,三年二班张小明,就是一个人类的实例化,是一个对象。

根据哪一个类创建出来的对象,就拥有在哪一个类中定义的属性和方法。也就是说,应该先有类再有对象。并且,类只有一个,对象可以有多个,类中定义了什么属性和方法,对象中就有什么属性和方法,不可能比类中多或少。可以类比的理解为,类是一张楼房施工图纸,而对象就是根据图纸建造出来的一栋栋楼房,这些楼房都拥有图纸上标明的属性和方法,即通过类的模板可以产生很多个对象。

2. 类和对象的定义

类是现实世界或思维世界中的实体在计算机中的反映,封装数据和在数据上的操作。类是一个抽象的概念,它的实质就是一个封装的代码块,使用系统关键词class来定义,代码如下。

```
class my_class:
    #一系列的属性(变量/数据成员)和方法(函数/行为)
    #作为初学者,把上一行中的概念同括号里等价理解即可
```

例如，类的名称是人类，那么属性可以是身高、年龄等，而方法可以是读书、打球等。类内的方法可以类比于函数的概念。

在程序开发中，要设计一个类，通常要满足以下三个要素。

(1) 类名。

类名为这类事物的名字，命名需要满足每一个单词的首字母大写和单词之间没有下画线这两个规则。

(2) 属性。

属性为这类事物的特征，是静态的描述。

(3) 方法。

方法为这类事物的行为，是动态的。注意，行为必须在相应的主体内定义。

下面举例帮助读者理解类的定义。定义一个获取和设置身高的类，代码如下。

```
class SetAndGetHeight:
  def setHeight(self, height):
     self.height = height
  def getHeight(self):
     return self.height
```

可以看到，上述代码定义了一个类，类名为 SetAndGetHeight，其中，self 是类的一个对象，类的属性为身高，方法就是设置和获取身高属性，这样就定义了一个类。

在定义好一个类之后，使用类时必须要进行实例化，实例化之后的类就是对象。实例化只需要在类的名称后面加一个小括号，与函数的调用比较类似，使用对象名来接收结果，代码如下。

```
对象名 = 类名 ()
```

然后再设置对象的具体属性，不同对象的属性可以不同。

上面定义的设置和获取身高的类中，实例化对象即为具体的身高数值的设置和获取，于是，调用上面定义的类生成一个对象，代码如下。

```
object1 = SetAndGetHeight()
object1.setHeight(165)
H = object1.getHeight()
print(H)  #165
```

第一行代码调用类生成对象 object1，第二行代码为设置此对象的身高是 165，第三行代码为获取此对象的身高。

需要注意的是，每一个类中的方法在定义的时候，第一个参数必定是类的对象，一般这个对象的名字默认为 self，当然可也可以自定义，本例中使用默认的 self。这个 self 参数的作用就是在定义不同的对象时，可以向对象中传入不同的参数值。具体使用方法的代码如下。

```
self.height = height
```

在这里,使用 self. 代表这个变量与具体的对象相关,即在调用生成新对象时需要单独指定这个对象中此变量的取值。

3. 面向对象的特征

前面介绍了类和对象,这种思想把相关的数据和方法封装到一个整体中,在使用编程方法解决现实问题时,把事物抽象成对象的概念,给每类对象赋予属性和方法,让每个对象去执行自己的任务,这种思想叫作面向对象编程。面向对象编程有三个重要的特征,下面介绍这三个特征。

(1) 封装性。

封装性指把某些特定的方法封装在一个类下面,使得某个具体执行的功能不显露在外边,外界只能使用该对象,而不能访问对象的内部。封装性使得一些不必要展示的细节和出于隐私安全不想让外界访问的代码隐藏起来,外界只能通过未隐藏的方法来访问数据。封装性保证了类内部完整性,使得代码可读性更强、维护更简便、安全性更高。可以理解为,在普通用户使用手机的时候,只需要知道怎么接打电话、操作按键、使用软件等。而对于手机内部的零件组装,并不需要知道。也就是说,手机内部的零件组装后封装起来了。在调用此类方法的时候,用双下画线开头来将属性隐藏起来,实现代码如下。

```
class SetAndGetHeight:
   def setHeight(self, height):
       self.__height = height
   def getHeight(self):
      return self.__height
```

(2) 继承性。

继承性指父类的方法会被子类继承下来的性质。也就是说,如果两个或两个以上的类有相同的属性或方法,可以定义一个类封装它们的公共部分,称为父类(基类/根类/超类),则原始的多个类称为子类。这样可以让子类在获得父类的所有变量和方法之余,还能根据需要自行修改。继承性可以避免定义重复的功能,大大减少了代码的开发量。下面定义一个人类,让学生类继承人类的功能。

定义一个父类为人类,包含姓名和年龄两个属性,方法是打印属性的结果,代码如下。

```
class Human:
    def __init__(self, name, age):
        self.name = name
        self.age = age

    def get(self):
        print(self.name, self.age)
```

定义一个子类为学生类,继承人类之后再加入自己的属性学号和打印学号的方法,代码如下。

```
class Student(Human):

    def __init__(self, name, age, stuID):
        #调用父类的实例化方法
        Human.__init__(self, name, age)
        self.stuID = stuID

    #重写父类的 get 方法
    def get(self):
        print(self.name, self.age, self.stuID)
```

生成对象 student1 的时候可以直接调用子类，即可继承父类里关于姓名和年龄的设置，代码如下。

```
student1 = Student('小明', 10, 12)
```

上面演示的是单继承，即子类只继承一个父类的情况，事实上，Python 允许多重继承，即子类可以继承多个父类。下面让大学生类继承人类和学生类，并加入自己的属性，属性为英语六级考试的分数。

首先定义第一个父类人类，包含姓名、年龄属性，代码如下。

```
class Human:
    def __init__(self, name, age):
        self.name = name
        self.age = age

    def get(self):
        print(self.name, self.age)
```

再定义第二个父类学生类，包含学号属性，代码如下。

```
class Student:
    def __init__(self, stuID):
        self.stuID = stuID

    def get(self):
        print(self.stuID)
```

定义一个大学生类，继承前两个父类，并包含自己的属性：六级考试成绩，代码如下。

```
class CollegeStudent(Human, Student):

    def __init__(self, name, age, stuID, CET6Score):
        Human.__init__(self, name, age)
        Student.__init__(self, stuID)
```

```
            self.CET6Score = CET6Score

        #重写父类的 get 方法
        def get(self):
            print(self.name, self.age, self.stuID, self.CET6Score)
```

现在可以调用大学生类，生成姓名是小明，年龄为20岁，学号是12号，六级英语成绩为532分的对象student2，代码如下。

```
student2 = CollegeStudent('小明', 20, 12, 532)
```

目前为止，只介绍了子类继承一次父类的情况。Python还允许多级继承，即一个子类成为另一个子类的父类，沿用上边的例子，先定义一个父类人类，再定义一个子类学生类继承人类，代码如下。

```
class Human:
    def __init__(self, name, age):
        self.name = name
        self.age = age

    def get(self):
        print(self.name, self.age)

class Student(Human):
    def __init__(self, name, age, stuID):
        Human.__init__(self, name, age)
        self.stuID = stuID

    def get(self):
        print(self.name, self.age, self.stuID)
```

现在定义一个子类大学生类来继承另一个子类学生类，代码如下。

```
class CollegeStudent(Student):

    def __init__(self, name, age, stuID, CET6Score):
        Student.__init__(self, name, age, stuID)
        self.CET6Score = CET6Score

    def get(self):
        print(self.name, self.age, self.stuID, self.CET6Score)
```

现在可以调用子类大学生类来生成一个名字叫小明，年龄20岁，学号为12，六级分数为532分的对象student3，代码如下。

```
student3 = CollegeStudent('小明', 20, 12, 532)
```

通过上面的例子可以知道，继承的使用是十分灵活的，它并无继承数量的限制，只要有继承定义类的需求，还可以不同的子类继承同一个父类，甚至一个程序中既有多重继承又有多级继承。

Python 里还有一个 super()函数可以定义子类时在父类里调用方法，下面定义一个父类和一个子类，使用 super()函数调用父类里的方法，代码如下。

```
class Parent:
    def func(self):
        print("parent")

class Child(Parent):
    def __init__(self):
        super().__init__()        #调用父类的构造方法

    def func(self):
        super().func()            #调用父类的其他方法
        print("child")


object = Child()
object.func()
```

则输出的结果为两行，第一行为 parent，第二行为 child，说明 Child 类成功调用了 Parent 类里的方法。之所以定义这个函数，是为了在子类中不出现父类的类名，这样在修改子类继承的父类时，只需要修改 class Child(Parent)：中的 Parent 即可，不需要修改其内部。

（3）多态性。

多态性发生在子类和父类之间。只有在子类重写了父类的方法的情况下，才会发生多态，示例代码如下。

```
class Parent:
    def func(self):
        print("parent")

class Child1(Parent):
    def func(self):
        print("child1")

class Child2(Parent):
    def func(self):
        print("Child2")

object = Parent()
object.func()

object = Child1()
object.func()

object = Child2()
object.func()
```

可以看到,Child1 和 Child2 都继承自 Parent 类,都重写了父类的 func()方法,但是 object 在执行同一个 func()方法时,由于 object 表示不同的实例对象,因此,object. func()调用的并不是同一个类中的 func()方法,这就是多态。

4. 类的方法

类的方法有三种,分别是实例方法、类方法和静态方法。这三种方法的区别可以一眼区分,采用@classmethod 装饰器的方法就是类方法,采用@staticmethod 装饰器的方法为静态方法,没有装饰器的方法就是实例方法。装饰器是装饰对象的器件,本质上是一个函数或类,它的作用是让其他函数或类在不需要修改代码的前提下增加额外的功能。下面分别介绍三种类的方法。

(1) 实例方法。

实例方法是在类中定义最多的方法,在类中定义的方法默认都是实例方法。前面举例的所有代码,定义的都是实例方法,包括用来初始化对象属性的类构造方法,也是实例方法,比如在定义命名为 Human 的类时,就定义了一个构造方法,代码如下。

```
class Human:
    def __init__(self, name, age):
        self.name = name
        self.age = age

    def get(self):
        print(self.name, self.age)
```

这就是一个实例方法,用来初始化类中的姓名和年龄的属性,第三四行代码定义了两个实例变量,只与对象相关,与类无关。其中,self 不是关键字,因为 self 位置可以自定义其他名字来替代。实例变量是与生成的对象相关联的一个变量,类的对象可以直接调用实例方法,代码如下。

```
object = Human('小明', 20)
object.get()
```

实例方法的特点就是最少也要包含一个 self 参数,来绑定调用此方法的实例对象。

(2) 类方法。

类方法和实例方法类似,也是最少要包含一个参数,但是在类方法中,这个参数默认被命名为 cls,当然也可以自定义。类方法用来操作和类相关的变量,代码如下。

```
class Human:
    def __init__(self, name, age):
        self.name = name
        self.age = age

    @classmethod
    def info(cls):
        print("类方法", cls)
```

上面使用@classmethod装饰器定义的就是类方法，如果没有这个装饰器，即使变量名为cls，Python解释器也会把它认定为一个实例方法。类和对象均可调用类方法，下面调用类方法。

第一种调用方式，用类名直接调用，代码如下。

```
Human.info()
```

第二种调用方式，使用类对象调用类方法，代码如下。

```
object = Human('小明', 20)
object.info()
```

两种调用方式运行出来的结果代码如下。

```
类方法 <class '__main__.Human'>
```

（3）静态方法。

静态方法的装饰器为@staticmethod，静态方法与类方法唯一的区别是静态方法没有显式地传入参数，如cls、self，所以Python的解释器不会对它包含的参数做任何类和对象的绑定，类的静态方法也无法调用任何类属性和类方法。并且静态方法与面向对象的联系比较弱，没必要时可以不用静态方法。

静态方法实质上就是函数，它与函数的唯一区别是，静态方法定义在类这个空间中，而函数则定义在全局。

用一个简单的例子来理解静态方法，首先定义静态方法，代码如下。

```
class Human:
    @staticmethod
    def info(name, age):
        print(name, age)
```

静态方法既可以使用类名，也可以使用对象来调用，下面调用静态方法。

第一种调用方式：使用类名直接调用静态方法，代码如下。

```
Human.info('小明', 20)
```

第二种调用方式：使用类对象来调用静态方法，代码如下。

```
object = Human()
object.info('小明', 20)
```

两种调用方式运行出来的结果如下。

```
小明 20
```

1.4 Python 的文件读取和写入

在 Python 中，文件的读取和写入工作可以类比小品里的一段经典台词，要把大象从冰箱里拿出来，总共分为几步？第一步，把冰箱门打开；第二步，把大象拿出来；第三步，把冰箱门关上。下面介绍 Python 中的文件读取和写入方式。

1.4.1 Python 内置读取写入方式

举例说明 Python 内置的文件读取和写入方式。在 C:\\Users\\Usersname\\路径下手动新建 test.txt 文档，文档内容为：

My name is Rachel

I am 20 years old

I like reading books

Python 中对文档的处理最常用的有三种模式：第一种是读取，第二种是写入，第三种是在既有文档后追加内容。r(Read)代表只读取文档的内容，而不对文档内容做出修改；w(Write)代表对读取的内容进行修改，并且是把原本文件内容清空再重写；a(Append)代表在原本读取的文件内容基础上继续附加内容，不删除原来的内容，代码如下。

```
file = open("C:\\Users\\Usersname\\test.txt", 'r')
file = open("C:\\Users\\Usersname\\test.txt", 'w')
file = open("C:\\Users\\Usersname\\test.txt", 'a')
```

读取文件时，有三种读取方式：第一种方式为使用 file.readline()函数，即逐行读取，一次读取一行；第二种方式为使用 file.readlines()函数，即逐行读取，一次性读完整个文件，并将其存储为一个 list；第三种方式为 file.read()函数，即一次性读取整个文件。读取完毕后需要使用 file.close()关闭文件。三种读取方式代码如下。

```
file = open("C:\\Users\\Usersname\\test.txt", 'r')
a = file.readline()          # 读取一行
print(a)                     # My name is Rachel
b = file.readlines()         # 逐行读取剩余全部行
print(b)                     # ['I am 20 years old\n', 'I like reading books\n']
c = file.read()              # 一次性读取整个文档
print(c)                     # 打印为空,因为 readlines 已经读完整个文件了
file.close()                 # 读取完毕
```

Python 中提供了自动关闭文件的 with open 语句，该语句在文件读取完毕后可自动关闭文件，文件的写入也可使用 with open 语句，建议读者使用 with open 语句而非直接使用 open 语句，代码如下。

```
with open("C:\\Users\\Usersname\\test.txt", 'r') as file:
    a = file.readline()          #读取一行
    print(a)                     #My name is Rachel
    b = file.readlines()         #逐行读取剩余全部行
    print(b)                     #['I am 20 years old\n', 'I like reading books\n']
    c = file.read()              #一次性读取整个文档
    print(c)                     #打印为空,因为 readlines 已经读完整个文件了
    #此处不需要使用 file.close()

with open("C:\\Users\\Usersname\\test.txt", 'w') as file:
    file.write("My name is Rachel")
```

1.4.2 NumPy 读取和写入

NumPy 可以读写文本文件,后缀名为.npy 的二进制文件,后缀名为.dat 的多维数组文件。注意:NumPy 不能读写 Excel 文件,读写 Excel 文件可使用 Pandas。

1. 读写文本文件

NumPy 中读取 CSV 或 txt 格式的文本文件可以使用 numpy.loadtxt()函数,此函数最常用的参数为 numpy.loadtxt(fname, dtype=< class 'float'>, delimiter=None, skiprows=0, encoding='bytes', max_rows=None),其中,fname 为要导入文件的路径和名称,dtype 为结果数组的数据类型,delimiter 为加载文件的分隔符,默认为空格,skiprows 为从开始跳过第一行的行数,encoding 为用于解码输入文件的编码,默认为 bytes,max_rows 为读取 skiprows 行后的最大行数,除了 fname 外,其余参数均可选。返回值为读取的 n 维数组,代码如下。

```
import numpy as np
a = np.loadtxt('test.txt')
print(a)
```

如果要将数组保持原格式写入 txt 或者 CSV 格式的文件中去,使用 numpy.savetxt()函数,常用参数与 loadtxt()函数的相同,代码如下。

```
import numpy as np
data = np.ones((2, 3))
np.savetxt(fname = "./test.csv", X = data, delimiter = ',', encoding = 'utf - 8')
#保存一个 2 行 3 列元素值全为 1 的数组
```

2. 读写二进制文件

NumPy 可以将数组保存为.npy 二进制文件。NumPy 中读取二进制文件使用 numpy.load(file)函数,写入二进制文件使用 numpy.save(file, array)函数,其中,file 是文件路径与名称,array 是数组变量,代码如下。

```
import numpy as np
a = np.arange(15).reshape(3,5)
np.save("a.npy", a)
b = np.load( "a.npy" )
```

3. 读写多维数据文件

NumPy 中还可以使用 numpy.fromfile(file，dtype=float，count=−1，sep='')函数读取后缀名为.dat 的多维数据文件，file 为文件的路径和名称，dtype 为读取的数据类型，count 为读取的元素个数，sep 为数据分隔符。NumPy 写入多维数据文件使用 tofile()函数，格式为 a.tofile(file，sep='',format='%s')，其中，file 为文件的路径和名称，sep 为数据分隔符，format 为写入数据的格式，两者也需要配合使用，代码如下。

```
import numpy as np
a = np.arange(100).reshape(5,10,2)
a.tofile('b.dat',sep = ',',format = '%d')
c = np.fromfile('b.dat',dtype = np.int,sep = ',')
```

1.4.3 Pandas 读取和写入

Pandas 主要用于读写文本文件和 Excel 文件。

1. 文本文件的读写

读取 txt 或 CSV 文件时，使用 pandas.read_csv(filepath，sep=',',delimiter=None，header='infer'，names=None，dtype=None，skiprows=None，chunksize=None，encoding=None)函数，其中，filepath 指定文件路径和文件名；sep 指定分隔符，默认使用逗号分隔，CSV 文件一般为逗号分隔符；delimiter 为定界符，备选分隔符，如果指定该参数，则 sep 参数失效；header 指定行数用来作为列名，指定数据开始行数，如果文件中没有列名，则默认为 0，否则设置为 None，对于数据读取有表头和没表头的情况很实用；names 为列名列表，对各列重命名，即添加表头，如数据有表头，但想用新的表头，可以设置 header=0，names=['a','b']实现表头定制；dtype 可指定每列数据的数据类型，例如{'a'：np.float64，'b'：np.int32}；skiprows 指定需要忽略的行数(从文件开始处算起)，或需要跳过的行号列表(从 0 开始)；chunksize 指定文件块的大小，读取大文件时常用该参数，以便逐块处理文件，节省内存；encoding 指定字符集类型，通常指定为'utf-8'，代码如下。

```
import pandas as pd
df = pd.read_csv('./test.csv', header = None, delimiter = ",")
df.head()   #查看前 5 行
```

在存储 CSV 文件时可以使用 to_csv()函数，代码如下。

```
import pandas as pd
df = pd.read_csv('./test.csv')
df.to_csv('/new.csv')
```

2. Excel 文件的读写

Pandas 提供了 pandas. read_excel(filepath,sheet_name=0,header=0,names=None,skiprows=None)函数来读取 xls 或 xlsx 格式的文件,其中,filepath 指定文件路径和文件名;sheet_name 默认为 0,即第 1 张表,也可以指定表的名称,如"Sheet1";header 指定行数用来作为列名,如果文件中没有列名,则默认为 0,否则设置为 None,对于数据读取有表头和没表头的情况很实用;names 为列名列表,对各列重命名,即添加表头,如数据有表头,但想用新的表头,可以设置 header=0,names=['a','b']实现表头定制;skiprows 指定需要忽略的行数(从文件开始处算起),或需要跳过的行号列表(从 0 开始),代码如下。

```
import pandas as pd
df_excel = pd.read_excel('./table.xlsx', sheet_name = 'Sheet1', header = 0)
df_excel.head()  # 输出前 5 行的结果
```

存储 Excel 文件的时候,可以使用. to_excel()函数,代码如下。

```
df.to_excel('./new_table.xlsx', sheet_name = 'Sheet1')
```

1.5 Python 数组包——NumPy

1.5.1 NumPy 简介

Numeric Python(简称 NumPy)是使用 Python 进行科学计算的基本包,它是一个 Python 工具包,提供了多维数组对象,使用 NumPy 相较于直接编写 Python 代码实现,性能更加高效、代码更加简洁。NumPy 广泛应用于各类场合,例如,机器学习、数值处理、爬虫等。NumPy 通常与 SciPy、Matploblib 一起使用,高效处理数据,并将数据可视化。

NumPy 主要是围绕 ndarray 对象展开,通过 NumPy 的线性代数工具包对其进行一系列操作,如切片索引、广播、修改数组(形状、维度、元素的增删改)、连接数组等,以及对多维数组的点积等。除了数组,NumPy 还有很多函数,包括三角函数、统计函数等。下面结合例子,介绍 ndarray 以及其基础操作。

1.5.2 ndarray 及其基本操作

NumPy 的重要特点之一就是 n 维数组对象,即 ndarray。这一部分将从数组的创建开始,介绍 ndarray 的一些基本操作,包括索引和切片、形状修改、类型修改、通用函数、线性代数、统计函数等。首先导入 NumPy,代码如下。

```
import numpy as np
```

1. 生成数组

(1) 生成 0/1 数组。

可以通过 np. ones(shape, dtype)或 np. ones_like(a, shape)生成,代码如下。

```
one_matrix = np.ones([3, 3])    #生成一个 3×3 的矩阵,矩阵元素都为 1
```

生成一个 3×3 的数组,其中每个元素都为 0,代码如下。

```
zero_matrix = np.zeros_like(one_matrix)
```

(2) 从现有数据生成数组。

可以通过 np. array(object, dtype)或 np. asarray(a, dtype)依据已有的数组生成新的数组,代码如下。

```
arr = np.array([[3, 4],[1, 2]])
arr1 = np.array(arr)
arr2 = np.asarray(arr)
print(arr)     #[[3, 4],[1, 2]]
print(arr1)    #[[3, 4],[1, 2]]
print(arr2)    #[[3, 4],[1, 2]]
```

可以发现,arr1 和 arr2 与 arr 完全一致,但采用了不同的函数,实际上这两个复制函数是不同的,对于 arr1 采用的是 np. array(),而 arr2 采用的是 np. asarray()。当修改 arr 的元素值的时候,arr1 的元素值不会改变,而 arr2 的元素值会随着 arr 的元素值变化而变化,代码如下。

```
arr[1, 1] = 6
print(arr1)  #[[3, 4],[1, 2]]
print(arr2)  #[[3, 4],[1, 6]]
```

(3) 生成固定范围的数组。

通过 np. linspace(start, stop, num=50)、np. arange([start=None], stop=None, [step=None])、np. logspace(start, stop, num=50)均可以生成指定范围的数组,以 np. arange()为例,生成一个步长为 2 的等差数组,代码如下。

```
arr = np.arange(0, 10, 2)
print(arr) #[0, 2, 4, 6, 8]
```

可以发现生成的数组不包含指定的最后一个数字，因为这个区间设定是左闭右开的。

(4) 生成随机数数组。

生成随机数数组有多种方法，代码如下。

```
import numpy
import numpy as np
#1. rand 基本用法
#numpy.random.rand(d0, d1, …, dn),产生[0,1)之间 ** 均匀分布 ** 的随机浮点数,其中,d0,
#d1,…表示传入的数组形状
np.random.rand(2)   #产生形状为(2,)的数组,也就是相当于有两个元素的一维数组
np.random.rand(2, 4)   #产生一个形状为(2,4)的数组,数组中的每个元素是[0,1)之间均匀分
                       #布的随机浮点数


#2. random 基本用法
#numpy.random.random(size),产生[0,1)之间的随机浮点数, ** 非均匀分布 **
#numpy.random.random_sample、numpy.random.ranf、numpy.random.sample 用法与该函数类似
#注意:该函数和 rand()的区别:
#(1) random()参数只有一个参数"size",有三种取值: None、int 型整数、int 型元组.而在之
#前的 numpy.random.rand()中可以有多个参数.例如,如果要产生一个 3 * 3 的随机数组(不考虑
#服从什么分布),那么在 rand 中的写法是:numpy.random.rand(3,3),而在 random 中的写法是
#numpy.random.random((3,3)),这里面是个元组,是有小括弧的
#(2) random()产生的随机数的分布为非均匀分布,numpy.random.rand()产生的随机数的分布为
#均匀分布
np.random.random((3, 3))                  #产生一个[0, 1)之间的形状为(3, 3)的数组
5 * np.random.random_sample((3, 3)) - 5   #产生[-5,0)之间的形状为(3, 3)的随机数组,即
                                          #5 * [0,1) - 5
(10 - 5) * np.random.random_sample((3, 3)) + 5  #产生[5,10)之间的形状为(3, 3)随机数组,
                                                #即 10 * [0,1) - 5[0,1) + 5


#3. numpy.random.uniform
#uniform(low = 0.0, high = 1.0, size = None),从指定范围内产生均匀分布的随机浮点数
#如果在 seed()中传入的数字相同,那么接下来生成的随机数序列都是相同的,仅作用于最接近
#的那句随机数产生语句
np.random.uniform()                    #默认产生一个[0,1)之间随机浮点数
np.random.uniform(1, 5, size = (2, 4))  #默认产生一个[1, 5)之间的形状为(2, 4)的随机浮
                                        #点数


#4. randn 基本用法
#numpy.random.randn(d0, d1, …, dn),产生服从 ** 标准正态分布 ** (均值为 0,方差为 1)的随
#机浮点数,使用方法和 rand()类似
np.random.rand(2)      #产生形状为(2,)的数组
np.random.rand(2,4)    #产生一个形状为(2, 4)的数组
#如果要指定正太分布的均值和方差,则可使用下列公式,sigma * np.random.randn(...) + mu:
#2.5 * np.random.randn(2,4) + 3   #2.5 是标准差(注意 2.5 不是方差),3 是期望
```

```
#5. normal基本用法
#numpy.random.normal(loc=0.0, scale=1.0, size=None),产生服从**正态分布**(均值为
#loc,**标准差**为scale)的随机浮点数
np.random.normal(1, 10, 1000)          #产生均值为1标准差为10形状为(1000,)的数组
np.random.normal(3, 2, size=(2, 4))    #产生均值为3标准差为2形状为(2, 4)的数组

#6. randint基本用法(早期版本random_integers)
#numpy.random.randint(low[, high, size, dtype]),产生[low, high)之间的随机整数,如果high
#不指明,则产生[0, low)之间的随机整数,size可以是int整数,或者int型的元组,表示产生随
#机数的个数,或者随机数组的形状.dtype表示具体随机数的类型,默认是int,可以指定成int64
#早期版本中该函数的形式为numpy.random.random_integers()
np.random.randint(10)                  #产生一个[0, 10)之间的随机整数
np.random.randint(10, size=8)   #产生[0, 10)之间的随机整数8个,以数组的形式返回
np.random.randint(5, 10, size=(2, 4))   #产生[5, 10)之间的形状为(2, 4)的随机整数8个,
                                        #以数组的形式返回

#7. choice基本用法
#numpy.random.choice(a, size=None, replace=True, p=None),从一维array a中按概率p选
#择size个数据,若a为int,则从np.arrange(a)中选择,若a为array,则直接从a中选择
np.random.choice(5, 3)    #从np.arrange(5)中等概率选择3个,等价于np.random.randint(0, 5, 3)
np.random.choice(5, 3, p=[0.1, 0, 0.3, 0.6, 0])   #从np.arrange(5)中按概率p选择3个
np.random.choice(5, 3, p=[0.1, 0, 0.3, 0.6, 0])
np.random.choice(5, 3, replace=False, p=[0.1, 0, 0.3, 0.6, 0])
aa_milne_arr = ['pooh', 'rabbit', 'piglet', 'Christopher']
np.random.choice(aa_milne_arr, 5, p=[0.5, 0.1, 0.1, 0.3])

#8. numpy.random.shuffle
#numpy.random.shuffle(x),按x的第一个维度进行打乱,**x只能是array**
np.random.shuffle( np.arange(9).reshape((3, 3)) )   #对np.arange(9).reshape((3, 3))打乱

#9. numpy.random.permutation
#numpy.random.permutation(x),按x的第一个维度进行打乱,若a为int,则对np.arrange(a)打
#乱,若a为array,则直接对a进行打乱
np.random.permutation(10)   #对np.arrange(10)打乱
np.random.permutation( np.arange(9).reshape((3, 3)) )   #对np.arange(9).reshape((3, 3))打乱

#10. numpy.random.seed
#如果在seed()中传入的数字相同,那么接下来生成的随机数序列都是相同的,仅作用于最接近
#的那句随机数产生语句
np.random.seed(10)
```

```
temp1 = np.random.rand(4)   #array([0.77132064, 0.02075195, 0.63364823, 0.74880388])
np.random.seed(10)
temp2 = np.random.rand(4)   #array([0.77132064, 0.02075195, 0.63364823, 0.74880388])
temp3 = np.random.rand(4)   #array([0.49850701, 0.22479665, 0.19806286, 0.76053071])
#上述 temp1 和 temp2 是相同的,temp3 是不同的,因为 seed 仅作用于最接近的那句随机数产生语句


#11. numpy.linspace
#numpy.linspace(start, stop, num = 50, endpoint = True, retstep = False, dtype = None, axis = 0)
#区间均等分
np.linspace(2.0, 3.0, num = 5)   #array([2. , 2.25, 2.5 , 2.75, 3. ])
np.linspace(2.0, 3.0, num = 5, endpoint = False)   #array([2. , 2.2, 2.4, 2.6, 2.8])
np.linspace(2.0, 3.0, num = 5, retstep = True)   #(array([2. , 2.25, 2.5 , 2.75, 3. ]), 0.25)

#12. zeros()、ones()、empty()、eye()、identity()、diag()
#zeros()、ones()、empty()三者用法一样,np.zeros(3, dtype = int) np.zeros((2, 3))
#使用 empty()时需要对生成的每一个数进行重新赋值,否则即为随机数,所以慎重使用
#np.eye(2, 3, k = 1)和 np.identity(3): np.identity 只能创建方形矩阵,np.eye 可以创建矩形
#矩阵,且 k 值可以调节,为 1 的对角线的位置偏离度,0 居中,1 向上偏离 1,2 偏离 2,以此类推,
# - 1 向下偏离.值的绝对值过大就偏离出去了,整个矩阵就全是 0 了.np.diag 可以创建对角矩阵
```

2. 数组的索引、切片

ndarray 的索引、切片与 list 不同,它只有一个'[]',代码如下。

```
arr = np.array([ [[1, 2, 3],[4, 5, 6]], [[7, 8, 9],[10, 11, 12]] ])
a1 = arr[0, :]
print(a1)   #[[1, 2, 3][4, 5, 6]]
a2 = arr[0, 0, 0]
print(a2)   #1
```

可以看到 ndarray 的切片索引方法就是:对象[x, y, z, …]先行后列,依据对象的纬度输入的参数也不同。对于 ndarray 来说,以下两种索引方式均可以。

```
a = [[1, 2, 3],[4, 5, 6]], [[7, 8, 9],[10, 11, 12]]
b = np.array(a)
print(b[0, 1])  #array([4, 5, 6])
print(b[0][1])  #array([4, 5, 6])
```

而对于二维的 list 而言,只能使用[][]索引,代码如下。

```
a = [[1, 2, 3],[4, 5, 6]], [[7, 8, 9],[10, 11, 12]]
#b = np.array(a)
#print(a[0, 1]), 该种索引方式会报错
print(a[0][1])  #[4, 5, 6]
```

3. 形状修改

通过 ndarray. T 可以实现一个矩阵的转置，代码如下。

```
arr = np.array([[1, 2],[3, 4]])
print(arr.T)  #[[1, 3],[2, 4]]
```

通过 ndarray. reshapre()将 arr 变成一个 1 行 4 列的数组，reshape()实际上是将原来的数组压平成一维数组，然后再重新排序成目标形状，但不改变原数组，代码如下。

```
new_arr = arr.reshape([1, 4])
print(new_arr)  #[[1, 2, 3, 4]]
```

通过 ndarray. resize()实现改变结构，但是 resize()会改变原数组，而不是直接返回一个新数组，代码如下。

```
arr.resize([1, 4])
print(arr)  #[[1, 2, 3, 4]]
```

通过 np. repeat(a,reps,axis)可以实现对原数组的复制、重构，其中，a 是目标数组；reps 是重复的次数；axis 标识沿某个方向复制，若 axis = 0，则沿第 0 个维度变化的方向复制，即增加了行数，若 axis = None，则原数组会被展平成一维数组，代码如下。

```
arr = np.array([[1, 2], [3, 4]])
flat_arr = np.repeat(arr, 2)
re_arr = np.repeat(arr, 2, axis = 1)
print(re_arr)   #[[1, 1, 2, 2], [3, 3, 4, 4]]
print(flat_arr) #[1, 1, 2, 2, 3, 3, 4, 4]
```

np. tile(a,reps)也可以通过复制原数组构建新的数组，其中，a 是目标数组；reps 是重复的次数。相较于 np. repeat()，np. tile()的参数更少，但是实现的功能是类似的，不过其复制的规则不同，np. tile()是对整个 array 进行复制，np. repeat()是对其中的元素进行复制，代码如下。

```
arr = np.array([[1, 2], [3, 4]])
flat_arr = np.tile(arr, 2)
tile_arr = np.tile(arr, (2, 1))
print(tile_arr)  #[[1, 2], [3, 4], [1, 2], [3, 4]]
print(flat_arr)  #[1, 1, 2, 2, 3, 3, 4, 4]
```

通过 np. concatenate((a,b),axis)可以实现对数组的连接，其中，a、b 分别标识两个数组；axis 表示沿着第几个维度叠加，例如，axis=0 时，即沿第 0 个维度变化的方向相加，代码如下。

```
a = [[1, 2], [3, 4]]
b = [[10, 11], [12, 13]]
res1 = np.concatenate((a, b), axis = 0)
res2 = np.concatenate((a, b), axis = 1)
print(res1)  #[[1, 2], [3, 4], [10, 11], [12, 13]]
print(res2)  #[[1, 2, 10, 11], [3, 4, 12, 13]]
```

此外，np. vstack((a，b))的作用与 np. concatenate((a，b)，axis＝0)相似，np. hstack((a，b))的作用与 np. concatenate((a，b)，axis＝1)相似，代码如下。

```
v_res = np.vstack((a, b))
h_res = np.hstack((a, b))
print(v_res)  #[[1, 2], [3, 4], [10, 11], [12, 13]]
print(h_res)  #[[1, 2, 10, 11], [3, 4, 12, 13]]
```

4. 数组元素类型修改

首先生成一个数组，代码如下。

```
arr = np.array([[1, 2], [3, 4]])
```

可以通过 ndarray. astype(str)将这个数组中的每个元素都变成 string 类型，该方法不改变原数组，而是返回一个新数组，代码如下。

```
arr1 = arr.astype(str)
print(arr1)  #[['1' '2'], ['3' '4']]
```

5. 数组的通用函数

通过 np. unique()可以除去现有数组中重复的元素，返回一个没有重复元素的一维数组，且这个方法不会改变原数组，代码如下。

```
arr = np.array([[1, 1, 2, 3],[1, 22, 34, 5]])
unique = np.unique(arr)
print(unique)  #[1, 2, 3, 5, 22, 34]
```

如果按某个维度去除重复元素，则使用 axis 指定某一维度，代码如下。

```
a = [[1, 2, 3],[4, 5, 6]], [[1, 2, 3],[4, 5, 6]]
b = np.array(a)
c = np.unique(b, axis = 0)
print(c)  #array([[[1, 2, 3], [4, 5, 6]]])
```

通过 np. intersect1d()和 np. union1d()可以分别求两个矩阵的交集和并集，代码如下。

```
a = [1, 2, 3, 4]
b = [3, 4, 5, 6]
print(np.intersect1d(a, b))   #[3, 4]
print(np.union1d(a, b))       #[1, 2, 3, 4, 5, 6]
```

NumPy 中还有一些常用的一元函数、二元函数，可以对原数组进行操作，直接修改原数组的元素。

np.abs()可以计算浮点数、整数或复数的绝对值，代码如下。

```
a = [-1, 2, -3, 4]
print(np.abs(a))   #[1, 2, 3, 4]
```

np.sqrt()可以计算元素的平方根，相当于 Python 中的“**”，代码如下。

```
b = [3, 4, 5, 6]
print(np.sqrt(b))   #[1.73205081, 2, 2.23606798, 2.44948974]
```

np.square()可以计算各元素的平方，np.exp()可以计算各元素的 e 指数，np.power(arr,t)可以计算数组中各元素的 t 次方，代码如下。

```
a = [-1, 2, -3, 4]
print(np.square(a))  #[1, 4, 9, 16]
print(np.exp(a))     #[3.67879441e-01, 7.38905610e+00, 4.97870684e-02, 5.45981500e
                     #+01]
print(np.power(a, 3))#[-1, 8, -27, 64]
```

np.isnan()可以判断数组中哪些元素是空值，代码如下。

```
c = [1, np.nan, 3, 5]
print(np.isnan(c))   #[False, True, False, False]
```

np.where()可以对数组进行筛选，有两种用法。第一种用法为 np.where(condition, x, y)：x，y 是两个数组，condition 指选择条件，若满足条件则输出 x，否则输出 y。第二种用法为 np.where(condition)：condition 是一个条件，数组中满足条件的元素所在位置输出为 1，否则输出 0。

np.where()的实现代码如下。

```
a = [[1, 2], [3, 0]]
b = [[7, 8], [9, 1]]
print(np.where([[True, True], [False, False]], a, b))   #[[1, 2], [9, 0]]
c = np.array(a)
print(np.where(c > 1))          #(array([0, 1], dtype=int64), array([1, 0], dtype=int64))
```

NumPy 也实现了三角函数的计算,如 np. sin()、np. cos()、np. tan()等,代码如下。

```
a = [-1, 2, -3, 4]
print(np.sin(a))   #[-0.84147098, 0.90929743, -0.14112001, -0.7568025 ]
print(np.cos(a))   #[ 0.54030231, -0.41614684, -0.9899925, -0.65364362]
print(np.tan(a))   #[-1.55740772, -2.18503986, 0.14254654, 1.15782128]
```

6. 数组中的线性代数

NumPy 中的 np. linalg 模块实现了许多矩阵的基本操作,如求对角线元素、求对角线元素的和(求迹)、矩阵乘积、求解矩阵行列式等。这一部分将简要介绍其中一些函数的用法。

首先生成两个数组,代码如下。

```
a = [1, 2, 3]
b = [[1, 3, 9], [2, 7, 0], [4, 3, 2]]
```

np. diag(matrix)函数中,matirx 为一个矩阵,当 matrix 为二维数组时,以一维数组的形式返回方阵的对角线;当 matrix 为一维数组时,则返回非对角线元素均为 0 的方阵,代码如下。

```
print(np.diag(a))   #[[1, 0, 0], [0, 2, 0], [0, 0, 3]]
print(np.diag(b))   #[1, 7, 2]
```

np. trace()可以计算矩阵对角线元素的和,代码如下。

```
print(np.trace(b))   #10
```

np. dot()可以实现矩阵乘积,代码如下。

```
print(np.dot(b, a))  #[34, 16, 16]
```

np. det()可以计算矩阵的行列式,代码如下。

```
print(np.linalg.det(b))   # -196.00000000000009
```

np. linalg. eig()可以计算方阵的特征值、特征向量,eig 变量的第一项存储了方阵 b 的特征值,第二项存储了特征向量,代码如下。

```
eig = np.linalg.eig(b)
print(eig[0])   #[-4.40641364, 9.92452468, 4.48188896]
print(eig[1])   #[[0.86881121, -0.6982852, 0.69750503], [-0.15233731, -0.47753756,
                # -0.55399068], [-0.47112676, -0.53325009, 0.4545119]]
```

np. linalg. inv()可以计算矩阵的逆,代码如下。

```
print(np.linalg.inv(b))   #[[-0.07142857, -0.10714286, 0.32142857], [0.02040816,
#0.17346939, -0.09183673], [0.1122449, -0.04591837, -0.00510204]]
```

np.linalg.solve(A,b)可以求解线性方程组Ax=b,A为一个方阵,代码如下。

```
print(np.linalg.solve(b,a))   #[0.67857143, 0.09183673, 0.00510204]
```

np.linalg.svd(a,full_matrices=1,compute_uv=1)可以用于矩阵的奇异值分解,返回该矩阵的左奇异值(u)、奇异值(s)、右奇异值(v)。其中,a是一个(M,N)矩阵;full_matrices取值为1或0(默认值为1),取值为1时,u的大小为(M,M),否则u的大小为(M,K),v的大小为(K,N)(K=min(M,N));compute_uv取值为0或1(默认值为1),当取值为1时,计算u、s、v,否则只计算s,代码如下。

```
svd = np.linalg.svd(b)
```

变量svd有三个分量,第一个分量是左奇异值,第二个分量是奇异值,第三个分量是右奇异值。

7. 数组统计分析

(1) np.sum(a,axis)计算数组a沿指定轴的和。

(2) np.mean(a,axis)计算数组a沿指定轴的平均值。

(3) min(axis)和a.max(axis)用于获取数组a沿指定轴的最小值和最大值。

(4) np.std(a,axis)计算数组a沿指定轴的标准差。

(5) np.var(a,axis)计算数组a沿指定轴的方差。

(6) np.argmin(a,axis)和np.argmax(a,axis)分别用于获取数组a沿指定轴的最小值和最大值的索引。

注:axis=None时,会返回所有元素的和;axis=0时,会沿着第0个维度(也就是列)的变化方向进行计算,即按列求和;axis=1时,则为按行求和,以此类推,代码如下。

```
a = np.array([[1, 2, 3], [4, 5, 6]])
print(np.sum(a))                  #21
print(np.sum(a, axis=0))          #[5, 7, 9]
print(np.mean(a, axis=1))         #[2, 5]
print(a.min(axis=0))              #[1, 2, 3]
print(np.std(a, axis=1))          #[0.81649658, 0.81649658]
print(np.argmax(a, axis=1))       #[2, 2]
```

1.6 Python数据分析包——Pandas

1.6.1 Pandas简介

Pandas是Panel data(面板数据)和Data analysis(数据分析)的缩写,是基于NumPy的

一种工具，故性能更加强劲。Pandas 在管理结构化数据方面非常方便，其基本功能可以大致概括为以下五类：数据/文本文件读取；索引、选取和数据过滤；算法运算和数据对齐；函数应用和映射；重置索引。这些基本操作都建立在 Pandas 的基础数据结构之上。

Pandas 有两大基础数据结构：Series（一维数据结构）和 DataFrame（二维数据结构）。接下来，将着重介绍这两类数据结构，并结合案例方便读者更好地理解和使用 Pandas。

1.6.2　Series、DataFrame 及其基本操作

Series 和 DataFrame 是 Pandas 的两个核心数据结构，Series 是一维数据结构，DataFrame 是二维数据结构。Pandas 是基于 NumPy 构建的，这两大数据结构也为时间序列分析提供了很好的支持。

1. Series

Series 是一个类似于一维数组和字典的结合，类似于 Key-Value 的结构，Series 包括两个部分：index、values，这两部分的基础结构都是 ndarray。Series 可以实现转置、拼接、迭代等。接下来将通过一些简单的例子，初步认识 Series。首先导入需要的模块，代码如下。

```
import pandas as pd
```

（1）创建 Series。

首先创建一个 Series，Series 的初始化方法有很多，以下列举两个，代码如下。

```
a = pd.Series({'a' : 10, 'b' : 2, 'c' : 3})
b = pd.Series([10, 2, 3], index = ['a', 'b', 'c'])
```

除了直接创建，也可以将现有的字典类型的数据转换成 Series，代码如下。

```
data = {'first':'hello', 'second':'world', 'third':'!!'}
c = pd.Series(data)
```

（2）访问其中的元素。

```
a = pd.Series({'a' : 10, 'b' : 2, 'c' : 3})
b = pd.Series([10, 2, 3], index = ['a', 'b', 'c'])
```

访问其中 index 为'b'的元素，代码如下。

```
print(a[1])  #2
print(a['b']) #2
```

（3）修改索引。

将索引变为['x','y','z']，代码如下。

```
a.index = ['x', 'y', 'z']
```

(4) 拼接不同的 Series。

先创建两个不同的 Series,连接 a 和 b,Series 类型在运算时会自动对齐不同索引的数据,代码如下。

```
a = pd.Series({'a':1, 'b':2, 'c':3})
b = pd.Series([10, 2, 3], index = ['x', 'y', 'z'])
c = pd.concat([a, b])
```

2. DataFrame

DataFrame 是一个类似于 Excel 表格的数据结构,索引包括行索引和列索引,每列可以是不同的数据类型(String、int、bool、…),DataFrame 的每一列(或行)都是一个 Series,每一列(或行)的 series.name 即为当前列(或行)索引名。下面将通过一些简单的例子,让读者初步认识 DataFrame,具体的使用案例可以参考 1.6.4 节。首先导入需要的模块,代码如下。

```
import pandas as pd
import numpy as np
```

(1) 创建 DataFrame。

DataFrame 是一个二维结构,较为常见的创建方法有:通过二维数组结构创建、通过字典创建、通过读取既有文件创建。在创建 DataFrame 时,若没有指定行、列索引,则会自动生成从 0 开始的整数值作为索引,同时也可以指定 index 和 columns 不添加索引,代码如下。

```
arr = np.random.rand(3, 3)  # 生成一个 3x3 的随机数矩阵
df = pd.DataFrame(arr)
display(df)
```

结果如下。

	0	1	2
0	0.13407	0.154330	0.805625
1	0.384434	0.720512	0.957487
2	0.678296	0.120157	0.238141

此外,也可以指定行索引和列索引,可以理解成是存储了点 A、B、C 的三维坐标的一个表,代码如下。

```
df2 = pd.DataFrame(arr, index = list("xyz"), columns = list("ABC"))
print(df2)
```

结果如下。

```
      A          B          C
x     0.13407    0.154330   0.805625
y     0.384434   0.720512   0.957487
z     0.678296   0.120157   0.238141
```

(2) DataFrame 的列操作。

以上述 df2 这一 DataFrame 变量为例。获取点 A 的 x、y、z 坐标，可以通过三种方法获取：df[列索引]；df.列索引；df.iloc[:，:]。注意：在使用第一种方式时，获取的永远是列，索引只会被认为是列索引，而不是行索引；相反，第二种方式没有此类限制，故在使用中容易出现问题。第三类方法常用于获取多个列，其返回值也是一个 DataFrame。这里以第三种方式为例，代码如下。

```
pos_A = df2.iloc[:, 0]          #选取所有行第 0 列
pos_A = df2.iloc[:, 0:2]        #选取所有行第 0 列和第 1 列
df2['B']                        #选取单列
df2[['B', 'C']]                 #选取多列,注意是两个方括号
```

如果想在 df2 的最后一列添加上点 D 的坐标(1,1,1)，可以通过 df[列索引]=列数据的方式，代码如下。

```
df2['D'] = [1, 1, 1]
```

修改 C 的坐标为(0.6, 0.5, 0.4)，并删除点 B，代码如下。

```
df2['C'] = [0.6, 0.5, 0.4]
del df2['B']
print(df2)
```

结果如下。

```
      A          C      D
x     0.13407    0.6    1
y     0.384434   0.5    1
z     0.678296   0.4    1
```

(3) DataFrame 的行操作。

还是以上述处理后的 df2 变量为例。若获取所有点在 x 轴上的位置，则可以通过两种方法：df.loc[行标签][列标签]；df.iloc[:，:]。以第一种方法为例，代码如下。

```
x = df2.loc['x']          #选取 x 行
x = df2.loc['x']['A']     #选取 x 行 A 列的数据
```

至此已经了解了 df.loc[][]以及 df.iloc[]的用法，接下来对这两种用法进行一下对

比：使用.iloc访问数据的时候，可以不考虑数据的索引名，只需要知道该数据在整个数据集中的序号即可。使用.loc访问数据的时候，需要考虑数据的索引名，通过索引名来获取数据，效果与iloc一致。

如果想给变量再增加一个维度，例如t维度，可以通过append的方法，这样会返回一个新的DataFrame，而不会改变原有的DataFrame，代码如下。

```
t = pd.Series([1, 1, 2], index = list("ACD"), name = 't')
df3 = df2.append(t)
```

结果如下。

	A	C	D
x	0.13407	0.6	1
y	0.384434	0.5	1
z	0.678296	0.4	1
t	1.000000	1.0	2

如果删除新增的't'这一行，可以通过df.drop(行索引,axis)实现，axis默认值为None即删除行，若axis=1，则删除列，代码如下。

```
df3.drop(['t'])
display(df3)
```

结果如下。

	A	C	D
x	0.13407	0.6	1
y	0.384434	0.5	1
z	0.678296	0.4	1

修改行数据的方法与列相同，这里不再赘述。

(4) DataFrame数据查询。

数据查询的方法可以分为以下五类：按区间查找、按条件查找、按数值查找、按列表查找、按函数查找。这里以df.loc方法为例，df.iloc方法类似。先创建一个DataFrame：

```
arr = np.array([[1, 3, 5], [0, 2, 1], [32, 2, -3]])
df = pd.DataFrame(arr, index = list("abc"), columns = list("xyz"))
print(df)
```

结果如下。

	x	y	z
a	1	3	5
b	0	2	1
c	32	2	-3

在前面已经提到过如何使用 df.loc 和 df.iloc 按照标签值去查询，这里介绍通过 df.loc 按照区间范围进行查找，例如，获取 x 轴上 a、b 的坐标，代码如下。

```
print(df.loc['a':'b', 'x'])  #{'a':1, 'b':0}
```

或者按照条件表达式查询，获取位于 z 轴正半轴的点的数据，代码如下。

```
print(df.loc[(df['z'] > 0) & (df['z'] < 2), :])
```

结果如下。

	x	y	z
b	0	2	1

此外，还可以通过编写 lambda 函数来查找，获取在 x、z 轴正半轴的点的数据，代码如下。

```
print(df.loc[lambda df : (df['z'] > 0) & (df['x'] > 0)])
```

结果如下。

	x	y	z
a	1	3	5

（5）DataFrame 数据统计。

① 数据排序。

在处理带有时间戳的数据时，如地铁刷卡数据、手机信令数据等，有时需要将数据按照时间顺序排列，这样数据预处理时能够更加方便，或者按照已有的索引给数据进行重新排序，DataFrame 提供了这类方法。新建一个 DataFrame，代码如下。

```
dfs = pd.DataFrame(np.random.random((3, 3)), index = [6, 2, 5], columns = [3, 9, 1])
print(dfs)
```

结果如下。

	3	9	1
6	0.003695	0.739854	0.19758
2	0.038442	0.521347	0.49912
5	0.698634	0.482931	0.87395

按照索引升序排序，可以通过 df.sort_index(axis=0, ascending=True)实现。默认通过行索引，按照升序排序，代码如下。

```
newdfs1 = dfs.sort_index()
```

结果如下。

	3	9	1
2	0.038442	0.521347	0.49912
5	0.698634	0.482931	0.87395
6	0.003695	0.739854	0.19758

按照值的降序排序,可以通过 df.sort_values(3, ascending=False),代码如下。

```
newdfs2 = dfs.sort_values(3, ascending = False)
```

结果如下。

	3	9	1
5	0.698634	0.482931	0.87395
2	0.038442	0.521347	0.49912
6	0.003695	0.739854	0.19758

② 统计指标。

通过 DataFrame.describe()可以获取整个 DataFrame 不同类别的各类统计指标,先读取测试文件,test1.csv 结构代码如下。

```
file = pd.read_csv('./test1.CSV')
print(file)
```

结果如下。

name	size	level	weight
A	919	s	90
B	223	a	30
C	33	d	210
D	32	b	199
E	2999	s	140
F	2	d	200

测试文件记录了 A~F 6 个物品的大小、等级以及重量。使用 file.describe()对所有数字列进行统计,返回值中统计了个数、均值、标准差、最小值、25%~75%分位数、最大值等统计指标,代码如下。

```
print(file.describe())
```

结果如下。

```
            size         weight
count       6.0000       6.0000
mean        701.3333     144.8333
std         1178.0660    72.719782
min         2.0000       30.0000
25%         32.2500      102.5000
50%         128.0000     169.5000
75%         745.0000     199.7500
max         2999.0000    210.0000
```

可以通过 file[].mean()或 file[].max()等方法,单独计算某一列对应的某一统计指标,代码如下。

```
print(file['size'].max())      #2999
print(file['weight'].mean())  #144.8333
```

③ 分类汇总。

GroupBy 可以将数据按条件进行分类,进行分组索引。以另一个测试文件 test2.csv 为例,先导入这个测试文件,该文件的结构查看代码如下。

```
file2 = pd.read_csv('./test2.CSV')
```

结果如下。

```
name   number   size   level   weight   place_of_production
A      10       919    s       90       factory-A
B      30       223    a       30       factory-A
C      150      33     d       210      factory-B
D      2000     32     b       199      factory-F
E      5        2999   s       140      factory-M
F      1000     2      d       200      factory-F
G      1200     201    d       1021     factory-F
H      15       3220   s       192      factory-M
```

此外,GroupBy 可以计算目标类别的统计特征,例如,按'level'将物品分类,并计算所有数字列的统计特征。统计特征结果图如图 1-1 所示,代码如下。

```
print(file2.groupby('level').describe())
```

除了对单一列进行分组外,GroupBy 也可以对多个列进行分组,例如,对'level'、'place_of_production'两个列同时进行分组。例如,获取每个工厂都生成了哪些类别的物品,每个类别的数字特征的均值和求和是多少。分组及统计特征结果如图 1-2 所示,代码如下。

```
df = file2.groupby(['place_of_production','level']).agg([np.mean, np.sum])
print(df)
```

```
      number                                   ... weight
       count         mean         std     min  ...   25%    50%    75%     max
level                                          ...
a        1.0    30.000000         NaN    30.0  ...  30.0   30.0   30.0    30.0
b        1.0  2000.000000         NaN  2000.0  ... 199.0  199.0  199.0   199.0
d        3.0   783.333333  557.524289   150.0  ... 205.0  210.0  615.5  1021.0
s        3.0    10.000000    5.000000     5.0  ... 115.0  140.0  166.0   192.0
```

图 1-1 统计特征结果

```
                         number        size        weight
                           mean   sum    mean   sum   mean   sum
place_of_production level
factory-A           a        30    30   223.0   223   30.0    30
                    s        10    10   919.0   919   90.0    90
factory-B           d       150   150    33.0    33  210.0   210
factory-F           b      2000  2000    32.0    32  199.0   199
                    d      1100  2200   101.5   203  610.5  1221
factory-M           s        10    20  3109.5  6219  166.0   332
```

图 1-2 分组及统计特征结果

进一步,如果要分析各个工厂生产不同类别商品的数量的均值和求和,各个工厂的单列结果数据统计图如图 1-3 所示,代码如下。

```
df2 = file2.groupby(['place_of_production','level'])['number'].agg([np.mean, np.sum])
print(df2)
```

```
                           mean   sum
place_of_production level
factory-A           a        30    30
                    s        10    10
factory-B           d       150   150
factory-F           b      2000  2000
                    d      1100  2200
factory-M           s        10    20
```

图 1-3 各个工厂的单列结果数据统计图

最后,如果要遍历 GroupBy 的结果,不能直接打印其内容,而是要通过迭代获取。以测试文件 test2. csv 为例,导入测试文件 2,并按照生产地进行分类,首先尝试打印 GroupBy 结果,代码如下。

```
file2 = pd.read_csv('./test2.CSV')
df3 = file2.groupby('place_of_production')
print(df3)   #<pandas.core.groupby.generic.DataFrameGroupBy object at 0x00000186E3D3C3D0>
```

此时发现返回值并不是所期待的表格,而是返回了 df3 变量的类型,因为 GroupBy 的结果是一个对象,不能直接打印其内容。当然也可以把 df3 强制转换格式为 list 再输出,但结果不便于进行进一步处理。因此,可以通过对 GroupBy 的结果进行遍历,再获取期望的信息。GroupBy 后遍历输出,如图 1-4 所示,代码如下。

```
for name, group in df3:
    print(name)                  #分组后的组名
    print(group)                 #组内信息
    print('--------------')      #分割线
```

```
factory-A
  name  number  size level  weight place_of_production
0    A      10   919     s      90           factory-A
1    B      30   223     a      30           factory-A
-------------
factory-B
  name  number  size level  weight place_of_production
2    C     150    33     d     210           factory-B
-------------
factory-F
  name  number  size level  weight place_of_production
3    D    2000    32     b     199           factory-F
5    F    1000     2     d     200           factory-F
6    G    1200   201     d    1021           factory-F
-------------
factory-M
  name  number  size level  weight place_of_production
4    E       5  2999     s     140           factory-M
7    H      15  3220     s     192           factory-M
-------------
```

图 1-4 GroupBy 后遍历输出

1.6.3 Pandas 和 NumPy 的异同

NumPy 是数值计算的扩展包,能够高效处理 N 维数组,即处理高维数组或矩阵时会方便。Pandas 是 Python 的一个数据分析包,主要是做数据处理用的,以处理二维表格为主。

NumPy 只能存储相同类型的 ndarray,Pandas 能处理不同类型的数据,例如,二维表格中不同列可以是不同类型的数据,一列为整数,一列为字符串。

NumPy 支持并行计算,所以 TensorFlow 2.0、PyTorch 都能和 NumPy 无缝转换。NumPy 底层使用 C 语言编写,效率远高于纯 Python 代码。

Pandas 是基于 NumPy 的一种工具,该工具是为了解决数据分析任务而创建的。Pandas 提供了大量快速便捷地处理数据的函数和方法。

Pandas 和 NumPy 可以相互转换,DataFrame 转换为 ndarray 只需要使用 df.values 即可,ndarray 转换为 DataFrame 使用 pd.DataFrame(array)即可。

1.6.4 使用 Pandas 和 NumPy 实现数据的获取

本节将以某城市地铁数据为例,通过提取每个站三个月 15 分钟粒度的上下客量数据,展示 Pandas 和 NumPy 的案例应用。单日地铁客流数据如图 1-5 所示。

初步分析数据发现数据有三个特点:地铁数据的前五行是无效的,第七行给出了每个站点的名字;每个车站是按照 15 分钟粒度统计客流,给出了进站、出站、进出站客流;运营时间是 2:00—23:59,与地铁实际运营时间 5:30—23:00 不同,所以需要调整。

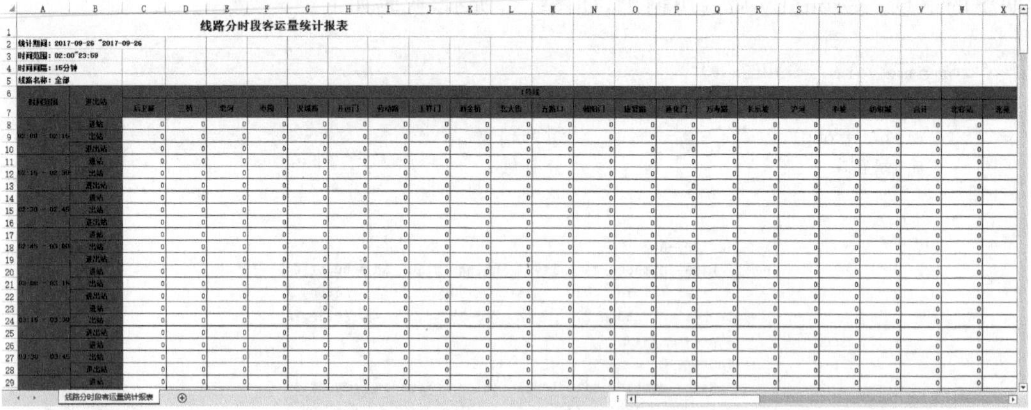

图 1-5 单日地铁客流数据

接下来开始处理数据，首先导入用到的模块，代码如下。

```
import os
from pathlib import Path
import pandas as pd
import numpy as np
```

导入成功后，先获取目标文件夹下(data)的文件名，存入 filenames 变量中，代码如下。

```
filenames = os.listdir('./data')
```

获取每个车站所对应的列号，确定 pd.read_excel(usecols)中 usecols 的参数，代码如下。

```
#筛选掉"合计"无用项
tarr = file.values
test = tarr[0]
target_col = []
for i in range(len(test)):
    tmp = test[i]
    if tmp != '合计':
        target_col.append(i)
print(target_col)
```

获取车站名和车站编号，代码如下。

```
#获取车站名和车站编号
nfile = pd.read_excel(f, skiprows = 5, skipfooter = 3, usecols = target_col)
arrt = nfile.values
stations_name = []
```

```
stations_index = []
for i in range(2, len(arrt[0])):
    stations_index.append(i)
    stations_name.append(arrt[0][i])
```

接下来定义两个函数，首先把所有的数据都写入两个文件夹，一个是 in.csv 存储每个站的进站数据，一个是 out.csv 存储每个站的出站数据。如果目标文件不存在，代码如下。

```
def process_not_exists(f):
    #前五行是无用数据
    file = pd.read_excel(f, skiprows = 5, skipfooter = 3, usecols = target_col)
    arr = file.values
    #构造一个字典先存储数据
    d_in = {}
    d_out = {}
    for i in stations_index:
    #存储第 i 个车站的上下客流数据
        d_in[i] = []
        d_out[i] = []
    #5:30 之后的数据是从 Excel 的 50 行开始,处理后的数据应从 43 行开始
    for i in range(43,len(arr)):
        l = arr[i]  #获取第 i 行的数据
        #通过条件直接筛选掉"进出站"
        if l[1] == '进站':
            #进站处理
            for j in range(2,len(l)):
                d_in[j].append(l[j])
        if l[1] == '出站':
            #出站处理
            for j in range(2,len(l)):
                d_out[j].append(l[j])
    in_list = []  #存储进站数据
    out_list = [] #存储出站数据
    for key in d_in:
        #d_in 与 d_out 的 key 均为车站的 index
        in_list.append(d_in[key])
        out_list.append(d_out[key])
    df_in = pd.DataFrame(in_list)
    df_in.to_csv("./data/in.csv", header = True, index = None)
    df_out = pd.DataFrame(out_list)
    df_out.to_csv("./data/out.csv", header = True, index = None)
```

如果目标文件存在，读取部分与目标文件不存在时相同，在处理输出时要进行修改，代码如下。

```
#合并原有数据
    for i in range(len(in_arr)):
```

```
            in_arr[i] += in_list[i]
            out_arr[i] += out_list[i]
        #in_file
        df_in = pd.DataFrame(in_arr)
        df_in.to_csv("./data/in_test.csv",mode = 'r+', header = True, index = None)
        #out_file
        df_out = pd.DataFrame(out_arr)
        df_out.to_csv("./data/out_test.csv",mode = 'r+', header = True, index = None)
```

对于 DataFrame 中的数据获取方法有两种：第一种为通过 file.iloc[i,j]的方式定位第 i 行第 j 列的数据；第二种为通过 file.values 将 file 转换为 ndarray 的数据格式，由于可以事先知道数据每一列的具体含义，直接通过整数下标的方式访问数据。

可以看到代码中使用了第二种方式，这是由于 DataFrame 的.iloc[]函数访问效率低，当数据体量很大时，遍历整个表格的速度会非常慢，而将 DataFrame 转换为 ndarray 后，遍历整个表格的数据效率会有显著提升，读者可以下载一个较大的数据集进行尝试和对比。

接下来编写主函数，即可完成所有数据的提取，代码如下。

```
for name in filenames:
    f = "./data/" + name
    target_file_in = "./data/in_test.csv"
    target_file_out = "./data/out_test.csv"
    #若文件已存在
    if Path(target_file_in).exists() and Path(target_file_out).exists():
        print("exist")
        process_exists(f,target_file_in,target_file_out)
    else:
        print("not exist")
        process_not_exists(f)

print("done")
```

1.7 Python 科学计算包——SciPy

1.7.1 SciPy 简介

SciPy 是一种以 NumPy 为基础，用于数学、工程及许多其他科学任务的科学计算包，其使用的基本数据结构是由 NumPy 模块提供的多维数组，因此 NumPy 和 SciPy 协同使用可以更加高效地解决问题。SciPy 很适合用于十分依赖数学和数值运算的问题，其内部的模块包括优化模块、线性代数模块、统计模块、傅里叶变化模块、积分模块、信号处理模块、图像处理模块、稀疏矩阵模块、插值模块等。

SciPy 中比较重要且常用的有拟合与优化模块、线性代数模块、统计模块这三个模块。

（1）拟合与优化模块(scipy. optimize)。

scipy. optimize 提供了很多数值优化算法，包括多元标量函数的无约束极小化、多元标量函数的有约束极小化、全局优化、最小二乘法、单变量函数求解、求根、线性规划、指派问题等问题的求解。

（2）线性代数模块(scipy. linalg)。

利用 scipy. linalg 可以计算行列式 det()、求解线性方程组 linalg. solve()、求特征值-特征向量 linalg. eig()、奇异值分解 linalg. svd()等；与 numpy. linalg 相比，scipy. linalg 除了包含 numpy. linalg 中的所有函数，还包含 numpy. linalg 没有的高级功能。

（3）统计模块(scipy. stats)。

scipy. stats 包含大量统计以及概率分析工具。scipy. stats 对离散统计分布和连续统计分布均可有效处理，内部函数包括离散统计分布的概率质量函数(Probability Mass Function，PMF)、累积分布函数(Cumulative Distribution Function，CDF)、连续统计分布的概率密度函数(Probability Density Function，PDF)等各类方法，以及计算其中位数、百分位数、平均值、统计检验等。

接下来将结合例子着重介绍优化、线性代数、统计这三个模块的使用方法。

1.7.2　拟合与优化模块

本节将结合例子学习如何用 SciPy 求解函数最值以及曲线拟合。首先导入需要的模块，代码如下。

```
from scipy import optimize
import numpy as np
import matplotlib.pyplot as plt
```

1. 求最小值

假定有函数 $f(x)$，并求其最小值，首先在 Python 中定义该函数，并借助 NumPy 中的三角函数可以实现函数的定义，并绘制函数图像。

$$f(x)=\frac{x^4}{100}+20\sin(x) \tag{1-1}$$

公式实现代码如下。

```
def f(x):
    return 0.01 * x ** 4 + 20 * np.sin(x)
```

最小值点应在 0 点左侧，函数图像如图 1-6 所示。

接着使用 optimize 模块求出最小值及最小值点。求解该类问题最小值的方法一般是从初始点开始使用梯度下降法求解，因此模型输入中需要指定要求解的函数以及初始点，在 optimize 模块中可以使用 BFGS 算法(牛顿算法)，代码如下。

```
optimize.fmin_bfgs(f, 0)
```

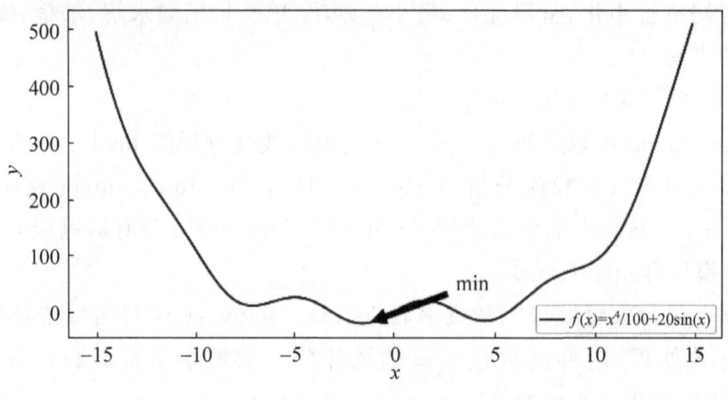

图 1-6 函数图像

```
optimize.fmin_bfgs(f,0)

Optimization terminated successfully.
         Current function value: -19.939711
         Iterations: 4
         Function evaluations: 12
         Gradient evaluations: 6

array([-1.56315723])
```

图 1-7 optimize.fmin_bfgs()返回结果

optimize.fmin_bfgs()返回结果如图 1-7 所示。

可以看到，通过四次迭代求出了当前最小值为－19.939711，最小值点为 x=－1.56315723，但有可能该值并不是全局最小值，而是局部最小值，这也是 BFGS 算法存在的缺陷。为了验证这一解是全局最优解，可以通过设置随机的初始点，获取全局最小值，初始点设置得越多，时间成本越高。此处使用暴力求解算法 Brute-Force，代码如下。

```
tmp = ( - 15,15,0.1)
global_minX = optimize.brute(f,(tmp,))
print(global_minX)    # - 1.563125
```

通过设置随机的初始点进行求解，得到的最小值点的横坐标为 x=－1.563125，回忆图 1-7 的最小值点的横坐标为 x=－1.56315723，二者不等，故其并非全局最优解对应的点。

2. 曲线拟合

本节将通过最小二乘法拟合余弦函数。首先定义拟合函数图形以及误差函数，用于拟合的函数图形定义为式(1-2)，其中，a、K、b 为参数。

$$f(x)=a\times\sin(2\times K\times\pi+b) \tag{1-2}$$

整个拟合过程代码如下。

```
#定义拟合函数图形
def func(x, m):
    a, K, b = m
```

```
    return a * np.sin(2 * K * np.pi * x + b)


#定义误差函数
def error(m, x, y):
    return y - func(x, m)
#生成训练数据
p = [20, 0.5, np.pi / 4]
a, K, b = p                              #给出参数的初始值
x = np.linspace(0, 2 * np.pi, 1000)      #划定x范围为0～2π

#随机指定参数
y = func(x, [a, K, b])
y_ = y + 2 * np.random.randn(len(x))

#进行参数估计
Para = optimize.leastsq(error, p, args=(x, y_))
a, K, b = Para[0]
print('a=', a, 'K=', K, 'b=', b)
```

依据生成的样本点，用式(1-2)定义的函数图像进行拟合，可以得到拟合函数曲线的三个参数对应的值：$a=20.07$，$K=0.499$，$b=0.786$。将结果可视化，代码如下。

```
#图形可视化
plt.figure(figsize=(20, 8))
ax1 = plt.subplot()
plt.sca(ax1)
#绘制散点图
plt.scatter(x, y_, color='gray', label='Sample Points', linewidth=3)
plt.xlabel('x')
plt.xlabel('y')
y = func(x, p)
plt.plot(x, y, color='red', label='Target line', linewidth=2)
#显示图例和图形
plt.legend()
plt.show()
```

曲线拟合可视化结果如图1-8所示。

至此读者可大致了解如何使用optimize模块实现求解最小值和曲线拟合。optimize模块仍有大量其他优化函数，读者可依据此案例掌握SciPy中优化模块的用法，并探索其他优化函数的使用方法。

1.7.3 线性代数模块

本节将结合例子了解学习矩阵的一些操作。首先导入需要的模块并创建一个矩阵，可通过以下代码获取matrix的行列式和逆矩阵。此部分与NumPy使用方法类似，不再赘述，代码如下。

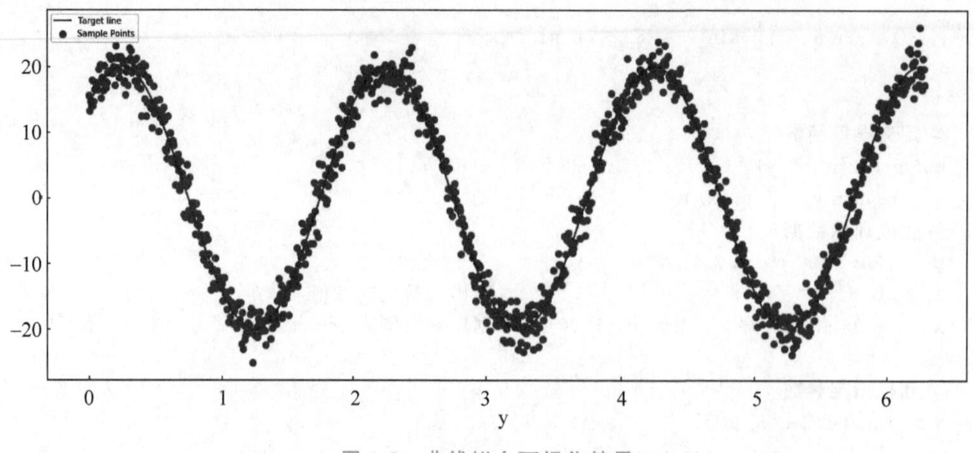

图 1-8 曲线拟合可视化结果

```
from scipy import linalg
import numpy as np
import matplotlib.pyplot as plt
matrix = np.array([[9, 2, 8], [2, 5, 6], [5, 1, 3]])
det = linalg.det(matrix)
print(det)  # - 55.0
inverse = linalg.inv(matrix)
print(inverse)
```

matrix 的逆矩阵如图 1-9 所示。

```
array([[-0.16363636, -0.03636364,  0.50909091],
       [-0.43636364,  0.23636364,  0.69090909],
       [ 0.41818182, -0.01818182, -0.74545455]])
```

图 1-9 matrix 的逆矩阵

1.7.4 统计模块

本节将结合例子学习如何使用 SciPy 实现直方图和概率密度函数以及统计检验。首先导入需要的模块，代码如下。

```
from scipy import linalg
import numpy as np
import matplotlib.pyplot as plt
```

1. 直方图和概率密度函数

可以通过 stats. norm 实现正态分布，正态分布的概率密度函数标准形式如式(1-3)所示。

$$f(x)=\frac{\mathrm{e}^{-\frac{x^2}{2}}}{\sqrt{2\pi}} \tag{1-3}$$

调用其中的 stats.norm.pdf(x,loc,scale)实现正态分布,并将其可视化,将会生成 3 个不同均值和方差的正态分布,代码如下。

```
from scipy import stats
import numpy as np
import matplotlib.pyplot as plt

plt.figure(figsize=(12, 8))
x = np.linspace(-10, 10, num=40)

gauss1 = stats.norm(loc=0, scale=2)  #loc: mean 均值, scale: standard deviation 标准差
gauss2 = stats.norm(loc=1, scale=3)
gauss3 = stats.norm(loc=-4, scale=2.5)

y1 = gauss1.pdf(x)
y2 = gauss2.pdf(x)
y3 = gauss3.pdf(x)
plt.plot(x, y1, color='orange', label='u=0,sigma=2')
plt.plot(x, y2, color='green', label='u=1,sigma=3')
plt.plot(x, y3, color='purple', label='u=-4,sigma=2.5')
plt.legend(loc='upper right')
```

高斯分布示意图如图 1-10 所示。

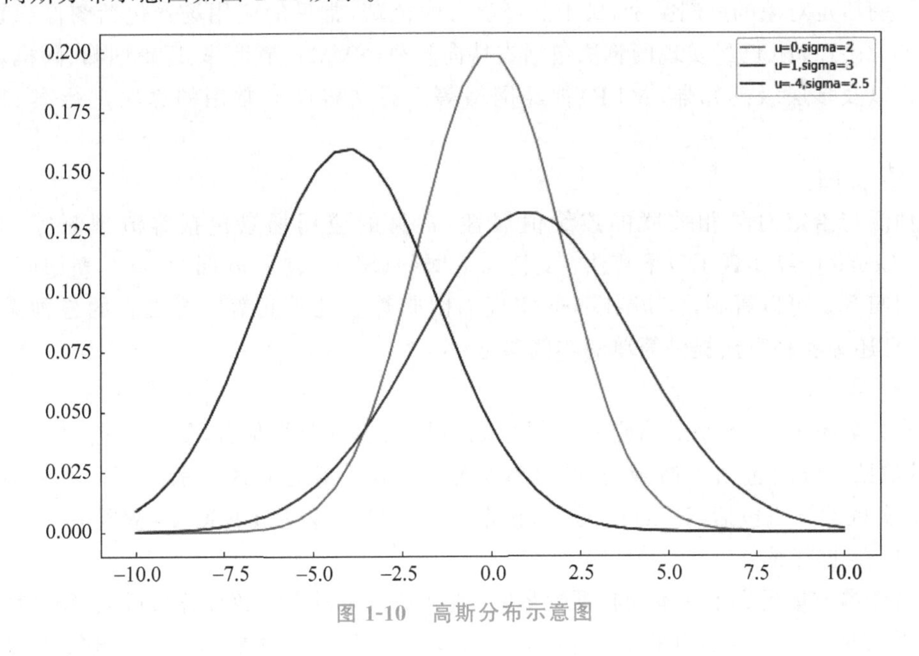

图 1-10 高斯分布示意图

2. 统计检验

生成两组观测值,假设两组观测值都来自高斯过程,可以用 T 检验来判断这两组观察值是否显著不同,代码如下。

```
A = np.random.normal(1, 2, size = 1000)
B = np.random.normal(2, 2, size = 10)
stats.ttest_ind(A, B)
```

返回值：statistic=−1.94,pvalue=0.05。其中,第一部分为T统计值,符号与两个随机过程的差异成比例,大小与差异的程度相关；第二部分为p值,表示两个过程相同的概率。

至此,已经介绍了SciPy中三个模块里的一些功能,这都是SciPy的冰山一角,SciPy中还包含许多实用高效的功能,待读者去一探究竟。

1.8 Python机器学习包——Scikit-Learn

1.8.1 Scikit-Learn简介

Scikit-Learn是基于Python编程语言的机器学习工具,是简单高效的数据挖掘和数据分析工具,它建立在NumPy、SciPy和Matplotlib等工具包的基础上,可供使用者在各种环境中重复使用。其基本功能主要被分为六大部分：分类、回归、聚类、数据降维、模型选择以及数据预处理。接下来简单介绍这六个部分的功能。

(1) 分类。

识别给定对象的所属类别,属于监督学习的范畴,常见的应用场景包括图像识别等。目前Scikit-Learn已经实现的算法包括支持向量机(SVM)、最近邻、逻辑回归、随机森林、决策树以及多层级感知器(MLP)神经网络等。后文将会对常用的算法进行案例分析介绍。

(2) 回归。

预测与给定对象相关联的连续值属性,常见的应用场景包括客流预测等。目前Scikit-Learn已经实现了以下算法：支持向量回归(SVR)、Lasso回归、贝叶斯回归、随机森林回归等。可以看到,Scikit-Learn实现的回归算法几乎涵盖了开发者的各种需求范围,并且还为各种算法提供简单的实例参考。

(3) 聚类。

与分类不同,聚类是对给定对象根据相似特征进行分组集合,属于无监督学习的范畴,最常见的应用包括车站聚类、轨迹数据聚类、出租车上下客点聚类等。目前Scikit-Learn实现的算法包括K-means聚类、谱聚类、层次聚类以及DBSCAN聚类等。

(4) 数据降维。

当样本数量远少于样本的特征数量时,或特征数量过多导致计算量过大,特征稀疏性过于严重时,往往需要进行特征降维,例如,使用主成分分析(PCA)、非负矩阵分解(NMF)或特征选择等降维技术来减少要考虑的随机变量个数,其主要应用场景包括图片处理等。

(5) 模型选择。

对于给定的参数和模型,比较、验证和选择哪个模型的效果最好,其主要目的是通过设置不同的参数来运行模型,进而通过结果选择最优参数以提升最终的模型精度。目前Scikit-Learn实现的模块包括格点搜索、交叉验证和各种针对预测误差评估的度量函数。

(6) 数据预处理。

数据的特征提取和归一化,通常是机器学习过程中的第一个也是最重要的一个环节,可以大大提高学习的效率。其中,特征提取是指将文本或图像数据转换为可用于机器学习的数字变量,通过去除不变、协变或其他统计上不重要的特征量来改进机器学习,提高学习精确度的一种方法。归一化是指将输入数据转换为具有零均值和单位权方差的新变量,但因为大多数时候都做不到精确等于零,因此会设置一个可接受的范围,一般都要求落在0~1。

总的来说,Scikit-Learn搭建了一套完整的用于数据预处理、数据降维、特征提取和归一化的算法(模块),同时它针对每个算法和模块都提供了丰富的参考案例和说明文档。接下来的几节内容,将采用案例演示的方法,向读者介绍Scikit-Learn中比较常见的几个算法在实际研究中的运用,让读者对Scikit-Learn的使用有个基本的了解。如果读者希望更加详细地了解不同算法的使用,可以通过Scikit-Learn的官方文档(中文版)进行查看学习。

1.8.2 SVM分类

SVM(Support Vector Machines,支持向量机)是一种二分类模型,其基本模型定义为特征空间上间隔最大的线性分类器。它将实例的特征向量映射为空间中的一些点,其目的就是画出一条线,以便区分两类点,如果以后有了新的点,这条线也可以做出很好的分类。该算法适合中小型数据样本、非线性、高维的分类问题。在所有知名的数据挖掘算法中,SVM是最准确、最高效的算法之一,属于二分类算法,可以支持线性和非线性的分类。

Scikit-Learn中的SVM算法工具包封装了LIBSVM和LIBLINEAR的实现,仅重写了算法的接口部分,使用时直接调用即可。SVM将算法工具包分为两类:一类是分类的算法包,主要包含LinearSVC、NuSVC和SVC三种算法;另一类是回归算法类,包含SVR、NuSVR和LinearSVR三种算法。关于各种算法的具体使用可以查看官方文档,官方文档有着非常详细的讲解。此处以一个简单的二分类案例对Scikit-Learn中SVM的使用进行简单示范,具体过程如下。

首先构造数据集,数据集包含正类和负类,均服从正态分布,且每个类的元素个数均为(200,2),不同处在于正类的中心点为(2,2),负类的中心点为(0,0)。接着给数据集分别贴上标签,正类标签为1,负类标签为0,并将正负类按行合并成同一个数据集,代码如下。

```
import numpy as np
from sklearn import svm
import pandas as pd
import matplotlib.pyplot as plt
```

```
#正类,服从(0,1)的正态分布
p = np.random.randn(200, 2)
for i in range(200):
    p[i][0] += 2
    p[i][1] += 2
#负类,服从(0, -1)的正态分布
f = np.random.randn(200, 2)

#将 np 数组转换成 dataframe
df_p = pd.DataFrame(p, columns = ['x', 'y'])
#加上标签 z,正类标签为 1
df_p['z'] = 1
#负类标签为 0
df_f = pd.DataFrame(f, columns = ['x', 'y'])
df_f['z'] = 0

#将正负类合并成一个 dataframe(按行进行合并)
#con = pd.concat([df_p,df_f],axis = 0
```

数据集构造好以后可以划分训练集和测试集，共有 400 个数据，取其中 250 个数据点作为训练集，150 个点作为测试集。接着规定训练集的特征和标签，并进行分类训练：通过 svm 接口直接新建 SVC 分类器，对分类器进行训练，得到训练好的参数以及测试集上的准确率，代码如下。

```
#重置数据集索引
con.reset_index(inplace = True, drop = True)
#划分训练集和测试集
test_size = 150
train_data = con[: - test_size]
test_data = con[ - test_size:]

#选择训练集特征和标签
X = train_data[['x', 'y']]
Z = train_data['z']

#新建 SVC 分类器
clf = svm.SVC(kernel = 'linear')
#训练
clf.fit(X,Z)
#在训练集上的准确率
clf.score(X, Z)
#训练好的参数: coefficients:类别特征向量,Intercept:判别函数类别参数
print('Coefficients: %s \n\nIntercept %s' % (clf.coef_, clf.intercept_))
#在测试集上的准确率
print('\n\nScore: %.2f' % clf.score(test_data[['x','y']], test_data['z']))
```

经过模型训练，返回 SVM 模型相关训练参数及模型准确率如表 1-1 所示。

表 1-1 SVM 模型训练参数

参 数	数 值
Coefficients(类别特征向量)	[1.2109,1.2077]
Intercept(判别参数)	−2.2527
Score(准确率)	0.84

1.8.3 随机森林回归

随机森林是一种由多个决策树构成的集成算法,在分类和回归问题上都有不错的表现。在解释随机森林以前,需要简单介绍一下决策树。决策树是一种很简单的算法,解释性强,也符合人类的直观思维。这是一种基于 if-then-else 规则的有监督学习算法,决策树示意图可以直观地表达决策树的逻辑,如图 1-11 所示。

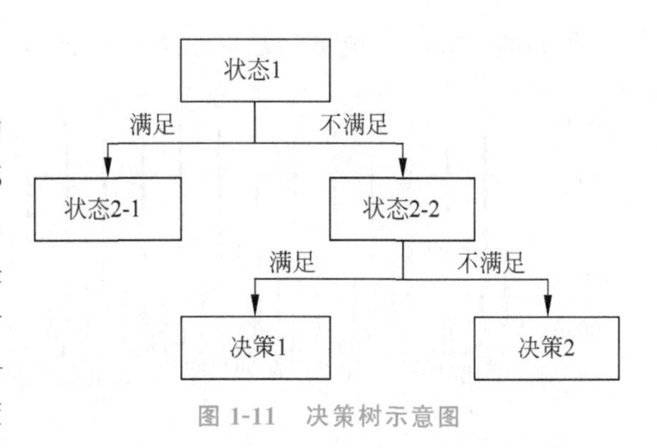

图 1-11 决策树示意图

随机森林就是由很多决策树构成的,不同决策树之间没有关联。当进行分类任务时,新的输入样本进入,森林的每棵决策树分别进行判断分类,每个决策树会得到一个自己的分类结果,分类结果中哪一个分类最多,随机森林就会把这个结果当作最终结果。

随机森林作为解决分类、回归问题的集成算法,具有四个方面的优点:对于大部分资料,可以产生高准确度的分类器;可以处理大量的输入变量;随机性的引入,不容易过拟合;能处理离散型和连续性数据,无须规范化。

同样,在利用随机森林解决分类、回归问题时,也存在三个方面的缺点:在某些噪声较大的分类或回归问题上会过拟合;同一属性,有不同取值的数据中,取值划分较多的属性会对随机森林产生更大的影响,在该类数据上产出的属性权值是不可信的;森林中的决策树个数很多时,训练需要的时间和空间会较大。

此处以北京西直门地铁站的进站客流数据为例,通过 Scikit-Learn 的随机森林算法对客流进行预测,旨在让读者更好地理解 Scikit-Learn 的基本使用方法。

首先利用 Pandas 导入西直门地铁站每 15min 的进站客流量,并且利用 Matplotlib 绘制客流曲线图,代码如下。

```
import pandas as pd
import matplotlib.pyplot as plt
from sklearn.ensemble import RandomForestRegressor

#导入西直门地铁站点 15min 进站客流
df = pd.read_csv('./xizhimen.csv', encoding = "gbk", parse_dates = True)
len(df)
df.head()  #观察数据集,这是一个单变量时间序列
```

```
plt.figure(figsize = (15, 5))
plt.grid(True)  #网格化
plt.plot(df.iloc[:, 0], df.iloc[:, 1], label = "XiZhiMen Station")
plt.legend()
plt.show()
```

得到的 15min 客流进站数据如图 1-12 所示。

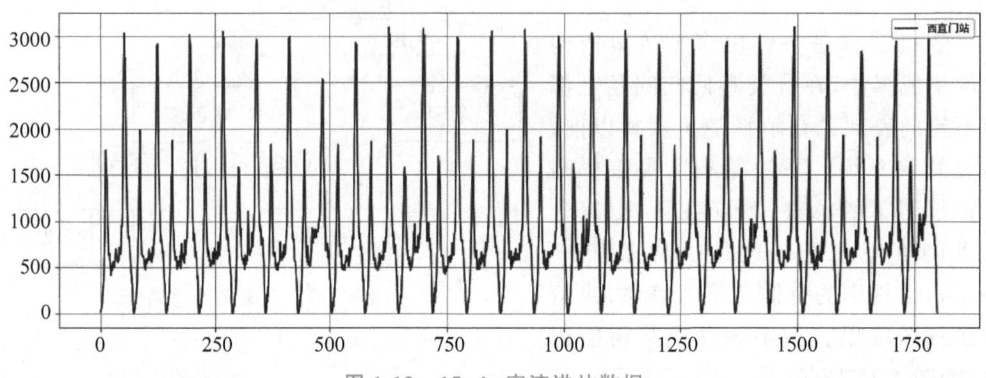

图 1-12　15min 客流进站数据

考虑到客流量大小受先前客流影响，此处新增该时刻地铁客流的前一个 15min 客流量、该时刻前五个 15min 的平均客流量以及前十个 15min 的平均客流量，以此提高客流预测的准确率，同时删除异常数据 NULL 的所在行，避免影响预测。取数据集的 80%作为训练集，20%作为测试集，代码如下。

```
#增加前一天的数据
df['pre_date_flow'] = df.loc[:, ['p_flow']].shift(1)
#5 日移动平均
df['MA5'] = df['p_flow'].rolling(5).mean()
#10 日移动平均
df['MA10'] = df['p_flow'].rolling(10).mean()
df.dropna(inplace = True)

X = df[['pre_date_flow', 'MA5', 'MA10']]
y = df['p_flow']
X.index = range(X.shape[0])

X_length = X.shape[0]
split = int(X_length * 0.8)
X_train, X_test = X[:split], X[split:]
y_train, y_test = y[:split], y[split:]
```

接着需要对随机森林模型进行拟合，由于 Scikit-Learn 已经将实现随机森林回归的相关函数进行封装，因此只需要通过接口调用相关函数就可以进行回归预测。预测得到结果以后，利用 Matplotlib 对预测结果进行可视化，代码如下。

```
random_forest_regressor = RandomForestRegressor(n_estimators = 15)
#拟合模型
random_forest_regressor.fit(X_train, y_train)
score = random_forest_regressor.score(X_test, y_test)
result = random_forest_regressor.predict(X_test)

plt.figure(figsize = (15, 5))
plt.title('预测结果图')
plt.plot(y_test.ravel(), label = 'real')
plt.plot(result, label = 'predict')
plt.legend()
plt.show()
```

得到预测客流效果图如图 1-13 所示。

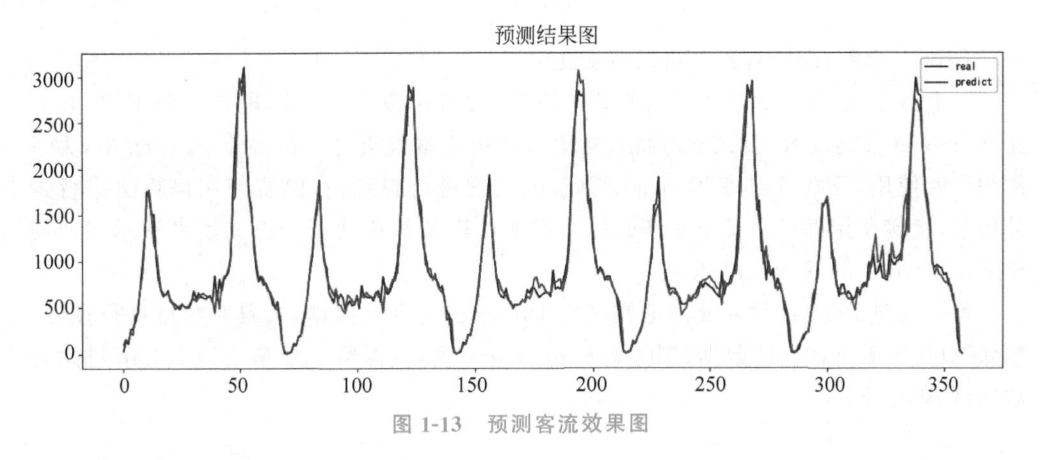

图 1-13　预测客流效果图

1.8.4　K-means 聚类

在学习 K-means 聚类算法前，需要了解一下聚类分析的含义：将大量数据中具有"相似"特征的数据点或样本划分为一个类别。与分类、序列标注等任务不同，聚类是在事先并不知道任何样本标签的情况下，通过数据之间的内在关系把样本划分为若干类别，使得同类别样本之间的相似度高，不同类别样本之间的相似度低（簇内差异小，簇间差异大）。聚类模型建立在无类标记的数据上，是一种非监督的学习算法，相对于监督学习，蕴含巨大的潜力与价值。

K-means 聚类是无监督学习的杰出代表之一，是最基础常用的聚类算法，基于点与点之间的距离相似度来计算最佳类别归属。它的基本思想是：通过迭代寻找 K 个簇(Cluster)的一种划分方案，使得聚类结果对应的损失函数最小。其中，损失函数定义为各个样本距离所属簇中心点的误差平方和：

$$J(c,\mu)=\sum_{i=1}^{M}\|x_i-\mu_{c_i}\|^2 \tag{1-4}$$

其中，x_i 代表第 i 个样本，c_i 是 x_i 所属的簇，μ_{c_i} 代表簇对应的中心点，M 是样本总数。

接下来将简单介绍算法的原理。

从 n 个样本数据中随机选取 k 个质心作为初始的聚类中心。质心记为：

$$\mu_1^{(0)},\mu_2^{(0)},\cdots,\mu_2^{(0)} \tag{1-5}$$

定义优化目标：

$$J(c,\mu)=\min\sum_{i=1}^{M}\|x_i-\mu_{c_i}\|^2 \tag{1-6}$$

开始循环，计算每个样本点到那个质心的距离，样本离哪个近就将该样本分配到哪个质心，得到 K 个簇：

$$C_i^t <- \underset{k}{\operatorname{argmin}}\|x_i-\mu_k^t\|^2 \tag{1-7}$$

对于每个簇，计算所有被分到该簇的样本点的平均距离作为新的质心：

$$\mu_k^{t+1} <- \underset{\mu}{\operatorname{argmin}}\sum_{i=k}^{b}\|x_i-\mu\|^2 \tag{1-8}$$

直到 J 收敛，即所有簇不再发生变化。

以上就是 K-means 聚类算法的基本原理，读者可以根据该原理自行利用 Python 搭建 K-means 聚类函数，尝试学习将数学语言转换为编程语言。在 Scikit-Learn 中，为了方便编程者使用，开发者们将 K-means 算法的实现进行封装，在需要使用该算法进行聚类分析时，直接调用即可。接下来还是以北京地铁进站客流数据为例向读者展示如何使用 Scikit-Learn 中的 K-means 算法。

首先通过 Pandas 导入北京地铁站点 15min 进站客流数据，接着对数据进行预处理，删除 NULL 值所在行的数据，删除 Station_name 列，仅保留每个车站的 15min 进站客流数据，代码如下。

```
import pandas as pd
import matplotlib.pyplot as plt
from sklearn.cluster import KMeans
from sklearn import metrics

#导入北京地铁站点 15min 进站客流
df = pd.read_csv('./in_15min.csv', encoding = "gbk", parse_dates = True)
len(df)
df.dropna(inplace = True)                          #首先去除空值所在的行

x_data = df.drop('Station_name', axis = 1)  #以列为单位,删除'Station_name'列
```

接着需要确定 K 值，此处基于簇内误差平方和，使用肘方法确定簇的最佳数量(即 K 值)，其基本理念就是找出聚类偏差骤减的 K 值，以此确定最优聚类数。通过画出不同 K 值的聚类偏差图可以清楚看出，代码如下。

```
#肘方法看 K 值
d = []
for i in range(1, 15):
```

```
    km = KMeans(n_clusters = i, init = 'k - means++', n_init = 10, max_iter = 300, random_
state = 0)
    km.fit(x_data)
    d.append(km.inertia_)    # inertia 簇内误差平方和

plt.plot(range(1, 15), d, marker = 'o')
plt.xlabel('number of clusters')
plt.ylabel('distortions')
plt.show()
```

运行返回的不同 K 值的聚类偏差图，如图 1-14 所示。

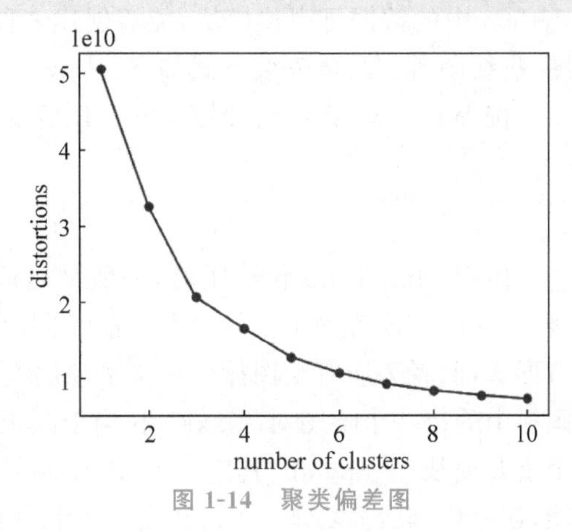

图 1-14　聚类偏差图

由聚类偏差图可以看出，K 值取 6 较为合适，或根据需要，取大致聚类结果即可。

调用 Scikit-Learn 的 K-means 算法，根据客流进站数据对车站类别进行聚类，并返回聚类结果。至于聚类效果的评价指标，此处选择了两个较为常见的指标：轮廓系数以及 c&h 得分，判断聚类效果的好坏，代码如下。

```
# 从效果图可以看出,K 取 6 最合适
model_kmeans = KMeans(n_clusters = 6, random_state = 0)
model_kmeans.fit(x_data)
y_pre = model_kmeans.predict(x_data)
y_pre += 1
print('聚类结果为:' + str(y_pre))

# 评价指标
silhouette_s = metrics.silhouette_score(x_data, y_pre, metric = 'euclidean')
calinski_harabaz_s = metrics.calinski_harabasz_score(x_data, y_pre)
print('轮廓系数为: %.2f,c&h 得分为: %d' % (silhouette_s, calinski_harabaz_s))
```

该模型的评价指标如表 1-2 所示。

表 1-2　模型评价指标

指　　标	数　　值
轮廓系数	0.46
c&h	197

根据前文，聚类所追求的是对于每个簇而言，其簇内差异小，簇外差异大。轮廓系数 S 正是描述簇内外差异的关键指标，取值范围为[−1, 1]，当 S 越接近于 1，聚类效果越好；越接近−1，聚类效果越差。该模型的轮廓系数为 0.46，说明聚类效果良好。至于 c&h 分数，被定义为组间离散与组内离散的比率，该分值越大说明聚类效果越好，该模型

的 c&h 分数为 197,聚类效果良好。

1.9 Python 可视化包——Matplotlib

1.9.1 Matplotlib 简介

Matplotlib 是 2D 图形最常用的 Python 软件包之一,是很多高级可视化工具包的基础,它不是 Python 内置工具包,调用前需要手动安装,且依赖 NumPy 包。同时作为 Python 中的数据可视化模块,能够创建多种类型的图表,如条形图、散点图、饼状图、柱状图、折线图等。具体安装方式如下。

按 Windows 系统快捷键 Win+R 后输入"cmd"再执行以下命令,代码如下。

```
pip install matplotlib
```

使用 Matplotlib 包绘图时,一般都是调用 pyplot 模块,其集成了绝大部分常用方法接口,共同完成各种丰富的绘图功能。同时需要重点指出:figure 和 axes 也是其中的接口形式,前者为所有绘图操作定义了顶层类对象 figure,相当于提供画板;后者则定义了画板中的每一个绘图对象 axes,相当于画板内的各个子图。另外,Matplotlib 中还有另一个重要模块——pylab,其定位是 Python 中对 MATLAB 的替代产品,不仅包含绘图功能,还有矩阵运算功能,总之凡是 MATLAB 可以实现的功能,pylab 都可以实现。虽然 pylab 功能强大,但因为其集成了过多的功能,直接调用并非一个明智选择,官方已不建议用其绘图。以上介绍的 Matplotlib 的三种绘图接口形式如图 1-15 所示。

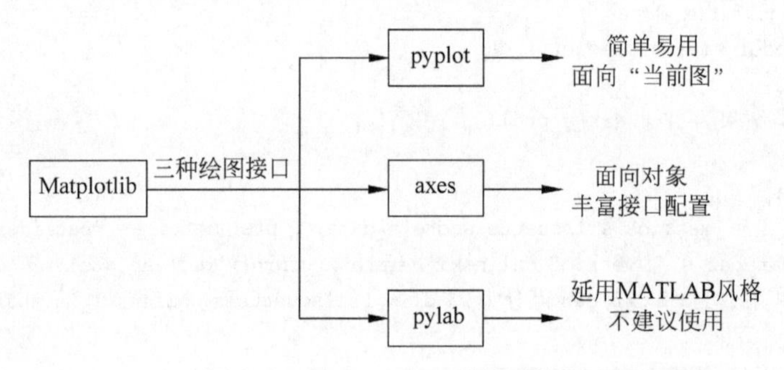

图 1-15 Matplotlib 三种绘图接口

为了方便,后文讲解的绘图操作都是调用 pyplot 实现的,且多以 plt 作为 matplotlib. pyplot 的别名使用。

1.9.2 Matplotlib 绘图

1. 创建画板

创建画板包括创建 figure 和 axes 对象,常用方法有 plt. plot()、fig. add_subplot()、plt. subplot()、plt. subplots()。

(1) plt. plot()。

plt. plot()方法的代码如下。

```
fig = plt.figure(figsize = (16, 16), dpi = 300)   #初始化一张画布,可以设置 figsize 和 dpi
plt.plot()  #直接在一张大的画布中画图,相当于获取当前活跃的 axes 然后在上面作图
```

(2) fig. add_subplot()。

fig. add_subplot()方法的代码如下。

```
fig = plt.figure(figsize = (16, 16), dpi = 300)
ax = fig.add_subplot(2, 2, 1)   #在画布中添加一个 axes(可以理解为子区域),并返回这个子
#区域,参数的前两个表示子区域的行列数,最后一个表示子区域的顺序
ax.plot()                        #在该子区域中画图

#另外一种写法:
fig = plt.figure(figsize = None, dpi = None)
fig.add_subplot(2, 2, 1)
plt.plot()  #获取当前活跃的 axes 然后在上面作图
```

(3) plt. subplot()。

plt. subplot()方法的代码如下。

```
fig = plt.figure(figsize = (16, 16),dpi = 300)
ax = plt.subplot(330)   #或者 plt.subplot(3,3,0),和 fig.add_subplot 作用相同,只是直接
#调用 plt.subplot,会获取当前活跃的 figure 对象,然后添加子区域 ax.plot().在该活跃子区
#域中画图,相当于获取当前的 axes 然后在上面作图

#另外一种写法:
fig = plt.figure(figsize = (16, 16), dpi = 300)
plt.subplot(330)
plt.plot()                #获取当前活跃的 axes 然后在上面作图
```

(4) plt. subplots()。

plt. subplots()方法的代码如下。

```
fig, ax = plt.subplots(3, 3, figsize = (16, 16),dpi = 300)   #返回一个 Figure 实例 fig 和一
#个 AxesSubplot 实例 ax.fig 代表整个图像,ax 代表坐标轴和画的图,ax 是保存 AxesSubplot 实
#例的 ndarray 数组,通过下标获取需要的子区域
ax[0][0].plot()  #在第 0 行的第 0 个子区域画图
```

subplot 和 subplots 都可以实现画子图功能,只不过 subplots 把画板规划好了,返回一个坐标数组对象,而 subplot 每次只能返回一个坐标对象,subplots 也可以直接指定画板的大小。

2. 绘制图表

常用图表形式包括以下 4 种。

（1）plot：折线图，常用于表达一组数据的变化趋势。

具体函数及相关参数为：plt. plot(x,y,[fmt])。其中，x 为可选参数，表示 x 轴的取值，需要与 y 一一对应，不选填时 x 轴的取值默认由 0 开始，直到 len(y)。可选参数[fmt]是一个字符串，用来定义图的基本属性，如颜色(color)、点型(marker)、线型(linestyle)，具体顺序是：fmt='[color][marker][line]'。例如，绘制一条直线，其代码如下。

```
import numpy as np
import matplotlib.pyplot as plt
import matplotlib

matplotlib.rcParams['axes.unicode_minus'] = False
x = np.linspace(-10, 10, 10, endpoint=True)
y = np.random.rand(10)
plt.figure(figsize=(10, 5))
plt.plot(x, y, color='b', linestyle='-', linewidth=2.5)
plt.show()
```

折线图效果图如图 1-16 所示。

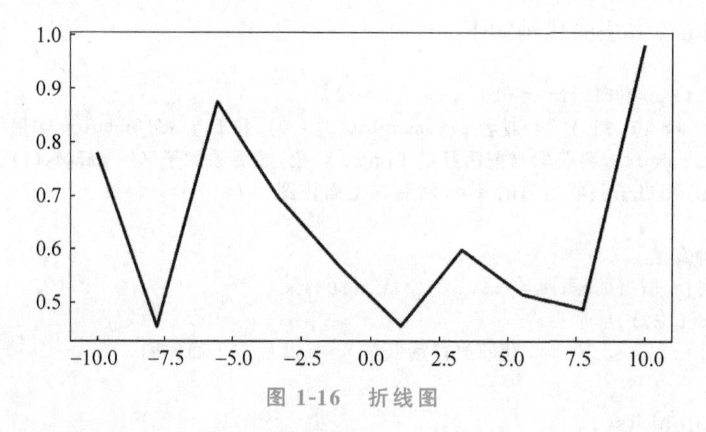

图 1-16 折线图

（2）scatter：散点图，常用于表述两组数据间的分布关系。

具体函数及相关参数为：plt. scatter(x, y, s=None, c=None, marker=None, alpha=None, linewidths=None, edgecolors=None)。其中，(x, y)表示散点的坐标；s 表示散点的面积；c 表示散点的颜色(默认值为蓝色，即'b'，其余样式同 plt. plot())；marker 表示散点样式(默认值为实心圆，即'o'，其余样式同 plt. plot())；alpha 表示散点透明度(取值范围为[0,1]，0 表示完全透明，1 表示完全不透明)；linewidths 表示散点的边缘线宽；edgecolors 表示散点的边缘颜色。

例如，随机生成 15 个点并绘制散点图，具体代码如下。

```
import numpy as np
import matplotlib.pyplot as plt
import matplotlib
```

```
matplotlib.rcParams['axes.unicode_minus'] = False
#随机生成15个点
n = 15
x = np.random.rand(n)
y = np.random.rand(n)

plt.scatter(x, y, marker='o',alpha=0.5, linewidths=1.0, edgecolors='blue')
plt.show()
```

散点图效果图如图1-17所示。

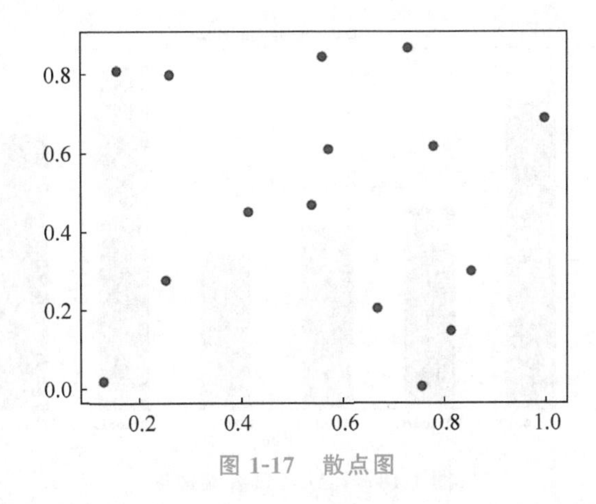

图1-17　散点图

(3) bar/barh：条形图或者柱状图，常用于表达一组离散数据的大小关系。

例如，一年内某个车站每个月的客流数据；默认竖直条形图，可选barh绘制水平条形图。具体函数及相关参数为：plt.bar（x，height，width＝0.8，bottom＝None，color)。其中，x为一个标量序列，确定x轴刻度数目；height用来确定y轴的刻度；width为单个直方图的宽度；bottom用来设置y边界坐标轴起点；color用来设置直方图颜色(只给出一个值表示全部使用该颜色，若赋值颜色列表则会逐一染色，若给出颜色列表数目少于直方图数目则会循环利用)。

以北京地铁近10日的客流数据为例，绘制柱状图，具体代码如下。

```
import matplotlib.pyplot as plt
import matplotlib

matplotlib.rcParams['axes.unicode_minus'] = False
#确定柱状图数量,代表最近10天
x = [1, 2, 3, 4, 5, 6, 7, 8, 9, 10]
#确定y轴刻度,代表每一天的地铁客流量
y = [904.8, 903.9, 857.13, 944.49, 498.72, 416.39, 930.74, 946.14, 953.54, 953.55]
x_label = ['20210817', '20210818', '20210819', '20210820', '20210821', '20210822', '20210823
', '20210824', '20210825', '20210826']
plt.figure(figsize=(15, 5))
```

```
plt.xticks(x, x_label)    # 绘制 x 轴的标签
plt.bar(x, y, width = 0.5, color = 'r')
plt.grid(True, linestyle = ':', color = 'b', alpha = 0.6)

plt.xlabel('Date')
plt.ylabel('Passenger_flow')

plt.title('Daily Passenger Flow')
plt.show()
```

地铁每日客流数据绘制柱状图如图 1-18 所示。

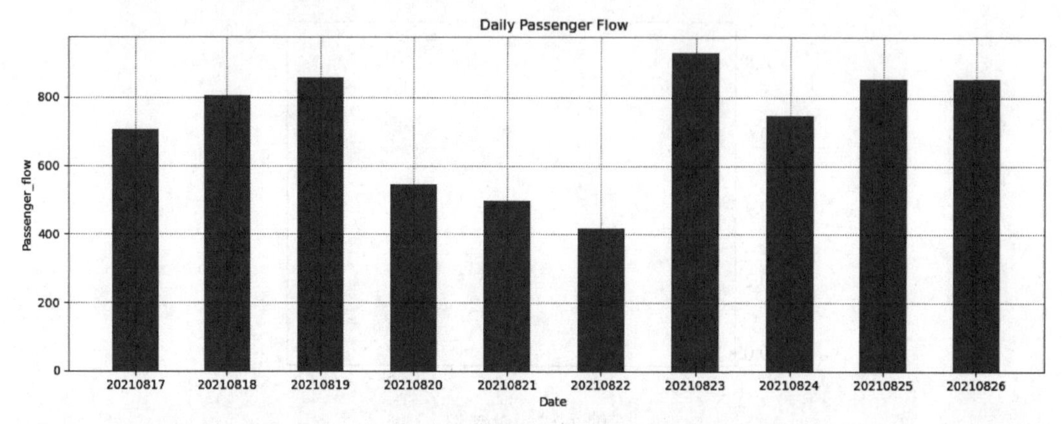

图 1-18　地铁每日客流数据

（4）pie：饼图，主要用于表达构成或比例关系，一般适用于少量对比。

具体函数及相关参数为：plt. pie(x, labels, explode, startangle, shadow, labeldistance, radius)。其中，x 为(每一块的)比例，如果 sum(x)>1，会使用 sum (x)归一化；labels 为(每一块)饼图外侧显示的说明文字；explode 为(每一块)离开中心的距离，默认为 0；startangle 为起始绘制角度，默认图是从 x 轴正方向逆时针画起，如设定为 90，则从 y 轴正方向画起；shadow 表示在饼图下面画一个阴影，默认值 False，即不画阴影；labeldistance 为 label 标记的绘制位置，相对于半径的比例，默认为 1.1，如<1 则绘制在饼图内侧；radius 用来控制饼图半径，默认值为 1。

接下来以城市各种交通出行方式占比为例，绘制饼状图，具体代码如下。

```
import matplotlib.pyplot as plt

plt.rcParams['font.sans - serif'] = ['SimHei']    # 用来正常显示中文标签

labels = '地铁','常规公交','小汽车','非机动车'
sizes = [30, 25, 35, 10]
plt.pie(sizes, labels = labels, shadow = True, autopct = '%1.2f%%', startangle = 90)

plt.title('城市各交通方式出行占比图')
plt.show()
```

利用城市出行交通方式占比绘制饼图，如图 1-19 所示。

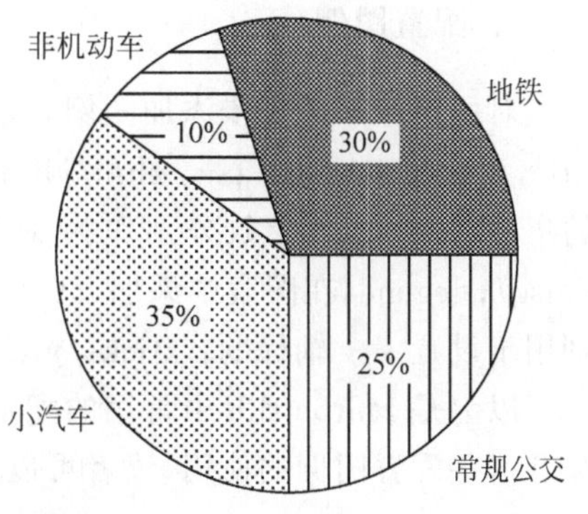

图 1-19　城市出行交通方式占比图

3. 画板上同时绘制多张子图

在数据可视化时，有时为了更直观地比较数据间的差异，需要在同一画板上绘制多张子图，便于比较。在 Matplotlib 中封装了 subplot 函数实现多张子图的可视化，参数可以是一个三位数字（例如 221），也可以是一个数组（例如[2, 2, 1]），三个数字分别代表子图总行数、子图总列数、子图位置。此处以 2×2，四张子图的绘制为例，具体代码实现如下。

```
import numpy as np
import matplotlib.pyplot as plt

#画第一张图，折线图
x = np.arange(1, 100)
plt.subplot(221)
plt.plot(x, x * x)
#画第二张子图，散点图
plt.subplot(222)
plt.scatter(np.arange(0, 10), np.random.rand(10))
#画第三张图，饼图
plt.subplot(223)
plt.pie(x = [15, 25, 45, 15], labels = list('ABCD'), autopct = '%.0f%%', explode = [0,
0.05, 0, 0])
#画第四张图，条形图
plt.subplot(224)
plt.bar([20, 10, 30, 25, 15], [25, 15, 35, 30, 20], color = 'b')
plt.show()
```

得到多子图显示效果图，如图 1-20 所示。

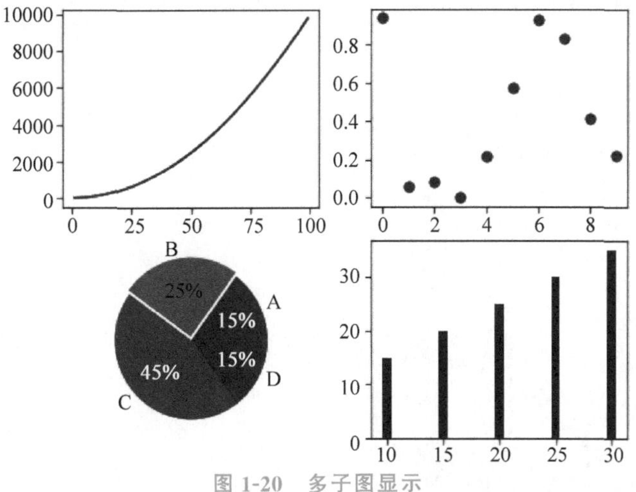

图 1-20　多子图显示

4. 配置图例

对所绘图形进一步添加图例元素，例如，设置标题、坐标轴文字说明等，常用接口有：title，设置图表标题；axis/xlim/ylim，设置相应坐标轴范围，其中，axis 是对 xlim 和 ylim 的集成，接收 4 个参数分别作为 x 和 y 轴的范围参数；grid，添加图表网格线（默认为 False）；legend，在图表中添加 label 图例参数后，通过 legend 进行显示；xlabel/ylabel，分别用于设置 x、y 轴标题；xticks/yticks，分别用于自定义坐标刻度显示。

以上是 Matplotlib 中常用的配置图例，在第二部分介绍几种常见的图表形式时，也有涉及这些配置图例的使用，读者可以通过第二部分的代码熟悉以上常用接口。

第2章

PyTorch基础知识简介

2.1 张量模块

在刚接触深度学习的过程中，读者可能经常接触到一个概念——张量(Tensor)，张量是PyTorch最基本的操作对象。张量是什么呢？在几何定义中，张量是基于标量、向量和矩阵概念的延伸。通俗一点儿理解，可以将标量视为0维张量，向量视为1维张量，矩阵视为2维张量。在深度学习领域，可以将张量视为一个数据的水桶，当水桶中只放一滴水时就是0维张量，多滴水排成一排就是1维张量，联排成面就是2维张量，以此类推，扩展到n维张量。本节将围绕张量展开，为读者介绍张量的数据类型、张量的基本操作、张量与NumPy数组以及Cuda张量和CPU张量这四部分内容。

2.1.1 张量的数据类型

在介绍张量的数据类型之前，为了更好地理解张量，首先介绍张量的创建方法。PyTorch中创建张量的方法有两种，一种是通过Python数组创建，另一种是从列表中创建。创建张量的代码如下。

```
#从 Python 数组构建
a = [[1, 2, 3],[4, 5, 6]]
x = torch.Tensor(a)
print(x)
#输出结果为:
#tensor([[1., 2., 3.],
#        [4., 5., 6.]])

#从列表构建张量
```

```
x = torch.Tensor([[1, 2]])
print(x)
#输出结果为:
#tensor([[1., 2.]])
```

此外，在 PyTorch 中可以创建各种形式的随机数，如服从均匀分布的随机数、服从正态分布的随机数等。下面介绍创建各种形式的随机数的函数。

1. torch.rand()函数

torch.rand()函数的用法为 torch.rand(\ * sizes,out=None)→Tensor，返回一个张量，服从区间为[0,1)的均匀分布，形状由参数 sizes 定义，代码如下。

```
tensor1 = torch.rand(4)
tensor2 = torch.rand(2, 3)
print(tensor1, tensor2)
#tensor([0.7638, 0.3919, 0.9474, 0.6846])
#tensor([[0.3425, 0.0689, 0.6304],
#        [0.5676, 0.8049, 0.3459]])
```

2. torch.randn()函数

torch.randn()函数的用法为 torch.randn(* sizes,out=None)→Tensor，返回一个张量(高斯白噪声)，服从均值为 0，方差为 1 的标准正态分布，形状由参数 sizes 定义，代码如下。

```
tensor1 = torch.randn(5)
tensor2 = torch.randn(2, 4)
print(tensor1, tensor2)
#tensor([ 0.4315, -0.3812, 0.9554, -0.8051, -0.9421])
#tensor([[-0.6991, 0.0359, 1.2298, -0.1711],
#        [ 1.0056, 0.5772, 1.4460, -0.5936]])
```

3. torch.normal()函数

torch.normal()函数的第一种用法为 torch.normal(means, std, out=None)。注意：没有 size 参数，返回一个张量，服从指定均值 means 和标准差 std 的正态分布。均值 means 是一个张量，包含每个输出元素相关的正态分布的均值。标准差 std 是一个张量，包含每个输出元素相关的正态分布的标准差。均值和标准差的形状无须匹配，但每个张量的元素个数须相同。torch.normal()函数的具体用法如下。

torch.normal()函数的第一种用法，代码如下。

```
tensor = torch.normal(mean = torch.arange(1., 11.), std = torch.arange(1, 0, -0.1))
print(tensor)
#tensor([0.0605, 2.5965, 3.3046, 4.2056, 5.0117, 6.7848, 6.3024, 7.9845, 9.4306, 9.7881])
```

上述代码产生的结果中，0.0605 是从均值为 1，标准差为 1 的正态分布中随机生成的；2.5965 是从均值为 2，标准差为 0.9 的正态分布中随机生成的；3.3046 是从均值为 3，标准差为 0.8 的正态分布中随机生成的；以此类推，10 个元素分别服从不同的相互独立的正态分布。torch.arange(1.，11.)产生的元素个数为 10 个(1 和 11 后面必须带浮点"."，否则会报错)，torch.arange(1，0，－0.1)产生的元素个数为 10 个，因此均值和标准差的元素个数必须相同。且 mean 和 std 必须为 float 类型，否则会报错。

torch.normal()函数的第二种用法，代码如下。

```
tensor = torch.normal(mean = 0.5, std = torch.arange(1., 6.))
print(tensor)
#tensor([-0.0757, -0.5302, -1.1334, -4.3958, -5.8655])
```

上述代码是从共享均值的 5 个正态分布中随机产生 5 个数。

torch.normal()函数的第三种用法，代码如下。

```
tensor = torch.normal(mean = torch.arange(1., 6.), std = 1.0)
print(tensor)
#tensor([1.6546, 2.7788, 2.4560, 3.2527, 4.1715])
```

上述代码是从共享标准差的 5 个正态分布中随机产生 5 个数。

torch.normal()函数的第二种用法为 torch.normal(mean，std，size *，out＝None)，注意：有 size 参数，代码如下。

```
tensor = torch.normal(2, 3, size = (1, 4))
print(tensor)
#tensor([[ 4.7555, -2.5026, -1.6333, -0.9256]])
```

上述代码中产生的所有的数服从均值为 2，方差为 3 的正态分布，形状为(1，4)。

4. torch.linspace()函数

torch.linspace()函数的用法为 torch.linspace(start，end，steps＝100，out＝None)→Tensor，返回一个 1 维张量，包含在区间 start 和 end 上均匀间隔的 steps 个点，代码如下。

```
tensor = torch.linspace(1, 10, steps = 5)
print(tensor)
#tensor([ 1.0000, 3.2500, 5.5000, 7.7500, 10.0000])
```

5. torch.manual_seed()函数

torch.manual_seed()函数用于固定随机种子，接下来生成的随机数序列都是相同的，仅作用于最接近的随机数产生语句，代码如下。

```
torch.manual_seed(1)
temp1 = torch.rand(5)
print(temp1)  #tensor([0.7576, 0.2793, 0.4031, 0.7347, 0.0293])
torch.manual_seed(1)
temp2 = torch.rand(5)
print(temp2)  #tensor([0.7576, 0.2793, 0.4031, 0.7347, 0.0293])
temp3 = torch.rand(5)
print(temp3)  #tensor([0.7999, 0.3971, 0.7544, 0.5695, 0.4388])
```

上述 temp1 和 temp2 是相同的，temp3 是不同的，因为 seed 仅作用于最接近的那句随机数产生语句。torch 中 torch.seed()函数没有参数，用来将随机数的种子设置为随机数，一般不使用。

6. torch.ones()、torch.zeros()、torch.eye()函数

torch.ones()函数用来生成全 1 数组，torch.zeros()函数用来生成全 0 数组，torch.eye()函数用来生成对角线全 1，其余部分全 0 的二维数组，代码如下。

```
tensor1 = torch.zeros(2, 3)
tensor2 = torch.ones(2, 3)
tensor3 = torch.eye(3)
print(tensor1, tensor2, tensor3)
#tensor([[0., 0., 0.],
#        [0., 0., 0.]])
#        tensor([[1., 1., 1.],
#        [1., 1., 1.]])
#        tensor([[1., 0., 0.],
#        [0., 1., 0.],
#        [0., 0., 1.]])
```

介绍完张量的创建方式后，下面介绍张量的数据类型。在 PyTorch 中，CPU 和 GPU 张量分别有 9 种数据类型。张量的数据类型如表 2-1 所示。

表 2-1　张量的数据类型

数据类型	dtype	CPUTensor	GPUTensor
32 位浮点型	torch.float32	torch.FloatTensor	torch.cuda.FloatTensor
64 位浮点型	torch.float64	torch.DoubleTensor	torch.cuda.DoubleTensor
16 位浮点型	torch.float16	torch.HalfTensor	torch.cuda.HalfTensor
8 位无符号整型	torch.uint8	torch.ByteTensor	torch.cuda.ByteTensor
8 位有符号整型	torch.int8	torch.CharTensor	torch.cuda.CharTensor
16 位有符号整型	torch.int16	torch.ShortTensor	torch.cuda.ShortTensor
32 位有符号整型	torch.int32	torch.IntTensor	torch.cuda.IntTensor
64 位有符号整型	torch.int64	torch.LongTensor	torch.cuda.LongTensor
布尔值	torch.bool	torch.BoolTensor	torch.cuda.BoolTensor

在 PyTorch 中默认的数据类型为 32 位浮点型(torch.FloatTensor),如果想要规定张量的数据类型,可以在创建时指定类型,或创建完成后对张量的数据类型进行转换。如上述创建全 1 张量的代码中,输出结果中张量的数据类型为默认数据类型——32 位浮点型,如果想要将其数据类型转换为 64 位有符号整型,可以采用两种方法,代码如下。

```
#第一种方法:在创建张量时指定数据类型
x = torch.ones((2, 3, 4), dtype = torch.int64)   #生成全 1 数组
print(x)
#输出结果为:
#tensor([[[1, 1, 1, 1],
#         [1, 1, 1, 1],
#         [1, 1, 1, 1]],
#
#        [[1, 1, 1, 1],
#         [1, 1, 1, 1],
#         [1, 1, 1, 1]]])

#第二种方法:张量创建完成后,对数据类型进行转换
x = torch.ones(2, 3, 4)   #生成全 1 数组
x = x.type(torch.int64)
print(x)
#输出结果为:
#tensor([[[1, 1, 1, 1],
#         [1, 1, 1, 1],
#         [1, 1, 1, 1]],
#
#        [[1, 1, 1, 1],
#         [1, 1, 1, 1],
#         [1, 1, 1, 1]]])
```

2.1.2　张量的基本操作

PyTorch 中,张量的操作分为结构操作和数学运算,结构操作就是改变张量本身的结构,数学运算就是对张量的元素值进行数学运算。常用的结构操作包括改变张量的形状、增加和删除维度、交换维度、拼接和分隔、堆叠和分解、索引和切片,数学运算包括基本数学运算、向量运算、矩阵运算。下面将对张量的基本操作进行介绍。

torch.view()函数可以改变 Tensor 的形状,但是必须保证前后元素总数一致,代码如下。

```
x = torch.rand(3, 2)
print(x.shape)     #torch.Size([3, 2])
y = x.view(6)
print(y.shape)     #torch.Size([6])
```

(1) 增加和删除维度。

① 增加维度。

unsqueeze()函数可以对数据维度进行扩充,给指定位置加上维数为1的维度。用法:torch.unsqueeze(a, N),或者a.unsqueeze(N),在a中指定位置N加上一个维数为1的维度,代码如下。

```
a = torch.rand(3, 4)
b = torch.unsqueeze(a, 0)
c = a.unsqueeze(0)
print(b.shape)  #torch.Size([1, 3, 4])
print(c.shape)  #torch.Size([1, 3, 4])
```

② 删除维度。

squeeze()函数可以对张量进行维度的压缩,去掉维数为1的维度。用法:torch.squeeze(a)将a中所有维数为1的维度都删除,或者a.squeeze(1)是去掉a中指定维数为1的维度,代码如下。

```
a = torch.rand(1, 1, 3, 4)
b = torch.squeeze(a)
c = a.squeeze(1)
print(b.shape)  #torch.Size([3, 4])
print(c.shape)  #torch.Size([1, 3, 4])
```

(2) 交换维度。

在运用各种模型的过程中,经常会遇到交换维度的问题。在PyTorch中对于张量有两种交换维度的方法。torch.transpose()函数用于交换两个维度,torch.permute()函数可以自由交换任意位置。例如,在CNN模型中,四个维度表示的Tensor:[batch, channel, h, w](nchw),如果想把channel放到最后去,形成[batch, h, w, channel](nhwc),使用torch.transpose()函数,至少要交换两次(先1和3交换,再1和2交换),而使用torch.permute()函数只需一次操作,更加方便,代码如下。

```
a = torch.rand(1, 3, 28, 32)                    #torch.Size([1, 3, 28, 32]
#第一种方法
b = a.transpose(1, 3).transpose(1, 2)  #torch.Size([1, 28, 32, 3])
print(b.shape)

#第二种方法
c = a.permute(0, 2, 3, 1)
print(c.shape)                                   #torch.Size([1, 28, 32, 3])
```

(3) 拼接和分割。

可以用torch.cat()函数将多个张量合并,torch.cat()函数是连接,不会增加维度;也可以用torch.split()函数把一个张量分割成多个张量。torch.split()函数可以看作

torch.cat()函数的逆运算。split()函数的作用是将张量拆分为多个块，每个块都是原始张量的视图。

torch.cat()函数的代码如下。

```
a = torch.rand(1, 2)
b = torch.rand(1, 2)
c = torch.rand(1, 2)
output1 = torch.cat([a, b, c], dim=0)        #dim=0 为按列拼接
print(output1.shape)                         #torch.Size([3, 2])
output2 = torch.cat([a, b, c], dim=1)        #dim=1 为按行拼接
print(output2.shape)                         #torch.Size([1, 6])
```

torch.split()函数的代码如下。

```
a = torch.rand(3, 4)
output1 = torch.split(a, 2)
print(output1)
#(tensor([[0.2540, 0.1353, 0.4933, 0.0357],
#         [0.3998, 0.7569, 0.4552, 0.5319]]), tensor([[0.3846, 0.5187, 0.4397, 0.0126]]))

output2 = torch.split(a, [2, 2], dim=1)
print(output2)
#(tensor([[0.2540, 0.1353],
#         [0.3998, 0.7569],
#         [0.3846, 0.5187]]), tensor([[0.4933, 0.0357],
#         [0.4552, 0.5319],
#         [0.4397, 0.0126]]))
```

(4) 堆叠和分解。

另外，可以用torch.stack()函数将多个张量合并，torch.stack()函数和torch.cat()函数有略微的区别，torch.stack()函数用于进行堆叠操作，会增加一个维度。torch.chunk()函数可以看作torch.cat()函数的逆运算。torch.chunk()函数的作用是将Tensor按dim(行或列)分割成chunks个Tensor块，返回的是一个元组。

torch.stack()堆叠函数的代码如下。

```
a = torch.rand(1, 2)
b = torch.rand(1, 2)
c = torch.rand(1, 2)
output1 = torch.stack([a, b, c], dim=0)      #dim=0 为按列拼接
print(output1.shape)                         #torch.Size([3, 1, 2])
output2 = torch.stack([a, b, c], dim=1)      #dim=1 为按行拼接
print(output2.shape)                         #torch.Size([1, 3, 2])
```

torch.chunk()分解函数的代码如下。

```
a = torch.rand(3, 4)
output1 = torch.chunk(a, 2, dim = 0)
print(output1)
#(tensor([[0.1943, 0.1760, 0.3022, 0.0746],
#         [0.5819, 0.7897, 0.2581, 0.0709]]), tensor([[0.2137, 0.5694, 0.1406, 0.0052]]))

output2 = torch.chunk(a, 2, dim = 1)
print(output2)
#(tensor([[0.1943, 0.1760],
#         [0.5819, 0.7897],
#         [0.2137, 0.5694]]), tensor([[0.3022, 0.0746],
#         [0.2581, 0.0709],
#         [0.1406, 0.0052]]))
```

(5) 索引和切片。

Torch 张量的索引以及切片规则与 NumPy 基本一致，比较简单，对其进行简要介绍，代码如下。

```
x = torch.rand(2, 3, 4)
print(x[1].shape)          #torch.Size([3, 4])

y = x[1, 0:2, :]
print(y.shape)             #torch.Size([2, 4])

z = x[:, 0, ::2]
print(z.shape)             #torch.Size([2, 2])
```

(6) 基本数学运算。

张量基本的数学运算包括张量求和以及按索引求和、张量元素乘积、对张量求均值、方差和极值。下面将对这几种基本的数学运算进行具体介绍。

① 元素求和。

按元素求和的第一种方法为 torch.sum(input)→float，返回输入向量 input 中所有元素的和，代码如下。

```
a = torch.rand(4, 3)
b = torch.sum(a)
print(b)  #tensor(6.4069)
```

按元素求和的第二种方法为 torch.sum(input，dim，keepdim＝False，out＝None)→Tensor，其中，input 为输入张量，dim 为指定维度，keepdim (bool) 表示输出张量是否保持与输入张量有相同数量的维度，若 keepdim 值为 True，则在输出张量中，除了被操作的 dim 维度值降为 1，其他维度与输入张量 input 相同。否则，dim 维度相当于被执行 torch.squeeze()维度压缩操作，导致此维度消失，最终输出张量会比输入张量少一个维度，代码如下。

```
a = torch.rand(4, 3)
b = torch.sum(a, 1, True)
print(b, b.shape)
#tensor([[0.6594],
#        [1.5325],
#        [1.5375],
#        [1.7755]]) torch.Size([4, 1])
```

② 按索引求和。

按索引求和是指按索引参数 index 中所确定的顺序，将参数张量 Tensor 中的元素与执行本方法的张量的元素逐个相加。参数 Tensor 的尺寸必须严格地与执行方法的张量匹配，否则会发生错误。按索引求和的方法为 torch.Tensor.index_add_(dim, index, tensor)→Tensor，dim 为索引 index 所指向的维度，index 为包含索引数的张量，Tensor 为含有相加元素的张量，代码如下。

```
x = torch.Tensor([[1, 2],[3, 4]])
y = torch.Tensor([[3, 4],[5, 6]])
index = torch.LongTensor([0, 1])
output = x.index_add_(0, index, y)
print(output)
#tensor([[ 4., 6.],
#        [ 8., 10.]])
```

③ 元素乘积。

元素乘积的第一种方法为 torch.prod(input)→float，返回输入张量 input 所有元素的乘积，代码如下。

```
a = torch.rand(4, 3)
b = torch.prod(a)
print(b)  #tensor(2.0311e-05)
```

元素乘积的第二种方法为 torch.prod(input, dim, keepdim=False, out=None)→Tensor，其中，input 为输入张量，dim 为指定维度，keepdim (bool) 表示输出张量是否保持与输入张量有相同数量的维度，若 keepdim 值为 True，则在输出张量中，除了被操作的 dim 维度值降为 1，其他维度与输入张量 input 相同。否则，dim 维度相当于被执行 torch.squeeze()函数进行维度压缩操作，导致此维度消失，最终输出张量会比输入张量少一个维度，代码如下。

```
a = torch.rand(4, 3)
b = torch.prod(a, 1, True)
print(b, b.shape)
```

```
#tensor([[0.0194],
#        [0.1845],
#        [0.0336],
#        [0.4879]]) torch.Size([4, 1])
```

④ 求平均数。

求平均数的第一种方法为 torch. mean(input)，返回输入张量 input 中每个元素的平均值，代码如下。

```
a = torch.rand(4, 3)
b = torch.mean(a)
print(b)  #tensor(0.4836)
```

求平均数的第二种方法为 torch. mean(input, dim, keepdim=False, out=None)，其中参数的含义与元素求和、元素乘积的含义相同，代码如下。

```
a = torch.rand(4, 3)
b = torch.mean(a, 1, True)
print(b, b.shape)
#tensor([[0.6966],
#        [0.6087],
#        [0.3842],
#        [0.1749]]) torch.Size([4, 1])
```

⑤ 求方差。

求方差的第一种方法为 torch. var(input, unbiased=True)→float，返回输入向量 input 中所有元素的方差，unbiased(bool)表示是否使用基于修正贝塞尔函数的无偏估计，代码如下。

```
a = torch.rand(4, 3)
b = torch.var(a)
print(b)  #tensor(0.0740)
```

求方差的第二种方法为 torch. var(input, dim, keepdim=False, unbiased=True, out=None)→Tensor，unbiased (bool)表示是否使用基于修正贝塞尔函数的无偏估计，其余参数含义与元素求和、元素乘积的含义相同，代码如下。

```
a = torch.rand(4, 3)
b = torch.var(a, 1, True)
print(b, b.shape)
#tensor([0.1155, 0.0874, 0.0354, 0.0005]) torch.Size([4, 1])
```

⑥ 求最大值。

求最大值的第一种方法为 torch. max(input)→float，返回输入张量所有元素的最大值,代码如下。

```
a = torch.rand(4, 3)
b = torch.max(a)
print(b)  #tensor(0.8765)
```

求最大值的第二种方法为 torch.max(input, dim, keepdim=False, out=None)→(Tensor, LongTensor),返回新的张量,其中包括输入张量 input 中指定维度 dim 中每行的最大值,同时返回每个最大值的位置索引,代码如下。

```
a = torch.rand(4, 3)
b = torch.max(a, 1, True)
print(b)
#torch.return_types.max(
#values = tensor([[0.9875],
#        [0.6657],
#        [0.9412],
#        [0.7775]]),
#indices = tensor([[2],
#         [0],
#         [0],
#         [1]]))
```

⑦ 求最小值。

求最小值的第一种方法为 torch.min(input)→float,返回输入张量所有元素的最小值,代码如下。

```
a = torch.rand(4,3)
b = torch.min(a)
print(b)  #tensor(0.0397)
```

求最小值的第二种方法为 torch.min(input, dim, keepdim=False, out=None)→(Tensor, LongTensor),与求最大值的第二种方法类似,代码如下。

```
a = torch.rand(4, 3)
b = torch.min(a, 1, True)
print(b)
#torch.return_types.min(
#values = tensor([[0.0436],
#         [0.1586],
#         [0.4904],
#         [0.2536]]),
#indices = tensor([[0],
#         [1],
#         [2],
#         [1]]))
```

(7) 向量运算和矩阵运算。

张量的线性代数运算包括点乘(dot(a,b))、内积(inner(a,b))、叉乘(matmul(a,b)),此处将简单介绍向量的点乘、叉乘,矩阵的内积、外积。

① 向量的点乘。

向量的点乘又称为向量的内积或数量积,对两个向量执行点乘运算,就是对这两个向量对应位一一相乘之后求和的操作,代码如下。

```
a = torch.Tensor([1, 2, 3])
b = torch.Tensor([1, 1, 1])
output = torch.dot(a, b)
print(output)  #等价于 1 * 1 + 2 * 1 + 3 * 1,tensor(6.)
```

② 向量的叉乘。

两个向量的外积,又叫叉乘、叉积向量积,其运算结果是一个向量而不是一个标量,代码如下。

```
a = torch.Tensor([1, 2, 3])
b = torch.Tensor([1, 1, 1])
output = torch.multiply(a, b)
print(output)  #tensor([1., 2., 3.])
```

③ 矩阵的内积。

两个相同维度的矩阵 a 和 b,a 和 b 矩阵的内积是相同位置的向量的内积,代码如下。

```
a = torch.Tensor([1, 2, 3])
b = torch.Tensor([1, 1, 1])
output = torch.inner(a, b)
print(output)  #tensor(6.)
```

④ 矩阵的外积。

矩阵的外积就是通常意义上的一般矩阵乘积。一般矩阵乘积是矩阵相乘最重要的方法,它只有在第一个矩阵的列数(column)和第二个矩阵的行数(row)相同时才有意义,代码如下。

```
a = torch.Tensor([[1, 2, 3], [4, 5, 6]])
b = torch.Tensor([[1, 1], [2, 2], [3, 3]])
output = torch.matmul(a, b)
print(output)
#tensor([[14., 14.],
#        [32., 32.]])
```

2.1.3 张量与 NumPy 数组

前面已经介绍了张量的概念,NumPy 数组的概念在 Python 这一章中也已经进行了详细的介绍,因此本部分主要介绍张量与 NumPy 数组的关系以及如何相互转换。

由于使用 NumPy 中 ndarray 处理数据非常方便,经常会将张量与 NumPy 数组进行相互转换,所以掌握两者之间的转换方法很有必要。但是需要注意的一点是:相互转换后所产生的张量和 NumPy 中的数组共享相同的内存(所以它们之间的转换很快),改变其中一个时另一个也会改变。将张量转换为 NumPy 数组使用 tensor.numpy()方法,将 NumPy 数组转换为张量使用 torch.from_numpy(ndarray)方法。下面将用举例的方式进行具体的介绍。

1. 张量转 NumPy 数组

使用 numpy()函数将张量转换成 NumPy 数组,代码如下。

```
a = torch.ones(1, 2)
b = a.numpy()          #进行转换
print(a, b)            #tensor([[1., 1.]]) [[1. 1.]]

a += 2
print(a, b)            #tensor([[3., 3.]]) [[3. 3.]]
b += 2                 #在 a 改变后,b 也已经改变
print(a, b)            #tensor([[5., 5.]]) [[5. 5.]]
```

2. NumPy 数组转张量

使用 from_numpy()函数将 NumPy 数组转换成张量,代码如下。

```
import numpy as np
a = np.ones([1, 2])
b = torch.from_numpy(a)   #进行转换
print(a, b)   #[[1. 1.]] tensor([[1., 1.]], dtype = torch.float64)

a += 2
print(a, b)   #[[3. 3.]] tensor([[3., 3.]], dtype = torch.float64)
b += 2        #在 a 改变后,b 也已经改变
print(a, b)   #[[5. 5.]] tensor([[5., 5.]], dtype = torch.float64)
```

2.1.4 Cuda 张量与 CPU 张量

在深度学习过程中,GPU 能起到加速作用。PyTorch 中的张量默认存放在 CPU 设备中,如果 GPU 可用,可以将张量转移到 GPU 中。CPU 张量转换为 Cuda 张量有两种方法。一般情况下,可以使用.cuda 方法将 Tensor 移动到 GPU;在有多个 GPU 的情况

下，可以使用 to 方法来确定使用哪个设备。也可以使用.cpu 方法将 Tensor 移动到 CPU。代码如下。

```
x = torch.rand(2, 4)
print(x.device)          #cpu

#第一种方法
x = x.cuda()
print(x.device)          #cuda:0

#第二种方法
device = torch.device("cuda" if torch.cuda.is_available() else "cpu")
if torch.cuda.is_available():
    x = x.to(device)
    print(x.device)  #cuda:0

#转换为 cpu
x = x.cpu()
print(x.device)          #cpu
```

2.2 数据模块

Dataset 和 DataLoader 是用于加载数据集的两个重要工具类。Dataset 用来构造支持索引的数据集，通常情况下，在训练时需要在全部样本中拿出小批量数据参与每次的训练，因此需要使用 DataLoader，即 DataLoader 是用来在 Dataset 里取出一组数据（Mini-Batch）供训练时快速使用的。

2.2.1 Dataset 简介及用法

Dataset 本质上就是一个抽象类，可以把数据封装成 Python 可以识别的数据结构。Dataset 类不能实例化，所以在使用 Dataset 的时候，需要定义自己的数据集类，也是 Dataset 的子类，来继承 Dataset 类的属性和方法。Dataset 可作为 DataLoader 的参数传入 DataLoader，实现基于张量的数据预处理。Dataset 主要有两种类型，分别为 Map-style datasets 和 Iterable-style datasets。

1. Map-style datasets 类型

该类型实现了__getitem__()函数和__len__()函数，它代表数据的索引到真正数据样本的映射。也就是说，使用这种方式读取的数据并非直接把所有数据读取出来，而是读取数据的索引或者键值。其中，列表或者数组类型的数据读取的就是索引，而字典类型的数据读取的就是键值。在访问时，用 dataset[idx]访问 idx 对应的真实数据。这种类型的数据也是使用最多的类型，下面的讲解均属于这种类型。采用这种访问数据的方式可以大大节约训练时需要的内存数量，提高模型的训练效率。

2. Iterable-style datasets 类型

该类型实现了__iter__()函数，与上述类型的不同之处在于，它会将真实的数据全部载入，然后在整个数据集上进行迭代，如果随机读取的情况不能实现或代价太大，就用这种读取方式。这种读取数据的方式比较适合处理流数据。在这里不做展开讲解。

上面提到，Dataset 作为一个抽象类，需要定义其子类来实例化，所以需要自己定义其子类或者使用已经定义好的子类。

(1) 自定义子类。

下面演示怎样定义自己的数据集类，这个类必须要继承已经内置的抽象类 dataset，并且必须要重写其中的__init__()函数、__getitem__()函数和__len__()函数。其中，__getitem__()函数实现通过给定的索引遍历数据样本，__len__()函数实现返回数据的条数。代码如下，其中，pass 为占位符。

```
import torch
from torch.utils.data import Dataset

class MyDataset(Dataset):

    def __init__(self):
        pass

    def __getitem__(self, index):
        pass

    def __len__(self):
        pass
```

可以看到这里定义了一个 MyDataset 类继承 Dataset 抽象类，并且改写其中的三个方法。在创建的 dataset 类中可根据用户本身的需求对数据进行处理。可编写独立的数据处理函数，在__getitem__()函数中进行调用；或者直接将数据处理方法写在__getitem__()函数中或者__init__()函数中，但__getitem__()函数必须根据 index 返回响应的值，该值会通过 index 传到 DataLoader 中进行后续的 Batch 批量处理。

以时间序列使用为示例，输入 3 个时间步，输出 1 个时间步，batch_size=5，代码如下。

```
import torch
from torch.utils.data import Dataset

class GetTrainTestData(Dataset):
    def __init__(self, input_len, output_len, train_rate, is_train=True):
        super().__init__()
        # 使用 sin 函数返回 10000 个时间序列，如果不自己构造数据，就使用 numpy,pandas 等
        # 读取自己的数据为 x 即可
```

```
        #以下数据组织这块既可以放在 init 方法里,也可以放在 getitem 方法里
        self.x = torch.sin(torch.arange(1, 1000, 0.1))
        self.sample_num = len(self.x)
        self.input_len = input_len
        self.output_len = output_len
        self.train_rate = train_rate
        self.src, self.trg = [], []
        if is_train:
            for i in range(int(self.sample_num * train_rate) - self.input_len - self.
output_len):
                self.src.append(self.x[i:(i + input_len)])
                self.trg.append(self.x[(i + input_len):(i + input_len + output_len)])
        else:
            for i in range(int(self.sample_num * train_rate), self.sample_num - self.input
_len - self.output_len):
                self.src.append(self.x[i:(i + input_len)])
                self.trg.append(self.x[(i + input_len):(i + input_len + output_len)])
        print(len(self.src), len(self.trg))

    def __getitem__(self, index):
        return self.src[index], self.trg[index]

    def __len__(self):
        return len(self.src)  #或者 return len(self.trg), src 和 trg 长度一样
```

实例化定义好的 Dataset 子类 GetTrainTestData,代码如下。

```
data_train = GetTrainTestData(input_len = 3, output_len = 1, train_rate = 0.8, is_train =
True)
data_test = GetTrainTestData(input_len = 3, output_len = 1, train_rate = 0.8, is_train =
False)
```

(2) 已经定义好的内置子类。

除了自己定义子类继承 Dataset 外,还可以使用 PyTorch 提供的已经被定义好的子类,如 TensorDataset 和 IterableDataset。这里重点介绍使用频率比较高的子类:TensorDataset。

对于给定的 Tensor 数据,TensorDataset 是一个包装了 Tensor 的 Dataset 子类,传入的参数就是张量,每个样本都可以通过 Tensor 第一个维度的索引获取,所以传入张量的第一个维度必须一致。

PyTorch 官方给出的 TensorDataset 类的定义,代码如下。

```
class TensorDataset(Dataset[Tuple[Tensor, ...]]):
    r"""Dataset wrapping tensors.

    Each sample will be retrieved by indexing tensors along the first dimension.
```

```
    Args:
        * tensors (Tensor): tensors that have the same size of the first dimension.
    """
    tensors: Tuple[Tensor, ...]

    def __init__(self, *tensors: Tensor) -> None:
        assert all(tensors[0].size(0) == tensor.size(0) for tensor in tensors), "Size
mismatch between tensors"
        self.tensors = tensors

    def __getitem__(self, index):
        return tuple(tensor[index] for tensor in self.tensors)

    def __len__(self):
        return self.tensors[0].size(0)
```

所以这个类的实例化有两个参数，分别为 data_tensor（Tensor）样本数据和 target_tensor（Tensor）样本标签。下面举一个例子来使用 TensorDataset，代码如下。

```
import torch
from torch.utils.data import TensorDataset

src = torch.sin(torch.arange(1, 1000, 0.1))
trg = torch.cos(torch.arange(1, 1000, 0.1))
```

于是可以直接实例化已定义好的 Dataset 子类 TensorDataset，代码如下。

```
data = TensorDataset(src, trg)
```

2.2.2 DataLoader 简介及用法

2.2.1 节介绍了怎么使用 Dataset 来加载数据，本节介绍如何使用 DataLoader 来迭代加载进来的数据，所以 Dataset 和 DataLoader 是一起使用的，在模型训练的过程中不断为模型提供数据，同时，使用 Dataset 加载进来的数据集也是 DataLoader 的第一个参数。所以，DataLoader 本质上就是用来将已经加载好的数据以模型能够接收的方式输入到即将训练的模型中去。

为了理解数据输入的过程，先回顾几个深度学习模型训练时涉及的参数。

（1）Data_size：所有数据的样本数量。

（2）Batch_size：每个 Batch 加载多少个样本。

（3）Batch：每一批放进 module 训练的样本叫一个 Batch。

（4）Epoch：模型把所有样本训练完毕一次叫作一个 Epoch。

（5）Iteration：所有数据共分成了几个 Batch，即需要训练几次才能遍历所有样本/数据。

（6）Shuffle：在抽取 Batch 之前是否将样本全部打乱顺序。

数据输入过程如图 2-1 所示。Data_size＝10，Batch_size＝3，一次 Epoch 需要 4 次 Iteration，第一列为所有样本，第二列为打乱之后的所有样本，由于 Batch_size＝3，所以通过 DataLoader 输入了 4 个 Batch，包括最后一个数量已经不够 3 个的 Batch4，里边只包含 Sample3。

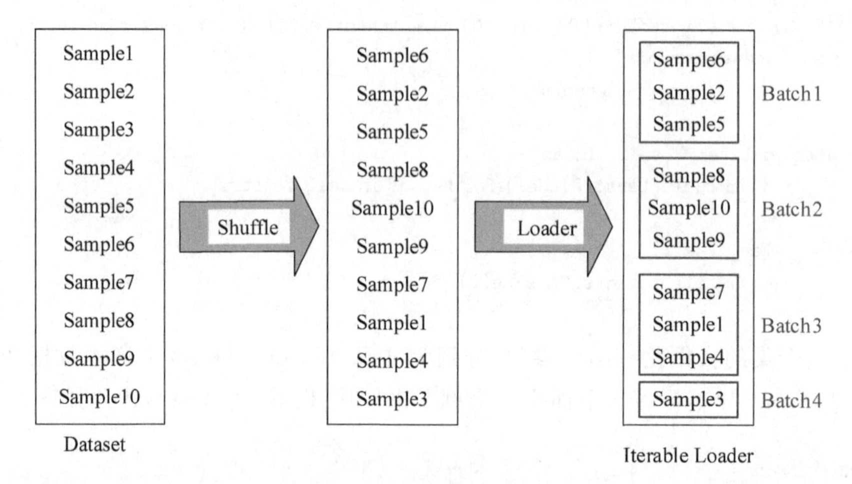

图 2-1　数据输入过程

下面看看官方给出的 DataLoader 是怎么定义的，参数都有哪些，代码如下。

```
DataLoader(dataset, batch_size = 1, shuffle = False, sampler = None,
           batch_sampler = None, num_workers = 0, collate_fn = None,
           pin_memory = False, drop_last = False, timeout = 0,
           worker_init_fn = None, * , prefetch_factor = 2,
           persistent_workers = False)
```

各个参数的解释如下。

（1）dataset：通过 Dataset 加载进来的数据集。

（2）batch_size：每个 Batch 加载多少个样本。

（3）shuffle：是否打乱输入数据的顺序，设置为 True 时，调用 RandomSampler 进行随机索引。

（4）sampler：定义从数据集中提取样本的策略，若指定，就不能用 shuffle 函数随机索引，其取值必须为 False。

（5）batch_sampler：批量采样，每次返回一个 Batch 大小的索引，默认设置为 None，和 batch_size、shuffle 等参数是互斥的。

（6）num_workers：用多少个子进程加载数据。0 表示数据将在主进程中加载，根据自己的计算资源配置选定。

（7）collate_fn：将一小段数据合并成数据列表以形成一个 Batch。

（8）pin_memory：是否在将张量返回之前将其复制到 Cuda 固定的内存中。

（9）drop_last：设置了 batch_size 的数目后，最后一批数据未必是设置的数目，有可能会小一些，这时需要丢弃这些数据。

（10）timeout：设置数据读取的超时时间，但超过这个时间还没读取到数据就会报错。不能为负。

（11）worker_init_fn：是否在数据导入前和步长结束后根据工作子进程的ID逐个按顺序导入数据，默认为None。

（12）prefetch_factor：每个worker提前加载的Sample数量。

（13）persistent_workers：如果为True，DataLoader将不会终止worker进程，直到dataset迭代完成。

在实际使用的时候，直接调用DataLoader并输入相应的参数即可，下面将Dataset读取的数据输入到DataLoader中作为示例，代码如下。

```
import torch
from torch import nn
from torch.utils.data import Dataset, DataLoader

class GetTrainTestData(Dataset):
    def __init__(self, input_len, output_len, train_rate, is_train=True):
        super().__init__()
        # 使用 sin 函数返回 10000 个时间序列，如果不自己构造数据，就使用 NumPy、Pandas 等
        # 读取自己的数据为 x 即可
        # 以下数据组织这块既可以放在 init 方法里，也可以放在 getitem 方法里
        self.x = torch.sin(torch.arange(1, 1000, 0.1))
        self.sample_num = len(self.x)
        self.input_len = input_len
        self.output_len = output_len
        self.train_rate = train_rate
        self.src, self.trg = [], []
        if is_train:
            for i in range(int(self.sample_num * train_rate) - self.input_len - self.
output_len):
                self.src.append(self.x[i:(i + input_len)])
                self.trg.append(self.x[(i + input_len):(i + input_len + output_len)])
        else:
            for i in range(int(self.sample_num * train_rate), self.sample_num - self.input
_len - self.output_len):
                self.src.append(self.x[i:(i + input_len)])
                self.trg.append(self.x[(i + input_len):(i + input_len + output_len)])
        print(len(self.src), len(self.trg))

    def __getitem__(self, index):
        return self.src[index], self.trg[index]

    def __len__(self):
        return len(self.src)  # 或者 return len(self.trg), src 和 trg 长度一样
```

```
data_train = GetTrainTestData(input_len=3, output_len=1, train_rate=0.8, is_train=True)
data_test = GetTrainTestData(input_len=3, output_len=1, train_rate=0.8, is_train=False)
data_loader_train = DataLoader(data_train, batch_size=5, shuffle=False)
data_loader_test = DataLoader(data_test, batch_size=5, shuffle=False)
```

此时，输出的结果为：

```
7988 7988
1994 1994
```

2.3 网络模块

2.3.1 torch.nn 函数简介

PyTorch 中的 torch.nn 模块有许多自带的函数，如全连接层、卷积层、归一化层等，都已经被封装在该模块下，可以直接使用，在编写代码的过程中十分方便，为了掌握各种函数的用法，本节将对 torch.nn 函数进行介绍。

1. nn.Linear()

PyTorch 的 nn.Linear()函数是用于设置网络中的全连接层的，需要注意的是，全连接层的输入与输出都是二维张量，一般形状为[batch_size，size]，其用法为 torch.nn.Linear(in_features，out_features，bias=True)，in_features 指的是输入的二维张量的大小，即输入的[batch_size，size]中的 size；out_features 指的是输出的二维张量的大小，即输出的二维张量的形状为[batch_size，output_size]，它也代表了该全连接层的神经元个数。从输入输出的张量的 shape 角度来理解，相当于一个输入为[batch_size，in_features]的张量变换成了[batch_size，out_features]的输出张量，代码如下。

```
import torch
from torch import nn
linear = torch.nn.Linear(in_features=64, out_features=1)
input = torch.rand(10, 64)
output = linear(input)
print(output.shape)  #torch.Size([10, 1])
```

2. nn.Conv1d()

nn.Conv1d()函数为一维卷积，在由多个输入平面组成的输入信号上应用一维卷积，一般应用于文本或时间序列数据。其应用方法为 torch.nn.Conv1d(in_channels，out_channels，kernel_size，stride=1，padding=0，dilation=1，groups=1，bias=True，padding_mode='zeros')，其中，in_channels 为输入图像中的通道数；out_channels 为卷积产生的通道数，有多少个 out_channels，就需要多少个 1 维卷积核；kernel_size 为卷积核的大小；

stride 为卷积的步幅，默认为 1；padding 为输入的每一条边补充 0 的层数，默认为 0；dilation 为内核元素之间的间距，默认为 1；groups 为从输入通道到输出通道的阻塞连接数，默认为 1；bias 为偏差，如果 bias=True，添加偏置。当一维卷积的输入维度为 (N, C_{in}, L_{in}) 时，输出维度为 (N, C_{out}, L_{out})，其中，L_{out} 的计算公式如下。

$$L_{out} = \frac{L_{in} + 2 \times \text{padding} - \text{dilation} \times (\text{kernel}_{size} - 1) - 1}{\text{stride}} + 1 \tag{2-1}$$

举例代码如下。

```
conv1 = nn.Conv1d(in_channels = 256, out_channels = 10, kernel_size = 2, stride = 1, padding
 = 0)
input = torch.randn(32, 32, 256) #[batch_size, L_in, in_channels]
input = input.permute(0, 2, 1)   #交换维度:[batch_size, embedding_dim, max_len]
out = conv1(input)               #[batch_size, out_channels, L_out]
print(out.shape)                 #torch.Size([32, 10, 31]),31 = (32 + 2 * 0 - 1 * 1 - 1)/1 + 1
```

3. nn.Conv2d()

nn.Conv2d()函数为二维卷积，在由多个输入平面组成的输入信号上应用二维卷积，一般应用于图像，其应用方法为 torch.nn.Conv2d(in_channels, out_channels, kernel_size, stride=1, padding=0, dilation=1, groups=1, bias=True, padding_mode='zeros')，其参数的含义与一维卷积中参数含义相同。当二维卷积的输入维度为 $(N, C_{in}, H_{in}, W_{in})$ 时，输出维度为 $(N, C_{out}, H_{out}, W_{out})$，其中，$H_{out}$ 和 W_{out} 的计算公式如下。

$$H_{out} = \frac{H_{in} + 2 \times \text{padding}[0] - \text{dilation}[0] \times (\text{kernel}_{size}[0] - 1) - 1}{\text{stride}[0]} + 1 \tag{2-2}$$

$$W_{out} = \frac{H_{in} + 2 \times \text{padding}[1] - \text{dilation}[1] \times (\text{kernel}_{size}[1] - 1) - 1}{\text{stride}[1]} + 1 \tag{2-3}$$

举例代码如下。

```
import torch
x = torch.randn(3, 1, 5, 4)              #[N, in_channels, H_in, W_in]
conv = torch.nn.Conv2d(1, 4, (2, 3)) #[in_channels, out_channels, kernel_size]
output = conv(x)
print(output.shape)                      #torch.Size([3, 4, 4, 2]), [N, out_channels, H_out, W_out]
```

上述例子中，输入为 x[batch_size, channels, height_1, width_1]，batch_size 为一个 Batch 中样本的个数；channels 为通道数，也就是当前层的深度；height_1 为图片的高；width_1 为图片的宽。卷积操作为 Conv2d[channels, output, height_2, width_2]，channels 为通道数，也就是当前层的深度；output 为输出的深度；height_2 为卷积核的高；width_2 为卷积核的宽。输出为 output[batch_size, output, height_3, width_3]，batch_size 为一个 Batch 中样例的个数；output 为输出的深度；height_3 为卷积结果的高度；width_3 为卷积结果的宽度。

4. nn.BatchNorm1d()

BatchNorm 主要是为了加速神经网络的收敛过程以及提高训练过程中的稳定性，是在深度神经网络训练过程中使得每一层神经网络的输入保持相同分布的，使一批(Batch) feature map 满足均值为 0，方差为 1 的分布规律。其用法为 torch.nn.BatchNorm1d(num_features，eps＝1e-05，momentum＝0.1，affine＝True)，其中，num_features 为 batch_size×num_features (height * width)，即为其中特征的数量；eps 为分母中添加的一个值，目的是保证计算的稳定性，默认为 1e-05；momentum 为动态均值和动态方差所使用的动量，默认为 0.1；affine 为布尔值，当设置为 True 时，给该层添加可学习的仿射变换参数；track_running_stats 为布尔值，当设置为 True 时，记录训练过程中的均值和方差；BatchNorm 的输入输出维度相同，举例代码如下。

```
Bat = nn.BatchNorm1d(2)
input = torch.randn(2, 2)
output = Bat(input)
print(input, output)
#tensor([[ 0.5476, -1.9766],
#        [ 0.7412, -0.0297]]) tensor([[-0.9995, -1.0000],
#        [ 0.9995, 1.0000]], grad_fn=<NativeBatchNormBackward>)
```

5. nn.BatchNorm2d()

nn.BatchNorm2d()函数的使用方法为 torch.nn.BatchNorm2d(num_features，eps＝1e-05，momentum＝0.1，affine＝True)，其参数的含义与 nn.BatchNorm1d()函数中参数的含义相同，举例代码如下。

```
Bat = nn.BatchNorm2d(2)
input = torch.randn(1, 2, 2, 2)
output = Bat(input)
print(input, output)
#tensor([[[[ 0.6798, 0.8453],
#          [-0.1841, -1.3340]],
#
#         [[ 1.9479, 1.2375],
#          [ 1.0671, 0.9406]]]]) tensor([[[[ 0.7842, 0.9757],
#          [-0.2150, -1.5449]],
#
#         [[ 1.6674, -0.1560],
#          [-0.5933, -0.9181]]]], grad_fn=<NativeBatchNormBackward>)
```

6. nn.RNN()

nn.RNN()函数为 PyTorch 中封装好的 RNN 模型，可以利用此函数直接实现比较简单的 RNN 学习任务。其使用方法为 nn. RNN(input_size,hidden_size,num_layers=1,nonlinearity = tanh, bias = True, batch_first = False, dropout = 0, bidirectional = False),其中,input_size 为输入特征的维度；hidden_size 为隐藏层神经元个数,或者也叫输出的维度；num_layers 为网络的层数；nonlinearity 为激活函数；bias 为是否使用偏置；batch_first 为输入数据的形式,默认是 False；dropout 为是否应用 dropout,默认不使用,如若使用将其设置成一个 0～1 的数字即可；bidirectional 为是否使用双向的 RNN,默认是 False。RNN 的输入为：input_shape=[时间步数,批量大小,特征维度]=[num_steps(seq_length),batch_size,input_dim]；RNN 在前向计算后会分别返回输出和隐藏状态,其中,输出指的是隐藏层在各个时间步上计算并输出的隐藏状态,它们通常作为后续输出层的输入。输出层的形状为 output_shape=[时间步数,批量大小,隐藏单元个数]=[num_steps(seq_length),batch_size,hidden_size]；隐藏状态指的是隐藏层在最后时间步的隐藏状态,当隐藏层有多层时,每一层的隐藏状态都会记录在该变量中,隐藏状态的形状为 hidden_shape=[层数,批量大小,隐藏单元个数]=[num_layers,batch_size,hidden_size]。其计算公式为：

$$\text{out}, h_t = \text{RNN}(x, h_0) \tag{2-4}$$

举例代码如下。

```
feature_size = 32
num_steps = 35
batch_size = 2
num_hiddens = 2
X = torch.rand(num_steps, batch_size, feature_size)
RNN_layer = nn.RNN(input_size = feature_size, hidden_size = num_hiddens)
Y, state_new = RNN_layer(X)
print(X.shape, Y.shape, len(state_new), state_new.shape)
#torch.Size([35, 2, 32]) torch.Size([35, 2, 2]) 1 torch.Size([1, 2, 2])
```

7. nn.LSTM()

使用 nn.LSTM()函数可以直接构建若干层的 LSTM,构造时传入的三个参数和 nn.RNN()函数一样,依次是[feature_len, hidden_len, num_layers]。nn.LSTM()函数的输入为当前 Batch 所有 seq_len 个时刻的样本,输入的 shape 为[seq_len, batch_size, feature_len],输出为在所有时刻最后一层上的输出、隐藏单元和记忆单元。所有时刻最后一层上的输出的 shape 为[seq_len, batch_size, hidden_len],隐藏层和记忆单元的 shape 为[num_layers, batch_size, hidden_len],其计算公式为：

$$\text{out}, (h_t, C_t) = \text{LSTM}(x, (h_0, C_0)) \tag{2-5}$$

举例代码如下。

```
import torch
from torch import nn
#构建 4 层的 LSTM,输入的每个词用 10 维向量表示,隐藏单元和记忆单元的尺寸是 20
```

```
lstm = nn.LSTM(input_size = 10, hidden_size = 20, num_layers = 4)

#输入的 x:其中,batch_size 是 3 表示有三句话,seq_len = 5 表示每句话 5 个单词,feature_len =
#10 表示每个单词表示长为 10 的向量
x = torch.randn(5, 3, 10)
#前向计算过程,这里不传入 h_0 和 C_0 则会默认初始化
out, (h, c) = lstm(x)
print(out.shape)    #torch.Size([5, 3, 20]) 最后一层 10 个时刻的输出
print(h.shape)      #torch.Size([4, 3, 20]) 隐藏单元
print(c.shape)      #torch.Size([4, 3, 20]) 记忆单元
```

8. nn.ConvTranspose1d()

nn.ConvTranspose1d()函数为一维反卷积,通过卷积的形式,利用图像特征"恢复"到原图像。其用法为 nn.ConvTranspose1d(in_channels,out_channels,kernel_size,stride=1,padding=0,output_padding=0,groups=1,bias=True,dilation=1),其参数的含义与卷积中参数的含义相同,与卷积方法不同的是多了一个参数 output_padding,它的含义是输出边补充 0 的层数,高宽都增加 padding。当一维反卷积的输入维度为(N,C_{in},L_{in})时,输出维度为(N,C_{out},L_{out}),其中,L_{out} 的计算公式如下。

$$L_{out}=(L_{in}-1)\times \text{stride}-2\times \text{padding}+\text{dilation}\times(\text{kernel}_{\text{size}}-1)+\text{outpadding}+1 \tag{2-6}$$

举例代码如下。

```
dconv1 = nn.ConvTranspose1d(1, 1, kernel_size = 3, stride = 3, padding = 1, output_padding = 1)

x = torch.randn(16, 1, 8)
print(x.size())          #torch.Size([16, 1, 8])

output = dconv1(x)
print(output.shape)    #torch.Size([16, 1, 23])
```

9. nn.ConvTranspose2d()

nn.ConvTranspose2d()函数为二维反卷积。其用法为 nn.ConvTranspose2d(in_channels,out_channels,kernel_size,stride=1,padding=0,output_padding=0,groups=1,bias=True,dilation=1),其参数的含义与一维反卷积中参数的含义相同。当二维反卷积的输入维度为(N,C_{in},H_{in},W_{in})时,输出维度为(N,C_{out},H_{out},W_{out}),其中,H_{out} 和 W_{out} 的计算公式如下。

$$H_{out}=(H_{in}-1)\times \text{stride}[0]-2\times \text{padding}[0]+\text{dilation}[0]\times(\text{kernel}_{\text{size}}[0]-1)+\text{outpadding}[0]+1 \tag{2-7}$$

$$W_{out}=(W_{in}-1)\times \text{stride}[1]-2\times \text{padding}[1]+\text{dilation}[1]\times(\text{kernel}_{\text{size}}[1]-1)+\text{outpadding}[1]+1 \tag{2-8}$$

举例代码如下。

```
dconv2 = nn.ConvTranspose2d(1, 1, kernel_size = 3, stride = 3, padding = 1, output_padding
 = 1)

x = torch.randn(16, 1, 8, 8)
print(x.size())        #torch.Size([16, 1, 8, 8])

output = dconv2(x)
print(output.shape) #torch.Size([16, 1, 23, 23])
```

2.3.2 torch.nn.Module 构建类

torch.nn.Module是nn中十分重要的类,包含网络各层的定义及forward()函数,可以借助torch.nn.Module构建深度学习模型的类class,当面对复杂的模型,如多输入多输出、多分支模型、带有自定义层的模型时,需要自己来定义一个模型。在定义自己的网络的时候,需要继承nn.Module类,并重新实现__init__()构造函数和forward()函数。在实现时,一般把网络中具有可学习参数的层(如全连接层、卷积层等)放在__init__()构造函数中,也可以把不具有参数的层也放在里面;同时具有可学习参数的层(如ReLU、dropout、BatchNormanation层)可以放在构造函数中,也可以不放在构造函数中,如果不放在__init__()构造函数里面,则在forward()函数里面可以使用nn.functional()函数来代替;此外,forward()函数是必须要重写的,它是实现模型的功能,实现各个层之间的连接关系的核心。nn.Module的一般定义如下。

```
class Module(object):
        def __init__(self):
        def forward(self, * input):
        def __call__(self, * input, ** kwargs):
        def __repr__(self):
        def __dir__(self):
```

接下来对于上述nn.Module中每个函数进行具体介绍。

1. def __init__(self)

__init__()构造函数是一个特殊函数,用于在创建对象时进行初始化操作,其定义形式有两种,第一种形式为def__init__(self),这种形式在__init__()函数中,只有一个self,指的是实例的本身。第二种形式为def__init__(self,参数1,参数2,…,参数n),这种形式在定义函数时直接给定参数,且参数属性值不允许为空。实例化时,直接传入参数。

2. def forward(self, * input)

forward()函数为前向传播函数,需要自己重写,用来实现模型的功能,并实现各个层的连接关系。以一个模型Module为例,调用forward()函数的具体流程如下。

(1) 调用 Module 的 call()函数。

(2) Module 的 call()函数里面调用 Module 的 forward()函数。

(3) forward()函数里面如果碰到 Module 的子类,回到第(1)步,如果碰到的是 Function 的子类,继续往下。

(4) 调用 Function 的 call()函数。

(5) Function 的 call()函数调用了 Function 的 forward()函数。

(6) Function 的 forward()函数返回值。

(7) module 的 forward()函数返回值。

(8) 在 module 的 call()函数中进行 forward_hook 操作,然后返回值。

3. def __call__(self, * input, ** kwargs)

__call__()函数的作用是使 class 实例能够像函数一样被调用,以“对象名()”的形式使用,代码如下。

```
class A():
    def __call__(self):
        print('Python is useful')
a = A()
a()  #输出结果为:Python is useful
```

4. def __repr__(self)

__repr__()函数为 Python 的一个内置函数,它能把一个对象用字符串的形式表达出来。可以使用__repr__()函数定义类到字符串的转换方式,而不需要手动打印某些属性或是添加额外的方法,代码如下。

```
class Cat:
    def __init__(self, name, age):
        self.name = name
        self.age = age

    def __repr__(self):
        return f"{self.__class__.__name__}({self.name}, {self.age})"

my_Cat = Cat("petty", 3)
print(my_Cat)  #输出结果为:Cat(petty, 3)
```

5. def __dir__(self)

dir()函数也是 Python 提供的一个内置函数,它可以查看某个对象具有哪些属性。不传入任何对象的时候,默认输出当前所在对象的属性,代码如下。

```
class Cat:
    def __init__(self, name, age):
        self.name = name
        self.age = age

    def __repr__(self):
        return f"{self.__class__.__name__}({self.name}, {self.age})"

print(dir(Cat))
#输出结果为:
#['__class__', '__delattr__', '__dict__', '__dir__',
#'__doc__'
, '__eq__'
, '__format__'
, '__ge__'
, '__getattribute__'
,
#'__gt__'
, '__hash__'
, '__init__'
, '__init_subclass__'
, '__le__'
,
#'__lt__'
, '__module__'
, '__ne__'
, '__new__'
, '__reduce__'
, '__reduce_ex__'
,
#'__repr__'
, '__setattr__'
, '__sizeof__'
, '__str__'
, '__subclasshook__'
, '__weakref__']
```

借助 torch.nn.Module 并使用__init__()构造函数和 forward()函数构建深度学习模型的类,举例代码如下。

```
import torch
from torch import nn
class MyNet(nn.Module):
    def __init__(self):
        super(MyNet, self).__init__()                  #使用父类的方法初始化子类
        self.linear1 = torch.nn.Linear(96, 1024)      #[96,1024]
        self.relu1 = torch.nn.ReLU(True)
        self.batchnorm1d_1 = torch.nn.BatchNorm1d(1024)
```

```
        self.linear2 = torch.nn.Linear(1024, 7 * 7 * 128)  #[1024,6272]
        self.relu2 = torch.nn.ReLU(True)
        self.batchnorm1d_2 = torch.nn.BatchNorm1d(7 * 7 * 128)
        self.ConvTranspose2d = nn.ConvTranspose2d(128, 64, 4, 2, padding = 1)

    def forward(self, x):
        x = self.linear1(x)
        x = self.relu1(x)
        x = self.batchnorm1d_1(x)
        x = self.linear2(x)
        x = self.relu2(x)
        x = self.batchnorm1d_2(x)
        x = self.ConvTranspose2d(x)
        return x

model = MyNet()
print(model)
#运行结果为:
#MyNet(
#  (linear1): Linear(in_features = 96, out_features = 1024, bias = True)
#  (relu1): ReLU(inplace = True)
#    (batchnorm1d_1): BatchNorm1d(1024, eps = 1e - 05, momentum = 0.1, affine = True, track_
#running_stats = True)
#  (linear2): Linear(in_features = 1024, out_features = 6272, bias = True)
#  (relu2): ReLU(inplace = True)
#    (batchnorm1d_2): BatchNorm1d(6272, eps = 1e - 05, momentum = 0.1, affine = True, track_
#running_stats = True)
#  (ConvTranspose2d): ConvTranspose2d(128, 64, kernel_size = (4, 4), stride = (2, 2),
#padding = (1, 1))
#)
```

上面的例子是将所有的层都放在了__init__()构造函数里面，只是定义了一系列的层，在forward()函数里面实现所有层的连接关系。但是Module类是非常灵活的，可以有很多灵活的实现方式，如通过nn.sequential()函数来包装层，即将几个层包装在一起作为一个大的层(块)，举例代码如下。

```
import torch
from torch import nn
class MyNet(nn.Module):
    def __init__(self):
        super(MyNet, self).__init__()
        self.fc = nn.Sequential(
            nn.Linear(96, 1024),            #[96,1024]
            nn.ReLU(True),
            nn.BatchNorm1d(1024),
            nn.Linear(1024, 7 * 7 * 128), #[1024,6272]
            nn.ReLU(True),
```

```
            nn.BatchNorm1d(7 * 7 * 128)
        )

        self.conv = nn.Sequential(
            nn.ConvTranspose2d(128, 64, 4, 2, padding = 1),
            nn.ReLU(True),
            nn.BatchNorm2d(64),
            nn.ConvTranspose2d(64, 1, 4, 2, padding = 1),
            nn.Tanh()
        )

    def forward(self, x):
        x = self.fc(x)
        x = x.view(x.shape[0], 128, 7, 7)  #reshape 通道是 128,大小是 7x7
        x = self.conv(x)
        return x

model = MyNet()
print(model)
#运行结果为:
#MyNet(
#   (fc): Sequential(
#     (0): Linear(in_features = 96, out_features = 1024, bias = True)
#     (1): ReLU(inplace = True)
#     (2): BatchNorm1d(1024, eps = 1e-05, momentum = 0.1, affine = True, track_running_
#stats = True)
#     (3): Linear(in_features = 1024, out_features = 6272, bias = True)
#     (4): ReLU(inplace = True)
#     (5): BatchNorm1d(6272, eps = 1e-05, momentum = 0.1, affine = True, track_running_
#stats = True)
#   )
#   (conv): Sequential(
#     (0): ConvTranspose2d(128, 64, kernel_size = (4, 4), stride = (2, 2), padding = (1, 1))
#     (1): ReLU(inplace = True)
#     (2): BatchNorm2d(64, eps = 1e-05, momentum = 0.1, affine = True, track_running_stats
# = True)
#     (3): ConvTranspose2d(64, 1, kernel_size = (4, 4), stride = (2, 2), padding = (1, 1))
#     (4): Tanh()
#   )
#)
```

2.3.3 类的使用

在前面介绍完 class 中各个函数并学习了如何构建 class 之后，接下来进一步介绍模型类 class 的使用。

首先借助 2.3.2 节中构建的 MyNet 类，介绍类的使用方法，代码如下。

```
model = MyNet()                # 实例化的过程中没有传入参数
input = torch.rand([32, 96])   # 输入的最后一个维度要与 nn.Linear(96, 1024)中第一个维度 96 相同
target = model(input)
print(target.shape)            # torch.Size([32, 1, 28, 28])
```

上述实例化的过程中是没有参数输入的，也就是在构造类的过程中使用构造函数的第一种形式 def__init__(self)。此外，在构造类的过程中很多情况下使用构造函数的第二种形式 def__init__(self,参数 1,参数 2,…,参数 n)。在这种情况下，对类实例化的过程中也需要输入相应的参数，举例代码如下。

```
# 构建网络
class MyNet(nn.Module):
    def __init__(self,in_dim,n_hidden_1,n_hidden_2,out_dim):
        super(MyNet, self).__init__()
        self.layer1 = nn.Sequential(nn.Linear(in_dim, n_hidden_1), nn.BatchNorm1d(n_
hidden_1))
        self.layer2 = nn.Sequential(nn.Linear(n_hidden_1,n_hidden_2),nn.BatchNorm1d(n_
hidden_2))
        self.layer3 = nn.Sequential(nn.Linear(n_hidden_2,out_dim))

    def forward(self,x):
        x = torch.relu(self.layer1(x))
        x = torch.relu(self.layer2(x))
        x = self.layer3(x)
        return x

# 实例化网络层
model = MyNet(28 * 28, 300, 100, 10)  # 实例化的过程中传入参数
input = torch.rand(10, 28 * 28)
target = model(input)
print(target.shape)                   # torch.Size([10, 10])
```

2.4 激活函数模块

激活函数是神经网络中的重要组成部分。在多层神经网络中，上层节点的输出和下层节点的输入之间有一个函数关系。对于最原始的感知机，这个函数都是线性函数，所以无论神经网络有多少层，输入输出的都是线性组合，整个网络跟单层神经网络是等价的，网络的逼近能力十分有限。然而，如果这个函数设置为非线性函数，深层网络的表达能力将会大幅度提升，几乎可以逼近任何函数，可以把这些非线性函数叫作激活函数。激活函数的作用就是给网络提供非线性的建模能力。

并非所有非线性函数都可以作为激活函数，激活函数有一些基本的性质要求，首先，激活函数必须连续并可导，只允许在小数点上不可导；激活函数的导数要尽可能简单，来保证网络的计算效率；激活函数的导函数要在一个合适的区间内，来保证训练的效率和

稳定性。下面将介绍四种常用的激活函数。

2.4.1 Sigmoid 函数

Sigmoid 函数指一类 S 型曲线函数,为两端饱和函数。Sigmoid 函数是使用范围最广的一类激活函数,在物理意义上最接近生物神经元。此外,由于它的输出在(0,1),所以还可以被表示为概率或者用作输入的归一化,即带有“挤压”的功能。Sigmoid 函数公式如式(2-9)所示。

$$\text{Sigmoid}(x)=\frac{1}{1+\mathrm{e}^{-x}} \tag{2-9}$$

Sigmoid 函数图像如图 2-2 所示。

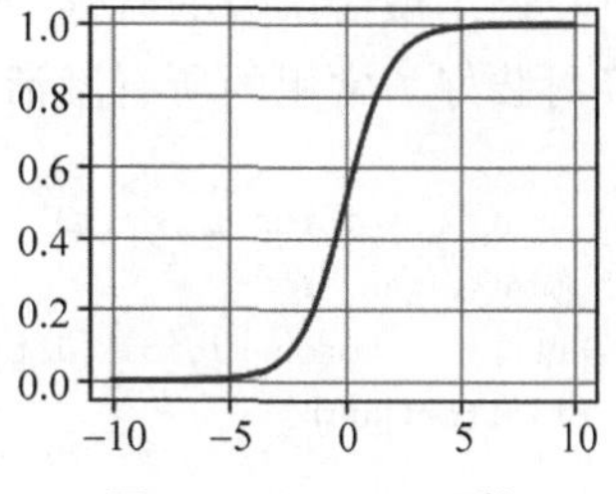

图 2-2 Sigmoid 函数

上述 Sigmoid 函数图像使用 Matplotlib 包来绘制,代码如下。

```
import matplotlib.pyplot as plt
import numpy as np

x = np.linspace(-10,10)
y_sigmoid = 1/(1 + np.exp(-x))
y_tanh = (np.exp(x) - np.exp(-x))/(np.exp(x) + np.exp(-x))

fig = plt.figure()
#plot sigmoid
ax = fig.add_subplot()
ax.plot(x,y_sigmoid)
ax.grid()
ax.set_title('Sigmoid')
plt.show()
```

Sigmoid 函数很好地解释了神经元在受到刺激的情况下是否被激活和向后传递的情景,当取值接近 0 时几乎没有被激活,当取值接近 1 的时候几乎完全被激活。不过 Sigmoid 函数作为激活函数也有缺点,那就是使用 Sigmoid 函数容易出现梯度消失,甚至小概率会出现梯度爆炸问题。第二点就是对其的解析式里含有幂函数,计算机在求解的时候比较耗时,对于规模比较大的网络来说,将会较大地增加网络训练的时间。最后一点就是 Sigmoid 的输出不是 0 均值的,这会造成后面层里的神经元的输入是非零均值的信号,从而对梯度产生影响,使得收敛缓慢。

随机生成一个 1×4 的张量作为输入,则手动实现 Sigmoid 激活函数的代码如下。

```
import numpy as np
import torch

input_x = torch.randn(4)
```

```
print(input_x)

def sigmoid(x):
    return 1.0 / (1.0 + np.exp( - x))
sigmoid(input_x)
```

在调用激活函数的时候，不需要手动实现公式，直接调用 torch.nn()函数即可，里面已经封装好了常用的所有激活函数。在程序中调用 Sigmoid 函数，代码如下。

```
input_x = torch.randn(4)
print(input_x)
output = torch.sigmoid(input_x)
print(output)
```

上述代码中直接调用了 PyTorch 中已经封装好的 Sigmoid 函数，运行结果如下。

```
tensor([ 0.5784, - 1.0177, - 0.3405, 0.6494])
tensor([0.6407, 0.2655, 0.4157, 0.6569])
```

2.4.2 Tanh 函数

实际上，Tanh 函数是 Sigmoid 函数的一个变形，两者的关系为 $\text{Tanh}(x)=2\text{Sigmoid}(2x)-1$，之所以要做出这个变形，是为了将输出值映射到$(-1,1)$，因此解决了 Sigmoid 函数的非 0 均值问题，比 Sigmoid 计算速度要快。然而 Tanh 函数也存在自己的缺点，那就是它也存在梯度消失和梯度爆炸的问题。同时，其中的幂运算也会导致计算耗时久。为了防止饱和情况的发生，在激活函数前可以加一步 Batch Normalization，尽可能地保证神经网络的输入在每一层都具有均值较小的 0 中心分布。Tanh 函数的公式如式(2-10)所示。

$$\text{Tanh}(x)=\frac{1-\mathrm{e}^{-2x}}{1+\mathrm{e}^{-2x}} \tag{2-10}$$

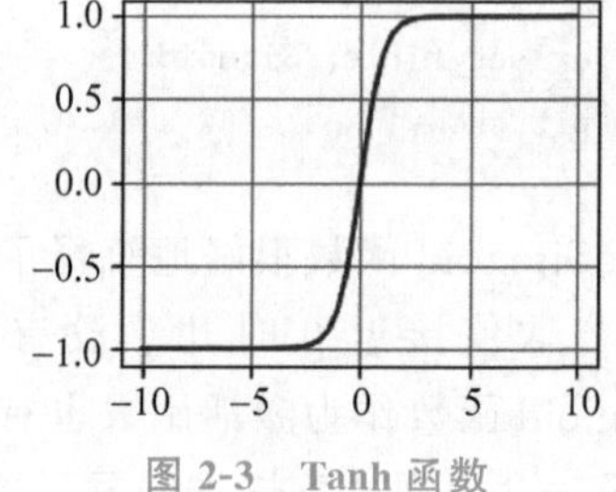

图 2-3 Tanh 函数

Tanh 函数图像如图 2-3 所示。

上述 Tanh 函数图像使用 Matplotlib 包来绘制，代码如下。

```
import matplotlib.pyplot as plt
import numpy as np

x = np.linspace( - 10,10)
y_sigmoid = 1/(1 + np.exp( - x))
y_tanh = (np.exp(x) - np.exp( - x))/(np.exp(x) + np.exp( - x))

fig = plt.figure()
```

```
ax = fig.add_subplot()
ax.plot(x,y_tanh)
ax.grid()
ax.set_title('Tanh')
plt.show()
```

下面手动实现 Tanh 激活函数,依然生成随机张量参与计算,则手动实现 Tanh 函数的代码如下。

```
import numpy as np
import torch

input_x = torch.randn(4)
print(input_x)

def tanh(x):
    return (np.exp(x) - np.exp(-x)) / (np.exp(x) + np.exp(-x))
tanh(input_x)
```

同样,在实际使用的时候,直接调用现成的函数即可,代码如下。

```
import torch

input_x = torch.randn(4)
print(input_x)

output = torch.tanh(input_x)
print(output)
```

则调用后的输出为:

```
tensor([ 0.0600, -1.0422, 0.3915, -1.1092])
tensor([ 0.0599, -0.7787, 0.3727, -0.8038])
```

2.4.3 ReLU 函数

ReLU 即修正线性单元(The Rectified Linear Unit),跟 Sigmoid 和 Tanh 函数相比,ReLU 函数对于随机梯度下降的收敛速度有极大的促进作用,因为前两个函数都存在指数运算部分,相较之下,ReLU 函数几乎没有什么计算量。ReLU 函数是近几年比较受欢迎的一个激活函数,目前在深度学习领域非常常用,它收敛快,计算简单,具有单侧抑制、宽兴奋边界的生物学合理性,可以缓解梯度消失的问题。缺点是有时候会比较脆弱,可能会导致神经元的死亡。比如很大的梯度经过 ReLU 单元之后,权重的更新结果可能是 0,在此之后它将永远不能再被激活,这就是神经元死亡的意思。ReLU 函数的公式如式(2-11)所示。

$$\mathrm{ReLu}(x)=\begin{cases}x, & x\geqslant 0\\ 0, & x<0\end{cases} \tag{2-11}$$

ReLU 函数图像如图 2-4 所示。

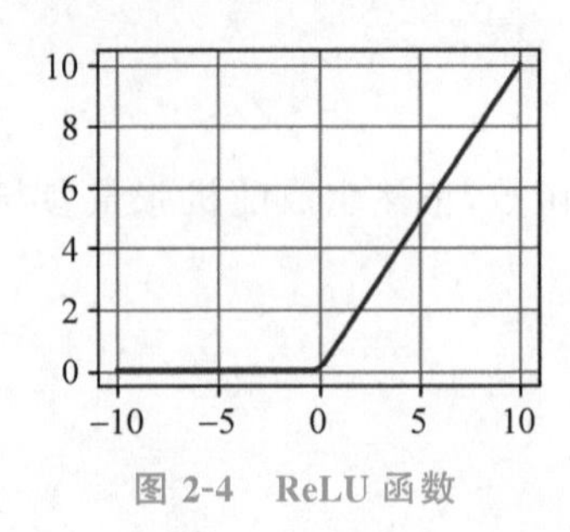

图 2-4 ReLU 函数

上述 ReLU 函数图像使用 Matplotlib 包来绘制,代码如下。

```
import matplotlib.pyplot as plt
import numpy as np

x = np.linspace(-10,10)
y_sigmoid = 1/(1+np.exp(-x))
y_tanh = (np.exp(x)-np.exp(-x))/(np.exp(x)+np.exp(-x))

fig = plt.figure()
ax = fig.add_subplot()
y_relu = np.array([0*item if item<0 else item for item in x ])
ax.plot(x,y_relu)
ax.grid()
ax.set_title('ReLu')
plt.show()
```

手动实现 ReLU 激活函数,代码如下。

```
import numpy as np
import torch

input_x = torch.randn(4)
print(input_x)

def relu(x):
    x = np.where(x>= 0, x, 0)
    return torch.tensor(x)
relu(input_x)
```

实际使用时的调用方法,代码如下。

```
import torch

input_x = torch.randn(4)
```

```
print(input_x)

output = torch.nn.functional.relu(input_x)
print(output)
```

则上述代码的运行结果如下。

```
tensor([-1.2224, 0.3847, 1.6130, -1.0814])
tensor([0.0000, 0.3847, 1.6130, 0.0000])
```

2.4.4 LeakyReLU 函数

LeakyReLU 解决了一部分 ReLU 存在的可能杀死神经元的问题。它给所有非负值赋予一个非零的斜率，公式(2-12)中 γ 是很小的负数梯度值，来保证负轴不为零，保证负轴信息的存在性，因此解决了一部分神经元死亡的问题，然而在实际使用的过程中，LeakyReLU 函数并非总是优于 ReLU 函数。LeakyReLU 函数的公式如式(2-12)所示。

$$\text{LeakyReLU}(x) = \begin{cases} x, & x \geqslant 0 \\ \gamma x, & x < 0 \end{cases} \tag{2-12}$$

LeakyReLU 函数图像如图 2-5 所示。

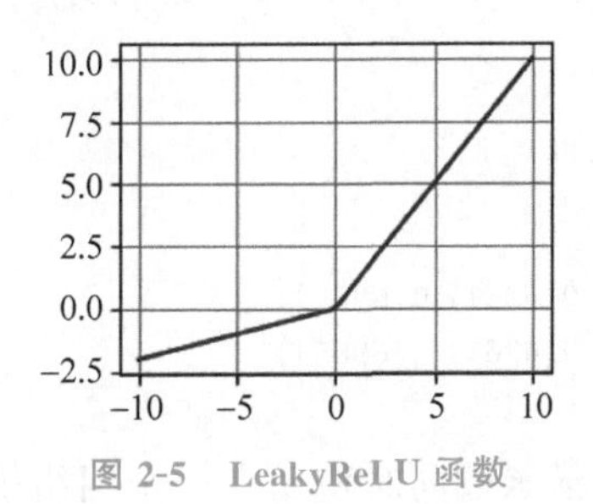

图 2-5 LeakyReLU 函数

上述 LeakyReLU 函数图像使用 Matplotlib 包来绘制，代码如下。

```
import matplotlib.pyplot as plt
import numpy as np

x = np.linspace(-10,10)
y_sigmoid = 1/(1+np.exp(-x))
y_tanh = (np.exp(x)-np.exp(-x))/(np.exp(x)+np.exp(-x))

fig = plt.figure()
ax = fig.add_subplot()
y_relu = np.array([0.2*item if item<0 else item for item in x ])
ax.plot(x,y_relu)
ax.grid()
ax.set_title('Leaky ReLu')
plt.show()
```

下面手动实现 LeakyReLU 激活函数，代码如下。

```
import numpy as np
import torch

input_x = torch.randn(4)
print(input_x)

def leakyrelu(x, gamma):
    x = np.where(x > 0, x, x * gamma)
    return torch.tensor(x)
leakyrelu(input_x, 0.01)
```

使用 torch 包调用实现 LeakyReLU 函数的代码如下。

```
import numpy as np
import torch

input_x = torch.randn(4)
print(input_x)

output = torch.nn.functional.leaky_relu(input_x, 0.01)
print(output)
```

代码运行结果如下。

```
tensor([-1.3291, 0.2315, 0.6361, 0.6985])
tensor([-0.0133, 0.2315, 0.6361, 0.6985])
```

通常来说，很少把各种激活函数同时使用在一个网络中。如何选择合适的激活函数呢？可以首先试试 ReLU 函数，如果效果不好，可以继而试用 LeakyReLU 函数、Tanh 函数等，最好不要轻易使用 Sigmoid 函数。总而言之，激活函数的使用需要根据具体的模型具体分析，多尝试不同的激活函数，最后选取效果最好的一个。

2.5 优化器模块

torch.optim 是一个具备各种优化算法的工具包，可以支持大部分常用的优化方法，并且这个接口具备足够的通用性，这使得它能够集成更加复杂的优化算法。

2.5.1 Optimizer 的使用

在使用 torch.optim 之前，需要构建一个 optimizer 对象，它可以保持当前的参数状态并根据得到的梯度进行参数更新。构建 optimizer 的时候，首先要给它一个需要优化的参数，同时也可以设置其他相关参数，包括学习率等，具体构建方法如下。

```
optimizer = optim.Adam(net.parameters(), lr = 0.001)
```

同时,optimizer还可以为每个参数单独设置选项,这需要传入dict的iterable。每个dict分别定义一组参数,包含一个键值对。当需要修改一个参数组的选项,而其他参数组的选项不变时,该方法就非常有用。例如,想指定某一层的学习率,利用该方法就可以非常方便地实现,代码如下。

```
optimizer = optim.Adam([
                        {'params':model.base.parameters()},
                        {'params':model.regression.parameters(), 'lr': 0.0001}
            ], lr = 0.001)
```

这表示model.base的参数都将使用0.001的学习率,model.regression的参数将使用0.0001的学习率。

另外,torch.optim还实现了单次优化的方法,可以更新参数。一旦参数的梯度被backward()计算好之后,可以调用optimizer.step()函数进行单次优化。

2.5.2 常见优化器简介

上文对torch.optim的功能及用法进行了简单介绍,接下来将对几种常用的优化器及优化算法进行介绍。常见的优化方法一般分为两大类:一大类方法是梯度下降法,包括批量梯度下降、随机梯度下降、小批量梯度下降以及动量优化算法;另一大类是逐参数适应学习率方法(Per-parameter Adaptive Learning Rate Methods),包括AdaGrad算法、RMSProp算法以及Adam算法等。

1. 梯度下降法

(1) 批量梯度下降(Batch Gradient Descent,BGD)。

批量梯度下降算法是针对整个数据集,通过对所有样本的计算损失函数来求解梯度的方向。这种算法的好处是利于寻找全局最优解,梯度方差小;但是当样本数据很多时,计算量会很大,会导致训练过程很慢。

(2) 随机梯度下降(Stochastic Gradient Descent,SGD)。

当训练数据N很大时,通过计算总的损失函数来求梯度代价很大,所以一个常用的方法是计算训练集中的一个样本的损失函数来求解梯度的方向,这就是随机梯度下降的方法。其更新参数的方式如下。

$$\theta_{\text{i\_new}} = \theta_i - \nabla_{\theta_i} J(\theta) \tag{2-13}$$

其中,θ_i为参数,∇_{θ_i}为对应的散度。

虽然采用这种方法,训练速度快,但准确度也因此下降,梯度方差会变大,同时由于鞍点的存在可能导致局部梯度为零,无法继续移动,使得最优解只是局部最优,具体代码如下。

```
torch.optim.SGD(model.parameters(), lr = 0.01, momentum = 0.9, dampening = 0, weight_decay
= 0, nesterov = False)
```

上述代码中参数的含义：params(iterable)为待优化参数的 iterable 或者是定义了参数组的 dict；lr(float)为学习率；momentum(float,可选)为动量因子(默认：0)；weight_decay(float,可选)为权重衰减(L2 惩罚,默认：0),选择一个合适的权重衰减系数 λ 非常重要,可以避免出现过拟合的现象；dampening(float,可选)为动量的抑制因子(默认：0)；nesterov(bool,可选)使用 Nesterov 动量(默认：False)。

(3) 小批量梯度下降(Mini-Batch Gradient Descent,MBGD)。

为了在提高训练速度的同时,保持梯度方差大小合适,以便于寻找全局最优解,提出了小批量梯度下降法,即把数据分为若干批量,按批量来更新参数,这样,一个批量中的数据可以共同决定梯度的方向,下降时也不易跑偏,减少了梯度下降的随机性,也减少了计算量。

需要注意的是,批量大小虽然不影响梯度的期望,但会影响梯度的方差。根据经验,批量越大时,随机梯度的方差越小,训练也越稳定,因此可以选择较高的学习率；批量较小时,需要设置较小的学习率,否则模型可能难以收敛。

(4) 动量优化算法(Momentum)。

动量优化算法是一种有效缓解梯度估计随机的算法,通过使用最近一段时间内的平均梯度来代替当前时刻的随机梯度作为参数更新的方向,从而提高优化速度。使用该算法可实现惯性保持,主要思想是引入一个积攒历史梯度信息动量来加速 SGD。采用相关物理知识解释,沿山体滚下的铁球,向下的力总是不变,产生动量不断积累,速度也自然越来越快；同时左右的弹力不断切换,动量积累的结果是相互抵消,也就减弱了球的来回振荡。这样就说明了采用了动量的随机梯度下降法为何可以有效缓解梯度下降方差,提高优化速度。虽然使用该方法不能保证收敛到全局最优,但能够使得梯度越过山谷和鞍点,跳出局部最优。

一般而言,在迭代初期,梯度方向都比较一致,动量法会起到加速作用,可以更快到达最优点,而在迭代后期,梯度方向不一致,在收敛值附近振荡,动量法会起到减速作用,增加稳定性。

由于动量优化算法是基于随机梯度下降算法所提出的,因此通过设置 SGD 函数的相关参数即可。在上述所提到的 SGD 函数中,参数 momentum(动量因子)就是代表动量相关的操作,默认取数值 0,只需选择合适数值就可以实现动量优化算法。

2. 逐参数适应学习率方法。

之前的方法对所有的参数都是同一个学习率,现在对不同的参数可以通过逐参数适应学习率方法设置不同的学习率。以下是几种常见的方法。

(1) AdaGrad。

AdaGrad 是一种逐参数自适应学习率的优化算法,可以为不同的变量提供不同的学习率。它将学习率与参数相适应,对频繁参数的罕见更新和较小更新执行更大的更新,增加了罕见但信息丰富的特征的影响,因此非常适合处理稀疏数据。但其中的一个缺点是：在深度学习中单调的学习率被证明通常过于激进且过早停止学习。

该算法的基本思想是对每个变量采用不同的学习率,这个学习率在一开始比较大,用于快速梯度下降；随着优化过程进行，对于已经下降很多的变量，减缓学习率；对于还没怎么下降的变量，则保持较大的学习率。其更新参数的方式如下。

$$\theta_{i,t+1}=\theta_{i,t}-\frac{n}{\sqrt{G_{i,t}+\varepsilon}}\nabla_{\theta_{i,t}}J(\theta) \tag{2-14}$$

其中，t 代表每一次迭代；ε 一般是一个极小值，防止分母为 0；$G_{i,t}$ 表示了前 t 步参数 θ_i 梯度的平方累加。

其在 PyTorch 中的用法代码如下。

```
optimizer = torch.optim.Adagrad(params, lr = 0.01, lr_decay = 0, weight_decay = 0, initial_
accumulator_value = 0)
```

上述代码中参数的含义为：params(iterable)为待优化参数的 iterable 或者定义了参数组的 dict；lr(float，可选)为学习率(默认：0.01)；lr_decay(float，可选)为学习率衰减(默认：0)；weight_decay(float，可选)为权重衰减(L2 惩罚，默认：0)。

(2) RMSProp。

RMSProp 优化算法是 AdaGrad 算法的一种改进。鉴于神经网络都是非凸条件下的，RMSProp 在非凸条件下结果更好，改变梯度累积为指数衰减的移动平均。与 AdaGrad 算法不同的是，累计平方梯度的求法不同：该算法并不像 AdaGrad 算法那样直接累加平方梯度，而是加了一个衰减系数来控制历史信息的获取多少，即做了一个梯度平方的滑动平均。具体区别如下。

AdaGrad 的历史梯度：

$$r \leftarrow r+g \odot g \tag{2-15}$$

RMSProp 增加了一个衰减系数来控制历史信息获取多少：

$$r \leftarrow \rho r+(1-\rho) g \odot g \tag{2-16}$$

简单来讲，设置全局学习率之后，每次通过全局学习率逐参数地除以经过衰减系数控制的历史梯度平方和的平方根，使得每个参数的学习率不同。这样一来，在参数空间更为平缓的方向，会取得更大的进步(因为平缓，所以历史梯度平方和较小，对应学习下降的幅度较小)，并且能够使得陡峭的方向变得平缓，从而加快训练速度，这就是 RMSProp 优化算法的直观好处。

在 PyTorch 中使用，代码如下。

```
optimizer = torch.optim.RMSProp(params, lr = 0.01, alpha = 0.99, eps = 1e - 08, weight_decay
= 0, momentum = 0, centered = False)
```

上述代码中参数的含义：params(iterable)为待优化参数的 iterable 或者是定义了参数组的 dict；lr(float，可选)为学习率(默认：0.01)；momentum(float，可选)为动量因子(默认：0)；alpha(float，可选)为平滑常数(默认：0.99)；eps(float，可选)是为了增加数值计算稳定性而加到分母里的项(默认：1e-8)；weight_decay(float，可选)为权重衰减(L2 惩罚，默认：0)；centered(bool，可选)如果为 True，计算中心化的 RMSProp，并用它的方差预测值对梯度进行归一化。

(3) Adam。

Adam 算法即自适应时刻估计方法(Adaptive Moment Estimation),相当于自适应学习率(RMSProp)和动量法相结合,能够计算每个参数的自适应学习率,将惯性保持和环境感知这两个优点集于一身。其中,动量直接并入了梯度一阶矩的估计。其次,相比于缺少修正因子导致二阶矩估计可能在训练初期具有很高偏置的 RMSProp,Adam 包括偏置修正,修正从原点初始化的一阶矩(动量项)和(非中心的)二阶矩估计。其更新参数的公式如下。

$$\hat{M}_{(t)} = \frac{M_t}{1 - \beta_1^t} \tag{2-17}$$

$$\hat{V}_t = \frac{V_t}{1 - \beta_2^t} \tag{2-18}$$

$$\theta_{t+1} = \theta_t - \frac{\eta}{\sqrt{\hat{V}_t} + \varepsilon}\hat{M}_{(t)} \tag{2-19}$$

其中,M_t 为梯度的第一时刻平均值(一阶动量项),V_t 为梯度的第二时刻非中心方差(二阶动量项),$\hat{M}_{(t)}$ 和 $\hat{V}_t$ 分别为各自的修正值。在实际计算中,β_1 设为 0.9,β_2 设为 0.9999,ε 是一个取值很小的值(一般为 1e-8),为了避免分母为 0。

PyTorch 上实现代码如下。

```
optimizer = torch.optim.Adam(params, lr = 0.001, betas = (0.9, 0.999), eps = 1e - 08, weight
_decay = 0)
```

上述代码参数的含义:params(iterable)为待优化参数的 iterable 或者是定义了参数组的 dict;lr(float,可选)为学习率(默认:0.001);betas(Tuple[float,float],可选)为用于计算梯度及梯度平方的运行平均值的系数(默认:(0.9,0.999));eps(float,可选)是为了增加数值计算的稳定性而加到分母里的项(默认:1e-8);weight_decay(float,可选)是权重衰减(L2 惩罚,默认:0)。

2.6 训练和测试模块

在使用 PyTorch 框架搭建神经网络时总会看见在模型的训练前会加上 model.train(),而在模型测试或者验证之前会加上 model.eval(),那么这两者之间有什么区别呢?本节内容首先将简单介绍一下两者在应用上的区别以及各自对模型的影响,接着对于模型训练、测试、验证时的各种常用框架进行简单介绍。

2.6.1 model.train()和 model.eval()函数简介

在使用 PyTorch 搭建神经网络时,model.train()函数主要用于训练阶段,model.eval()函数则用于验证和测试阶段,两者的主要区别是对于 Dropout 和 Batch Normlization 层(或称 Batchnorm 层、BN 层)的影响。在 model.train()模式下,Dropout

网络层会按照设定参数 p 设置保留激活单元的概率(保留概率$=p$)；Batchnorm 层会继续计算数据的均值 mean 和方差 var 等参数并更新。相反，在 model.eval()模式下，Dropout 层的设定参数会无效，所有的激活单元都可以通过该层，同时 Batchnorm 层会停止计算均值和方差，直接使用在训练阶段已经学习好的均值和方差值运行模型。

有关 Dropout 和 Batch Normalization 层的含义，此处做简单的介绍。首先是 Dropout，常常用于抑制网络训练过拟合现象，PyTorch 提供了很方便的函数直接调用即可，设置 Dropout 层时，往往需要设置参数 p，参数 p 指的是该层(layer)的神经元在每次迭代训练时会随机有$(1-p)$的可能性被丢弃(失活)，不参与训练，这样就可以防止过多神经元参与训练，出现过拟合的现象。

至于 Batch Normalization，指的是批量归一化，是神经网络的标准化方法，首先计算一个 Mini-Batch 中所有元素的均值和方差，利用均值和方差对样本数据做标准化处理。在神经网络训练中，BN 层可以加快训练过程并提高性能，同时还可以解决梯度消失的问题，使得网络计算过程得到优化。

2.6.2 模型训练和测试框架简介

关于神经网络模型的训练以及测试框架的代码实现，本节以具体实例进行讲解，便于读者更好地理解各代码的作用，同时加深网络搭建完成以后对于模型训练及测试总体框架的了解。

1. 训练函数

首先需要将神经网络的运行模式设定为训练模式，只需要通过 net.train()就可以将运行模式设置为训练模式，并且定义相关变量便于训练时对返回值进行统计，具体代码如下。

```
#训练函数
def train_epoch(net, data_loader, device):

    net.train()                              #指定当前为训练模式
    train_batch_num = len(data_loader)       #记录共有多少个 epoch
    total_loss = 0                           #记录 Loss
    correct = 0                              #记录共有多少个样本被正确分类
    sample_num = 0                           #记录样本数
```

接着使用 for 循环遍历每个 Batch 进行训练，注意 enumerate 返回值有两个，一个是 Batch 的序号，一个是数据(包含训练数据和标签)。在开始训练以前，首先要梯度清零，通过 optimizer.zero_grad()实现，其作用是清除所有优化的 torch.Tensor(权重、偏差等)的梯度。

在梯度清零以后就可以输入数据计算结果以及损失，接着需要对损失进行反向传播，即 loss.backward()，这是通过 autograd 包来实现的，autograd 包会根据 loss 进行过的数学运算来自动计算其对应的梯度。具体来说，损失函数 loss 是由模型的所有权重 w 经过一系列运算得到的，若某个权重的 requires_grads 为 True，则该权重的所有上层参数(后面层的权重)的.grad_fn 属性中就保存了对应的运算，在使用 loss.backward()后，会一层层地反向传播计算每个权重的梯度值，并保存到该权重的.grad属性中。

在经过反向传播计算得到每个权重的梯度值以后，需要通过step()函数执行一次优化步骤，通过梯度下降法来更新参数的值，也就是说，每迭代一次，通过optimizer.step()进行一次单次优化。

另外，为了计算模型的平均损失以及准确率，在每次迭代之后总是对损失Loss进行相加，同时记录迭代训练得到正确结果的次数，便于在后续计算评价损失及准确率。

以上是训练函数的整体框架流程，具体实现代码如下。

```
#遍历每个batch进行训练，注意enumerate返回值有两个，一个是batch的序号，一个是数据(包
#含训练数据和标签)
for batch_id, (inputs,labels) in enumerate(data_loader):
    #将每个图片放入指定的device中
    inputs = inputs.to(device).float()
    #将图片标签放入指定的device中
    labels = labels.to(device).long()
    #梯度清零
    optimizer.zero_grad()
    #计算结果
    output = net(inputs)
    #计算损失
    loss = criterion(output,labels.squeeze())
    #进行反向传播
    loss.backward()
    optimizer.step()
    #累加loss
    total_loss += loss.item()
    #找出每个样本值的最大idx,即代表预测此图片属于哪个类别
    prediction = torch.argmax(output,1)
    #统计预测正确的类别数量
    correct += (prediction == labels).sum().item()
    #累加当前样本总数
    sample_num += len(prediction)

#计算平均Loss和准确率
loss = total_loss / train_batch_num
acc = correct / sample_num
return loss, acc
```

2. 测试函数

与训练模式不同，在测试阶段，参数不进行更新，梯度也不进行变化，而是直接使用在训练阶段已经学习好的权重和方差值运行模型。因此，必须把网络的模式调整为测试模式，这可以通过net.eval()函数实现，其作用是保证每个参数都固定，确保每个Mini-Batch的均值和方差都不变，尤其是针对包含Dropout和Batch Normalization的网络，更需要调整网络的模式，避免参数更新。

具体代码如下。

```
def test_epoch(net,data_loader, device):
    net.eval()    #指定当前模式为测试模式
    test_batch_num = len(data_loader)
    total_loss = 0
    correct = 0
    sample_num = 0
```

在选定好网络模式以后，为了确保参数的梯度不进行变化，需要通过 with_torch.no_grad()模块改变测试状态，在该模块下，所有计算得出的 Tensor 的 requires_grad 都自动设置为 False，即不会对模型的权重和偏差求导。

由于是测试模式，只需要输入数据得到输出以及损失即可，不需要对模型参数进行更新。因此此处也少了反向传播 loss.backward()函数以及单次优化 optimizer.step()函数的步骤。至于其他的步骤，与训练模块相似，包括计算平均损失以及模型准确率，具体实现代码如下。

```
#指定不进行梯度变化:
with torch.no_grad():
    for batch_idx, (data,target) in enumerate(data_loader):
        data = data.to(device).float()
        target = target.to(device).long()
        output = net(data)
        loss = criterion(output,target)
        total_loss += loss.item()
        prediction = torch.argmax(output,1)
        correct += (prediction == target).sum().item()
        sample_num += len(prediction)
loss = total_loss / test_batch_num
acc = correct / sample_num
return loss, acc
```

以上就是实现训练模式与测试模式的大体框架，其代码对于大部分网络的训练和测试具有普适性，读者只需要稍微改动就可以使用。

3. 训练模式

除去关于模型运行指标的计算（例如，损失 Loss 和运行准确率的计算），读者必须要掌握两种模式的必要代码以及具体作用。为了方便读者理解核心框架，重新对上述代码进行整理，给出训练模式的核心框架，代码如下。

```
for epoch in range(0,epochs):
    #model train
    model.train()
    for batch_id ,(inputs,labels) in enumerate(data_loader):
```

```
        target = model(inputs)
        loss = criterion(target,labels.squeeze())
        optimizer.zero_grad()
        loss.backward()
        optimizer.step()
```

4. 测试模式

给出训练模式的核心框架，代码如下。

```
#model test
with torch.no_grad():
    model.eval()
    for batch_id, (inputs,labels) in enumerate(data_loader):
        predict = model(inputs)
        loss = criterion(predict,labels.squeeze())
```

2.7 模型保存与重载模块

训练模型时，在众多训练过的模型中会有几个较好的模型，为避免后续难以训练出更好的结果，同时也方便复现这些模型，用于之后的研究，总是希望存储这些模型对应的参数值。PyTorch 提供了模型的保存与重载函数，包括 torch.save()和 torch.load()及 pytorchtools 中的 EarlyStopping，用来解决上述的模型保存与重载问题。

2.7.1 保存与重载模块

首先导入 torch 模块，如果希望保存/加载模型的参数，而不保存/加载模型的结构，可以通过如下方法，其中，state_dict 是 torch 中的一个字典对象，将每一层与该层的对应参数张量建立映射关系，代码如下。

```
import torch
#保存
torch.save(model.state_dict(), 'model_params.pth')
#加载
model = init_model()  #先初始化一个模型,这里是伪代码
model.load_state_dict(torch.load('model_params.pth'))
```

如果希望同时保存/加载模型的参数和结构，代码如下。

```
#保存
torch.save(model, 'model_params.pth')
#加载
model = torch.load('model_params.pth')
```

至此,已经简单了解了 PyTorch 中的一些基础的保存与加载模块,源代码可以参见 PyTorch 的官方文档。

2.7.2 EarlyStopping

为了获取性能良好的神经网络,训练网络的过程中需要进行许多对于模型各部分的设置,也就是超参数的调整。超参数之一就是训练周期(Epoch),训练周期如果取值过小可能会导致欠拟合,取值过大可能会导致过拟合。为了避免训练周期设置不合适影响模型效果,EarlyStopping 应运而生。EarlyStopping 解决 Epoch 需要手动设定的问题,也可以认为是一种避免网络发生过拟合的正则化方法。

EarlyStopping 的原理可以大致分为三个部分:将原数据分为训练集和验证集;只在训练集上进行训练,并每隔一个周期计算模型在验证集上的误差,如果随着周期的增加,在验证集上的测试误差也在增加,则停止训练;将停止之后的权重作为网络的最终参数。

接下来简要介绍如何使用 EarlyStopping。可以通过以下代码导入这一模块,导入成功后初始化 early_stopping 对象(注:直接使用 pip install pytorchtools 是错误的,需要网上下载 pytorchtools.py 或 earlystopping.py 并放置在项目中,并将其中的 EarlyStopping 引入。本书第 4 章提供了对应的 earlystopping 文件):

```
from pytorchtools import EarlyStopping
early_stopping = EarlyStopping(patience = 20,verbose = False, delta = 0)
```

可以看到,EarlyStopping 对象的初始化包括三个参数,其含义如下。

(1) patience(int):上次验证集损失值改善后等待几个 Epoch,默认值为 7。

(2) verbose(bool):如果值为 True,为每个验证集损失值打印一条信息;若为 False,则不打印,默认值为 False。

(3) delta(float):损失函数值改善的最小变化,当损失函数值的改善大于该值时,将会保存模型,默认值为 0,即损失函数只要有改善即保存模型。

除了初始化,EarlyStopping 类还有以下两个函数。

(1) _call_(self,val_loss,model):_call_()函数读取当前的损失值 val_loss,以及模型,判断当前损失值相较于上一轮是否有下降,若有下降,则调用 save_checkpoint()函数,保存当前的模型。

(2) save_checkpoint(self,val_loss,model):当损失值减少时,调用 torch.save()函数保存模型 model,同时打印出当前损失值相较于上一轮下降了多少,以及当前损失值。

依据不同的模型,EarlyStopping 对象还要进行不同的改动。接下来通过伪代码来进一步了解 EarlyStopping 如何使用。

定义一个函数,表示训练函数,希望通过 EarlyStopping 的方式训练这一模型,并且当测试集上的损失值有所下降时,将此时的信息打印出来,并且保存参数,具体代码如下。

```
def train(model, batch_size, epoch, patient, train_set, test_set):
    #model:训练模型
    #batch_size:单次训练所选用的样本数量
```

```
#epoch:迭代次数
#patient:上次验证集损失值改善后等待几个 epoch
#train_set:训练集
#test_set:测试集

training_loss = []           #用于存储训练集上的损失值
avg_training_loss = []       #用于存储训练集上每次迭代的损失平均值
testing_loss = []            #用于存储测试集上的损失值
avg_testing_loss = []        #用于存储在测试集中,每次迭代的损失平均值

earlystopping = EarlyStopping(patience = patience, verbose = True)
#初始化 EarlyStopping 实例

for i in range(epoch):       #开始训练

    model.train_model()      #训练函数

    #在训练集上获取损失值
    for batch, (data, target_value) in enumerate(train_set):
        trainloss = model.get_loss(data, target_value)
        train_loss.append(tloss)

    #在测试集上获取损失值
    for data, target_value in test_set:
        testloss = model.get_loss(data,target_value)

    local_train_loss = np.average(training_loss_loss) #获取当前训练集的损失值的均值
    local_test_loss = np.average(testing_loss_loss)   #获取当前测试集的损失值的均值
    #保存
    avg_training_loss.append(local_train_loss)
    avg_testing_loss.append(local_test_loss)

    training_loss = []       #清空当前训练集上的损失值
    testing_loss = []        #清空当前测试集上的损失值

    ealystopping(local_test_loss, model)  #调用_call_()函数,判断损失值是否下降,
                                          #若下降,则会进行保存,并打印信息

    if earlystopping.early_stop:
        print("Early stopping")
        break

model.load_state_dict(torch.load('checkpoint.pt'))  #调用 torch.load(),加载最后一
                                                    #次的保存点,即最优模型

return model, avg_training_loss, avg_testing_loss
```

结合上面的函数，可以更好地理解 EarlyStopping 该如何在训练时使用，针对不同的模型进行修改。

2.8　可视化模块

在模型训练过程中，有时不仅需要保持和加载已经训练好的模型，也需要将训练过程中的训练集损失函数、验证集损失函数、模型计算图（即模型框架图、模型数据流图）等保持下来，供后续分析作图使用。例如，通过损失函数变化情况，可以观察模型是否收敛，通过模型计算图，可以观察数据流动情况等。本节将介绍 TensorBoard 可视化模块，帮助读者实现上述功能。

2.8.1　TensorBoard 简介

TensorBoard 可以将数据、模型计算图等进行可视化，会自动获取最新的数据信息，将其存入日志文件中，并且会在日志文件中更新信息，运行数据或模型最新的状态。TensorBoard 中常用的函数包括如下七类，其大致使用方法如下。接下来将借助 add_graph()、add_scalar()、add_scalars()三个本专业常用函数，详细介绍其使用方法。

（1）add_graph()：添加网络结构图，将计算图可视化。

（2）add_image()/add_images()：添加单个图像数据/批量添加图像数据。

（3）add_figure()：添加 matplotlib 图片。

（4）add_scalar()/add_scalars()：添加一个标量/批量添加标量，在机器学习中可用于绘制损失函数。

（5）add_histogram()：添加统计分布直方图。

（6）add_pr_curve()：添加 *P-R*（精准率-召回率）曲线。

（7）add_txt()：添加文字。

TensorBoard 的用法代码如下。

```
from torch.utils.tensorboard import SummaryWriter          #导入相关模块
writer = SummaryWriter()                                   #实例化一个 SummaryWriter 对象
writer.add_scalar("loss_train", avg_train_loss, epoch)     #添加单个标量
writer.add_scalar("loss_eval", avg_val_loss, epoch)        #添加单个标量
writer.add_scalar("loss", {"avg_train_loss":avg_train_loss, "avg_val_loss":avg_val_
loss}, epoch)                                              #添加多个标量
writer.add_graph(model)                                    #添加模型计算图

#打开日志文件,需保证日志文件夹 runs 在 book_code 文件夹下
D:\book_code>tensorboard --logdir runs
```

2.8.2　模型计算图的保存

TensorBoard 中可以使用 add_graph()函数保存模型计算图，该函数用于在 TensorBoard 中创建存放网络结构的 Graphs，函数参数如下，其中 model(torch.nn.

Module)表示需要可视化的网络模型；input_to_model(torch. Tensor or list of torch. Tensor)表示模型的输入变量，如果模型输入为多个变量，则用 list 或元组按顺序传入多个变量即可；verbose(bool)为开关语句，控制是否在控制台中打印输出网络的图形结构。

```
add_graph(model, input_to_model = None, verbose = False)
```

例如，有一个数据类型为 torch. nn. Module 的变量 model，输入的张量为 input1 和 input2，期望返回模型计算图，则可以输入如下代码，即可在 SummaryWriter 的日志文件夹中保存数据流图。

```
add_graph(model, (input1, input2), verbose = False)
```

PyTorch 中 SummaryWriter 的输出文件夹一般为 runs 文件，保存的日志文件不可以直接双击打开，需要在 cmd 命令窗口中将目录导航到 runs 文件夹的上一级目录，并输入 tensorboard - logdir runs 即可打开日志文件，打开后复制链接到浏览器中，即可打开保存的模型计算图或数据变量等。模型计算图如图 2-6 所示。

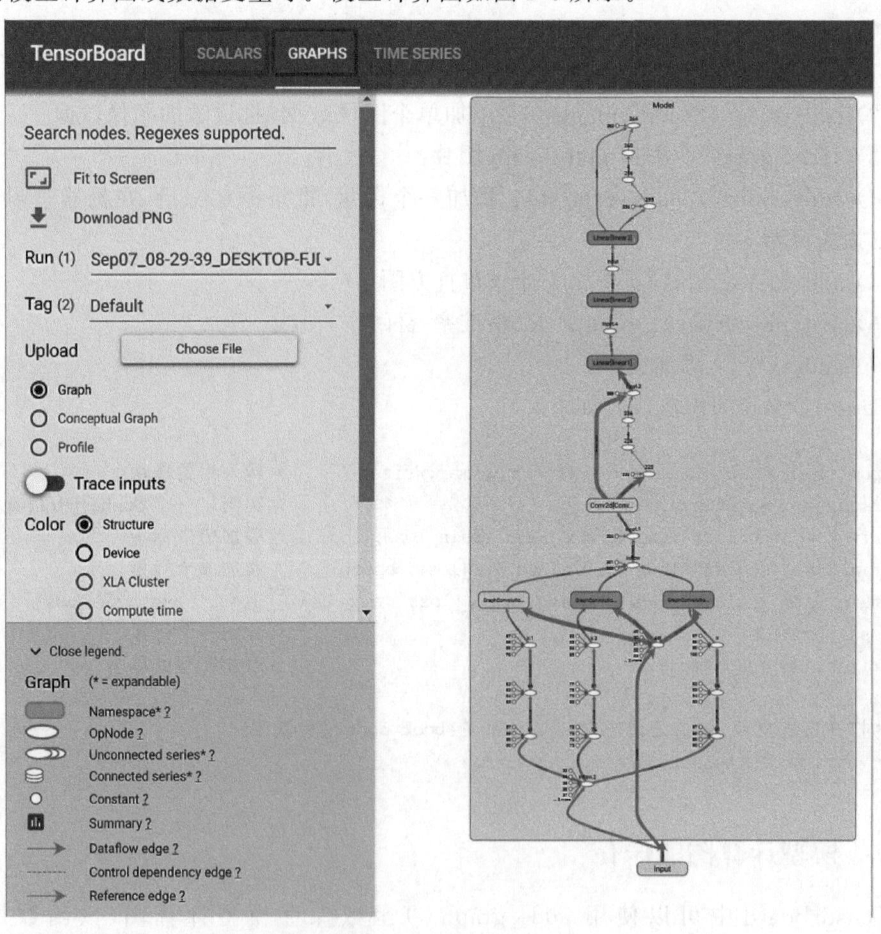

图 2-6 模型计算图

```
(base) D:\book_code\runs > cd D:\book_code

(base) D:\book_code > tensorboard -- logdir runs
2021 - 09 - 05 09:38:30.452471: W tensorflow/stream_executor/platform/default/dso_loader.
cc:59] Could not load dynamic library 'cudart64_101.dll'; dlerror: cudart64_101.dll
not found
2021 - 09 - 05 09:38:30.457084: I tensorflow/stream_executor/cuda/cudart_stub.cc:29]
Ignore above cudart dlerror if you do not have a GPU set up on your machine.
Serving TensorBoard on localhost; to expose to the network, use a proxy or pass --bind_all
TensorBoard 2.4.0 at http://localhost:6006/ (Press CTRL + C to quit)
```

2.8.3 损失函数等常量的保存

TensorBoard 中可以使用 add_scalar()/add_scalars()函数保存一个或在一张图中保存多个常量,如训练损失函数值、测试损失函数值、或将训练损失函数值和测试损失函数值保存在一张图中。

add_scalar()函数使用方法如下,其中,tag(string)为数据标识符; scalar_value(float or string)为标量值,即希望保存的数值; global_step(int)为全局步长值,可理解为 x 轴坐标。代码如下。

```
add_scalar(tag, scalar_value, global_step = None)
```

例如,绘制 y=2x 的函数图像,可以通过如下代码,保存的日志文件打开方式与上文所述相同。添加单个变量的结果如图 2-7 所示。

```
from torch.utils.tensorboard import SummaryWriter
writer = SummaryWriter()
x = range(100)
for i in x:
    writer.add_scalar('y = 2x', i * 2, i)
writer.close()
```

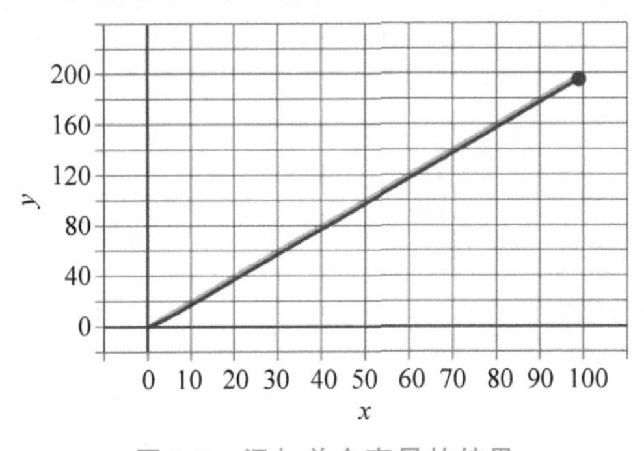

图 2-7 添加单个变量的结果

add_scalars()函数使用方法如下,可以批量添加标量,其中,main_tag(string)为主标识符,即 tag 的父级名称; tag_scalar_dict(dict)为保存 tag 及 tag 对应的值的字典类型数据；global_step(int)为全局步长值，可理解为 x 轴坐标。

```
add_scalars(main_tag, tag_scalar_dict, global_step = None)
```

例如，绘制 y＝xsinx、y＝xcosx、y＝tanx 的图像，可以输入如下代码，保存的日志文件打开方式与上文所述相同。添加多个变量的结果如图 2-8 所示。

```
from torch.utils.tensorboard import SummaryWriter
writer = SummaryWriter()
r = 5
for i in range(100):
    writer.add_scalars('scalars', {'xsinx':i * np.sin(i/r),
                                   'xcosx':i * np.cos(i/r),
                                   'tanx': np.tan(i/r)}, i)
writer.close()
 # This call adds three values to the same scalar plot with the tag
```

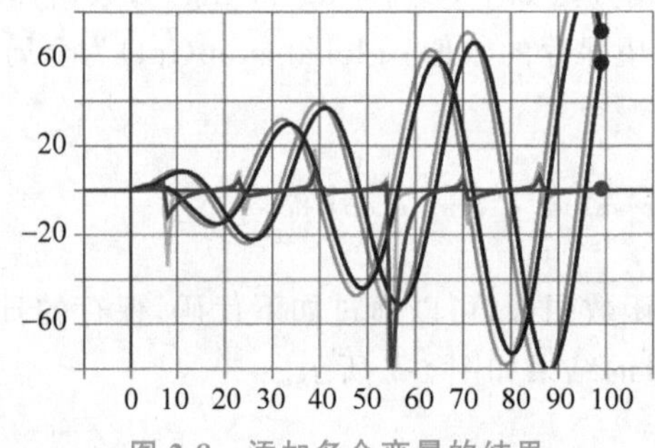

图 2-8　添加多个变量的结果

第 3 章

深度学习基础模型简介

3.1 反向传播算法

3.1.1 反向传播算法简介

反向传播(Back Propagation,BP)算法是一种神经网络优化算法。介绍算法前先简单解释神经网络定义。

神经网络的设计灵感来源于生物学上的神经网络。典型的神经网络如图 3-1 所示，每个节点就是一个神经元，神经元与神经元之间的连线表示信息传递的方向。Layer 1 表示输入层，Layer 2、Layer 3 表示隐藏层，Layer 4 表示输出层。通过神经网络，对输入数据进行某种变换，从而获得期望的输出。

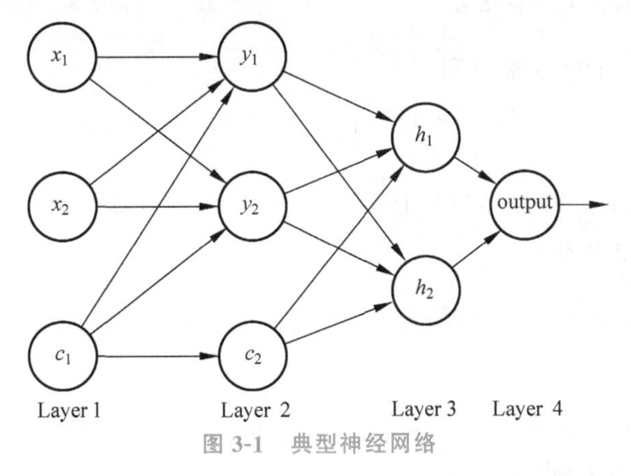

图 3-1 典型神经网络

总的来说，神经网络就是一种映射，将原数据映射成期望获得的数据。BP 算法就是其中的一种映射。下面通过一个具体的例子来演示 BP 算法的过程。

BP 算法示例-网络层，如图 3-2 所示，第一层有两个神经元 x_1、x_2，一个截距项 c_1；第二层有两个神经元 y_1、y_2，一个截距项 c_2；第三层是输出，有两个神经元 h_1、h_2；每条线上的数值表示神经元之间连接的权重，具体数值如图 3-2 所示。激活函数 σ 选用 Sigmoid 函数。Sigmoid 函数及其对 x 的导数如式(3-1)所示。

$$S(x)=\frac{1}{1+\mathrm{e}^{-x}}$$

$$S'(x)=S(x)\times(1-S(x)) \tag{3-1}$$

式中，输入 $x_1=0.05$，$x_2=0.1$，目标：输出 h_1、h_2 尽可能接近[0.03，0.05]。下面将具体介绍其实现过程。

1. 前向传播

(1) 输入层→隐藏层。

为了方便理解，可以把神经元再进一步细化(以 y_1 为例)。神经元细化图，如图 3-3 所示。

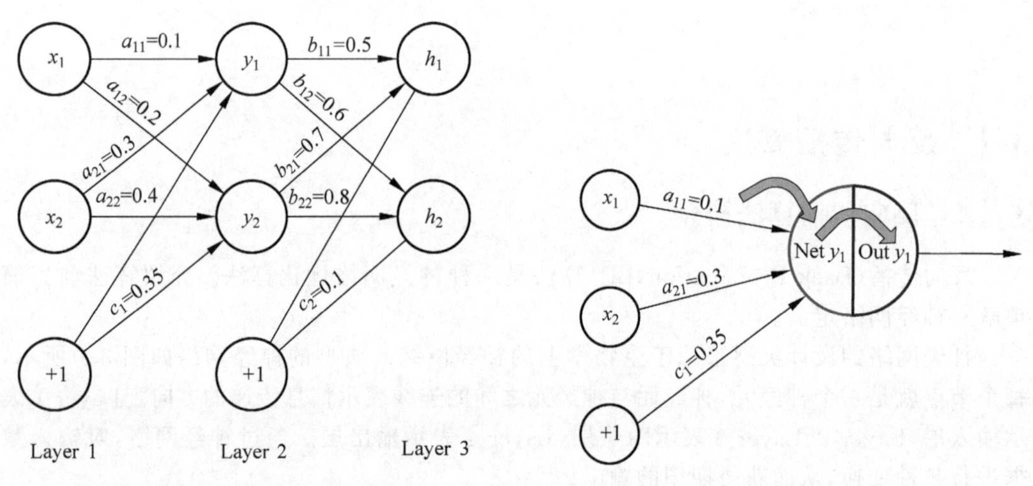

图 3-2 BP 算法示例-网络层

图 3-3 神经元细化图

计算神经元 y_1 的输入加权和：

$$\text{net}_{y_1}=x_1\times a_{11}+x_2\times a_{21}+1\times c_1$$

带入数值可得：

$$\text{net}_{y_1}=0.05\times0.1+0.1\times0.3+1\times0.35=0.385$$

神经元 y_1 的输出为：

$$\text{out}_{y_1}=\frac{1}{1+\mathrm{e}^{-\text{net}_{y_1}}}=0.595$$

同理可得：

$$\text{out}_{y_2}=0.599$$

(2) 隐藏层→输出层。

这一步的方法与“输入层→隐藏层”相似，计算神经元 h_1、h_2 的值。

$$\text{net}_{h_1}=\text{out}_{y_1}\times b_{11}+\text{out}_{y_2}\times b_{21}+c_2$$

$$\text{out}_{h_1}=\frac{1}{1+\text{e}^{-\text{net}_{h_1}}}$$

计算可得：

$$\text{net}_{h_1}=0.817,\quad \text{out}_{h_1}=0.694$$

$$\text{net}_{h_2}=0.936,\quad \text{out}_{h_2}=0.718$$

至此，已经完成了前向传播的过程，此时输出为[0.694，0.718]，与期望的输出[0.03，0.05]相差较大。接下来，通过反向传播，更新每条边上的权值，重新计算输出。

2. 反向传播

(1) 计算总误差。

为了简化例子，方便理解，本例中采用均方误差作为总误差函数，均方误差的计算如式(3-2)所示。

$$E(y,\hat{y})=J_{\text{MSE}}(y,\hat{y})=\sum_{i=1}^{N}\frac{1}{N}(\text{target}_{\text{out}_{h_i}}-\text{out}_{h_i})^2 \tag{3-2}$$

式中，$\text{target}_{\text{out}_{h_i}}$ 表示第 i 个真实值，在本例中指目标输出值；out_{h_i} 表示预测值，在本例中指每次迭代时的输出值；N 取值为 2。

依据式(3-2)计算现在的误差：

$$\begin{aligned}E&=\frac{1}{2}[(\text{target}_{\text{out}_{h_1}}-\text{out}_{h_1})^2+(\text{target}_{\text{out}_{h_2}}-\text{out}_{h_2})^2]\\&=\frac{1}{2}[(0.03-0.694)^2+(0.05-0.718)^2]=0.444\end{aligned}$$

(2) 权值更新(输出层→隐藏层)。

因为每个权值对误差都产生了影响，为了了解每个权值对误差产生了多少影响，可以用整体误差对特定的权值求偏导来实现这一目的。从输出层到隐藏层，共有 5 个参数需要更新，分别为 b_{11}，b_{12}，b_{21}，b_{22}，c_2。以 b_{22} 为例，通过链式法则进行计算，如式(3-3)所示。

$$\frac{\partial E}{\partial b_{22}}=\frac{\partial E}{\partial \text{out}_{h_2}}\times\frac{\partial \text{out}_{h_2}}{\partial \text{net}_{h_2}}\times\frac{\partial \text{net}_{h_2}}{\partial b_{22}} \tag{3-3}$$

如图 3-3 所示，前向传播和反向传播其实就是对这一过程的形象描述，指明了应该如何去处理这一偏导数。结合神经元细化图(反向传播)，如图 3-4 所示，可以更好地理解。箭头的方向就表明了求偏导的方向。

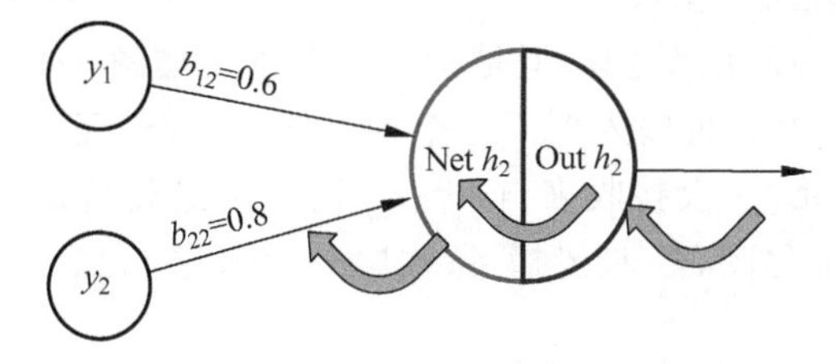

图 3-4 神经元细化图(反向传播)

这里逐项求解(σ 表示激活函数):

① $\dfrac{\partial E}{\partial \mathrm{out}_{h_2}}$。

$$\frac{\partial E}{\partial \mathrm{out}_{h_2}}=2\times\frac{1}{2}\times(\mathrm{target}_{\mathrm{out}_{h_2}}-\mathrm{out}_{h_2})\times(-1)$$

② $\dfrac{\partial \mathrm{out}_{h_2}}{\partial \mathrm{net}_{h_2}}$。

$$\frac{\partial \mathrm{out}_{h_2}}{\partial \mathrm{net}_{h_2}}=\frac{\partial}{\partial \mathrm{net}_{h_2}}\left(\frac{1}{1+\mathrm{e}^{-\mathrm{net}_{h_2}}}\right)=\frac{1}{1+\mathrm{e}^{-\mathrm{net}_{h_2}}}\times\left(1-\frac{1}{1+\mathrm{e}^{-\mathrm{net}_{h_2}}}\right)$$

$$=\sigma(\mathrm{net}_{h_2})(1-\sigma(\mathrm{net}_{h_2}))$$

③ $\dfrac{\partial \mathrm{net}_{h_2}}{\partial b_{22}}$。

$$\frac{\partial \mathrm{net}_{h_2}}{\partial b_{22}}=\frac{\partial}{\partial b_{22}}(\mathrm{out}_{y_1}\times b_{12}+\mathrm{out}_{y_2}\times b_{22}+c_2)=\mathrm{out}_{y_2}$$

综上所述,

$$\frac{\partial E}{\partial b_{22}}=(-1)\times(\mathrm{target}_{\mathrm{out}_{h_2}}-\mathrm{out}_{h_2})\times\mathrm{out}_{h_2}(1-\mathrm{out}_{h_2})\times\mathrm{out}_{y_2}$$

带入具体数值可得:

$$b_{22}^{\mathrm{new}}=b_{22}-\rho\times\frac{\partial E}{\partial b_{22}}=0.760$$

其中,ρ 表示学习率,本例设定为0.5。同理可得 $b_{11}^{\mathrm{new}}=0.458$,$b_{12}^{\mathrm{new}}=0.560$,$b_{21}^{\mathrm{new}}=0.658$。

同样,对于偏置项,求解方法类似,但由于偏置项对于每个神经元的损失都有贡献,所以应为对每个神经元求偏导后再求和,如式(3-4)所示。

$$\frac{\partial E}{\partial c_2}=\sum_i\frac{\partial E}{\partial \mathrm{out}_{h_i}}\times\frac{\partial \mathrm{out}_{h_i}}{\partial \mathrm{net}_{h_i}}\times\frac{\partial \mathrm{net}_{h_i}}{\partial c_2}\tag{3-4}$$

由于最后一项在本例中求导后值为1,一般情况下都为1,故可简化为式(3-5)。

$$\frac{\partial E}{\partial c_2}=\sum_i\frac{\partial E}{\partial \mathrm{out}_{h_i}}\times\frac{\partial \mathrm{out}_{h_i}}{\partial \mathrm{net}_{h_i}}\tag{3-5}$$

求偏导方法与上文相似,不再赘述。代入具体数值可以求得新的偏置项:

$$c_2^{\mathrm{new}}=c_2-\rho\times\frac{\partial E}{\partial c_2}=-0.038$$

(3) 权值更新(隐藏层→输入层)。

方法与"输出层→隐藏层"类似,但是有一点区别。如图3-4所示,可以发现神经元 h_1 向后就直接输出了,没有再输入到下一个神经元,而神经元 y_1 的输出值要输入到神经元 h_1、h_2,导致神经元 y_1 会接收来自 h_1、h_2 两个神经元传递的误差,因此 h_1、h_2 均要计算。结合神经元细化图(反向传播-隐藏层→隐藏层),如图3-5所示,可以更直观地理解。

同样,可以通过链式法则求出误差对权值的影响。从隐藏层到输入层,共有5个参数

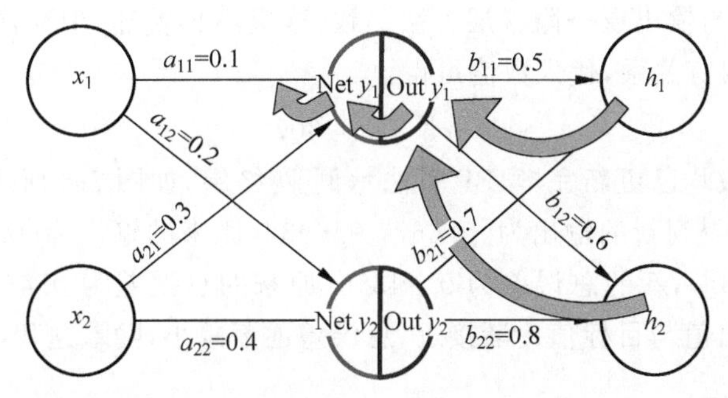

图 3-5　神经元细化图(反向传播-隐藏层→隐藏层)

需要更新,分别为 a_{11},a_{12},a_{21},a_{22},c_1。以 a_{11} 为例:

$$\frac{\partial E}{\partial a_{11}}=\frac{\partial E}{\partial \text{out}_{y_1}}\frac{\partial \text{out}_{y_1}}{\partial \text{net}_{y_1}}\frac{\partial \text{net}_{y_1}}{\partial a_{11}} \tag{3-6}$$

① $\frac{\partial E}{\partial \text{out}_{y_1}}$。

$$\frac{\partial E}{\partial \text{out}_{y_1}}=\frac{\partial E}{\partial \text{out}_{h_1}}\times\frac{\partial \text{out}_{h_1}}{\partial \text{net}_{h_1}}\times\frac{\partial \text{net}_{h_1}}{\partial \text{out}_{y_1}}+\frac{\partial E}{\partial \text{out}_{h_2}}\times\frac{\partial \text{out}_{h_2}}{\partial \text{net}_{h_2}}\times\frac{\partial \text{net}_{h_2}}{\partial \text{out}_{y_2}}$$

上式中几项偏微分均已在输出层→隐藏层的权值更新中有相应的计算公式,因此:

$$\begin{aligned}\frac{\partial E}{\partial \text{out}_{y_1}}&=(\text{target}_{\text{out}_{h_1}}-\text{out}_{h_1})\times(-1)\times\sigma(\text{net}_{h_1})(1-\sigma(\text{net}_{h_1}))\times b_{11}+\\&\quad(\text{target}_{\text{out}_{h_2}}-\text{out}_{h_2})\times(-1)\times\sigma(\text{net}_{h_2})(1-\sigma(\text{net}_{h_2}))\times b_{12}\\&=0.644\times0.212\times0.5+0.668\times0.202\times0.6\\&=0.149\end{aligned}$$

② $\frac{\partial \text{out}_{y_1}}{\partial \text{net}_{y_1}}$。

$$\begin{aligned}\frac{\partial \text{out}_{y_1}}{\partial \text{net}_{y_1}}&=\frac{\partial}{\partial \text{net}_{y_1}}\left(\frac{1}{1+\mathrm{e}^{-\text{net}_{y_1}}}\right)=\sigma(\text{net}_{y_1})(1-\sigma(\text{net}_{y_1}))\\&=0.595\times(1-0.595)=0.241\end{aligned}$$

③ $\frac{\partial \text{net}_{y_1}}{\partial a_{11}}$。

$$\frac{\partial \text{net}_{y_1}}{\partial a_{11}}=\frac{\partial}{\partial a_{11}}(x_1\times a_{11}+x_2\times a_{12}+c_1)=x_1=0.05$$

综上所述,

$$\frac{\partial E}{\partial a_{11}}=0.149\times0.241\times0.05=0.002$$

代入具体数值可得,$a_{11}^{\text{new}}=a_{11}-\rho\times\frac{\partial E}{\partial a_{11}}=0.1-0.5\times0.002=0.099$。

同理可得,$a_{12}^{\text{new}}=0.199$,$a_{21}^{\text{new}}=0.298$,$a_{22}^{\text{new}}=0.398$。

偏置项的求法与输出层→隐含层方法一致，这里不再赘述，但应注意的是，c_1 的更新与 y_1、y_2、h_1、h_2 均有关系，代入数值可得：

$$c_1^{\text{new}} = 0.307$$

至此，所有参数均已更新完毕，BP 算法示例-网络层，如图 3-6 所示，利用更新完毕之后的参数可以计算得到新的输出为[0.667, 0.693](原来的输出为[0.694, 0.718]，目标输出为[0.03, 0.05])，新的总误差为 0.44356(原来的总误差为 0.444)。通过新的权值计算，可以发现输出值与目标值逐渐接近，总误差逐渐减小，随着迭代次数的增加，输出值会与目标值高度相近。

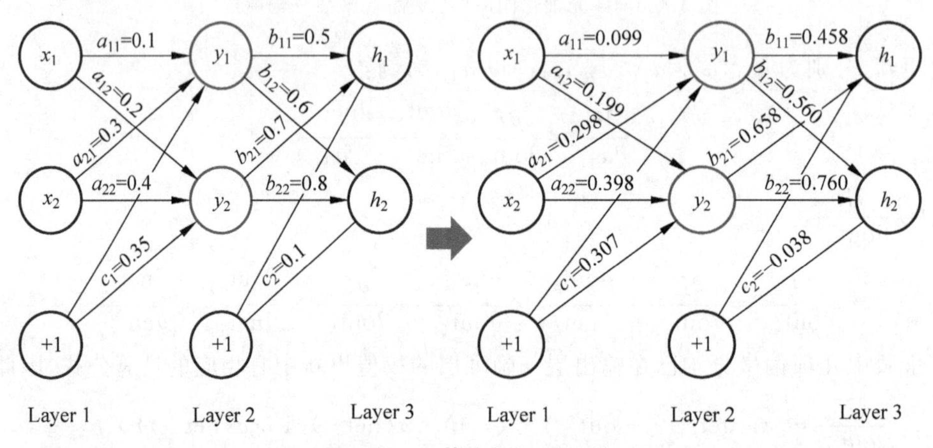

图 3-6　BP 算法示例-网络层

3.1.2　NumPy 实现反向传播算法

本节基于 NumPy 编程实现简单的神经网络分类任务，过程中手动实现反向传播算法，以加深对反向传播算法的理解。本节数据集采用 sklearn.make_moons()数据集，并借助 Scikit-Learn 包进行数据预处理。数据集可视化，如图 3-7 所示，数据集是二维的。实现代码如下。

```
from sklearn.datasets import make_moons
X, y = make_moons(n_samples = 2000, noise = 0.4, random_state = None)
```

选取 60%为训练集，40%为测试集，并进行预处理，实现代码如下。

```
from sklearn.model_selection import train_test_split
trainX, testX, trainY, testY = train_test_split(X, y, test_size = 0.4, random_state = 32)

from sklearn.preprocessing import StandardScaler
standard = StandardScaler()
trainX = standard.fit_transform(trainX)
testX = standard.transform(testX)
```

本节重新搭建一个两层的神经网络。神经网络结构如图 3-8 所示，其中，$\boldsymbol{X}$ 是一个 $p\times q$ 的矩阵。选取交叉熵损失函数作为该神经网络的损失函数(式(3-7))，其中，$\hat{y}_i$ 表示预测值，y_i 表示真实值。学习率为 0.05，采用梯度下降法进行参数更新，实现代码如下。

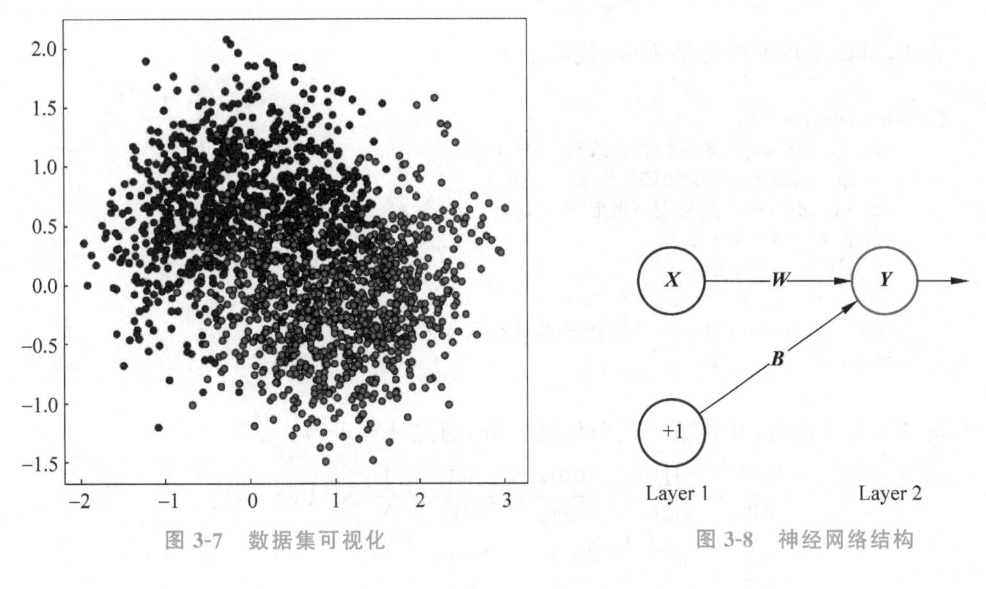

图 3-7　数据集可视化　　图 3-8　神经网络结构

$$E(y,\hat{y})=-\frac{1}{N}\sum_{i=1}^{N}(y_i\ln\hat{y}_i+(1-y_i)\ln(1-\hat{y}_i))\tag{3-7}$$

```
def loss_func(trueY, predY):
    loss = - np.mean(trueY * np.log(predY) + (1 - trueY) * np.log(1 - predY))
    return loss
```

接着定义构建的神经网络。对于权重矩阵 $\boldsymbol{W}$ 及偏置矩阵 $\boldsymbol{B}$，采用随机初始化的方法。$\boldsymbol{W}$ 和 $\boldsymbol{B}$ 的纬度较高时，不易手工初始化。若 $\boldsymbol{W}$ 和 $\boldsymbol{B}$ 初始化为 0 或者同一个值，会导致在梯度下降的更新过程中梯度保持相等，权值相同，导致不同的隐藏单元都以相同的函数或函数值作为输入，可以通过参数的随机初始化克服这种问题。同时要注意参数初始化应合理，否则会出现梯度消失或梯度爆炸，具体实现代码如下。

```
def _init_(q):
    #q:W 的维度(也就是有 q 个神经元)
    #将 W 与 B 随机初始化
    np.random.seed(3)
    W = np.random.normal(size = (q,)) * 0.05    #随机初始化 W
    B = np.zeros(1, )                           #初始化 B 为全 0 矩阵
    return W, B
```

初始化完权重矩阵与偏置矩阵后，再定义一个激活函数 Sigmoid，就可以完成前向传播的部分了。通过 scipy.special.expit()实现激活函数 Sigmoid，代码如下。

```
from scipy.special import expit
def sigmoid(X):
    #X: np.ndarray, 待激活值
    #sigmoid(x) = 1/(1 + exp(-x))
    return expit(X)
```

至此,可以实现前向传播部分,代码如下。

```
def forward(X, W, B):
    #X: np.ndarray, 输入数据, 维度 = (p,q)
    #W:np.ndarray, 权重矩阵, 维度 = (q,)
    #B: np.ndarray, 偏置项, 维度 = (1,)
    #计算 Z = X * W + B
    #predY = sigmoid(Z)
    Z = np.dot(X, W) + B   #计算 Z
    predY = sigmoid(Z)     #通过激活函数获取输出值
    return predY
```

完成前向传播后,开始编写反向传播部分,通过计算可得:

$$\frac{\partial E}{\partial W}=\frac{\partial E}{\partial \text{out}_y}\times\frac{\partial \text{out}_y}{\partial \text{net}_y}\times\frac{\partial \text{net}_y}{\partial W}=\frac{1}{N}[X^{\mathrm{T}}(\hat{y}-y)]$$

$$\frac{\partial E}{\partial B}=\frac{\partial E}{\partial \text{out}_y}\times\frac{\partial \text{out}_y}{\partial \text{net}_y}\times\frac{\partial \text{net}_y}{\partial B}=\frac{1}{N}\sum_{i=1}^{N}(\hat{y_i}-y_i)$$

实现代码如下。

```
def backword(W, B, trueY, predY, X, learning_rate):
    #W: np.ndarray, 权重矩阵,维度 = (q,)
    #B: np.ndarray, 偏置项,维度 = (1,)
    #trueY: np.ndarray, 真值,维度 = (p, )
    #predY: np.ndarray, 预测值,维度 = (p, )
    #X: np.ndarray, 输入数据,维度 = (p,q)
    #learning_rate: float,学习率

    #1. 计算梯度
    #dW: np.ndarray, 损失函数对 W 的偏导, 维度 = (q,)
    dW = np.dot(X.T, predY - trueY) / len(trueY)
    #dB: float, 损失函数对 B 的偏导
    dB = np.sum(predY - trueY) / len(trueY)

    #2. 参数更新
    W -= learning_rate * dW
    B -= learning_rate * dB
```

接下来定义训练函数,代码如下。

```
def train(trainX, trainY, testX, testY, W, B, epochs, flag):
    #trainX: np.ndarray, 训练集,维度 = (p,q)
    #trainY: np.ndarray, 训练集标签,维度 = (p, )
```

```
    # testX: np.ndarray, 测试集,维度 = (m,q)
    # testY: np.ndarray, 测试集标签,维度 = (m, )
    # W:np.ndarray, 权重矩阵,维度 = (q,)
    # B: np.ndarray, 偏置项,维度 = (1,)
    # epochs: 迭代次数
    # flag: flag == True 打印损失值, flag == False 不打印损失值

    train_loss_list = []                                # 存储在训练集上的损失值
    test_loss_list = []                                 # 存储在测试集上的损失值
    for i in range(epochs):
        # 训练集
        pred_train_Y = forward(trainX, W, B)            # 前向传播
        train_loss = loss_func(trainY, pred_train_Y)    # 计算损失值

        # 测试集
        pred_test_Y = forward(testX, W, B)              # 前向传播
        test_loss = loss_func(testY, pred_test_Y)       # 计算损失值

        if flag == True:                                # 打印第 i 轮训练集、测试集上的损失值
            print('the traing loss of %s epoch : %s' % (i + 1, train_loss))
            print('the test loss of %s epoch : %s' % (i + 1, test_loss))
            print('=========================')

        train_loss_list.append(train_loss)              # 存储该轮训练集上的损失函数
        test_loss_list.append(test_loss)                # 存储该轮测试集上的损失函数

        # 反向传播
        backword(W, B, trainY, pred_train_Y, trainX, learning_rate)
    return train_loss_list, test_loss_list
```

最后调用 train()函数,并绘制(训练集、测试集)损失曲线。(训练集、测试集)损失曲线如图 3-9 所示。

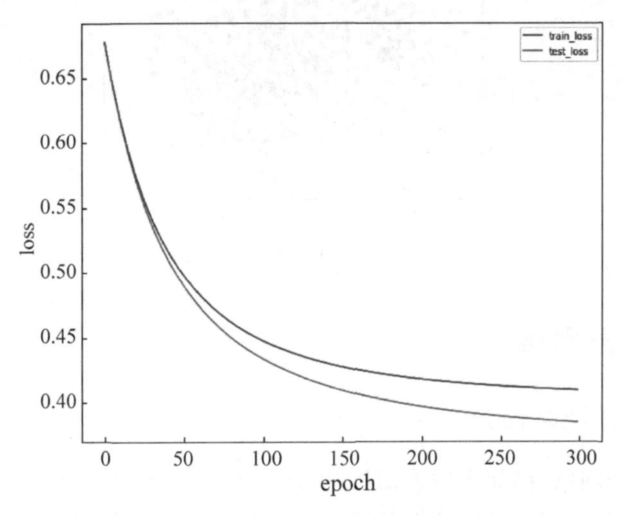

图 3-9 (训练集、测试集)损失曲线

定义预测函数,在测试集上通过以下代码预测,并将预测结果可视化,代码如下。

```
def predict(X, W, B):
    #X: np.ndarray, 训练集, 维度 = (n, m)
    #W: np.ndarray, 参数, 维度 = (m, 1)
    #B: np.ndarray, 参数 b, 维度 = (1, )

    y_pred = forward(X, W, B)
    n = len(y_pred)
    prediction = np.zeros((n, 1))
    for i in range(n):
        if y_pred[i] > 0.5:
            prediction[i, 0] = 1
        else:
            prediction[i, 0] = 0
    return prediction
pred = predict(testX, W, B)
#将测试集可视化
plt.figure(figsize = (8, 8))
plt.scatter(testX[:, 0], testX[:, 1], c = pred, cmap = ListedColormap(['#B22222', '#87CEFA']),
edgecolors = 'k')
```

测试集预测结果如图 3-10 所示。可以发现,模型将数据集分为较为明显的两类。

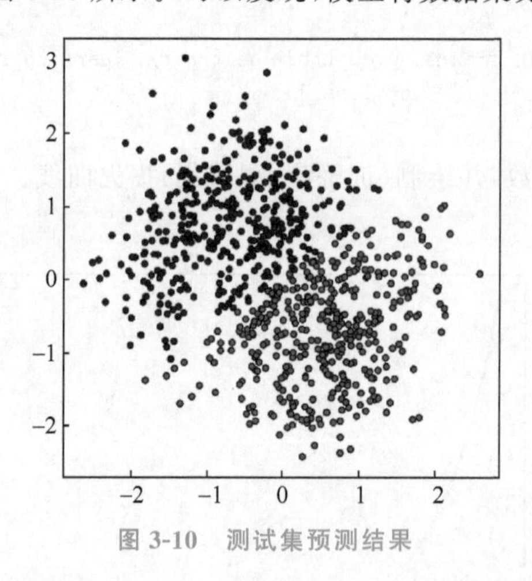

图 3-10 测试集预测结果

3.2 循环神经网络

3.2.1 循环神经网络简介

对于普通神经网络,例如多层感知机,其前一个输入和后一个输入完全没有联系,导致在处理时间序列问题时,难以精准刻画时间序列中的时间关系,例如,难以识别语言内容、预测商品价格的未来趋势等。人类在语言表达时,每个字都与前面表达的内容有逻辑顺序，使得在理解语音内容的时候，不可能孤立地通过单个字来理解，而是需要在记住前面关键信息的基础上，理解后面的表达。同样地，预测商品的未来价格趋势也需要在充分理解和记忆商品历史价格的基础上，预测商品未来的价格。交通专业领域同样涉及很多时间序列问题，如短时客流预测问题，即利用以往的数据预测未来短时内的客流量，也是一种时间序列问题。

为了更好地处理时间序列问题，学者提出了循环神经网络结构(Recurrent Neural Network，RNN)，最基本的循环神经网络由输入层、一个隐藏层和一个输出层组成。

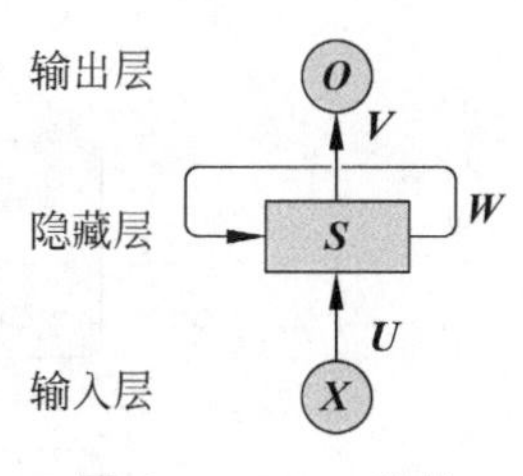

图 3-11　RNN 结构

RNN 结构如图 3-11 所示，如果去掉有 $\boldsymbol{W}$ 的带箭头的连接线，即为普通的全连接神经网络。其中，$\boldsymbol{X}$ 是一个向量，代表输入层的值；$\boldsymbol{S}$ 是一个向量，表示隐藏层的值，其不仅取决于当前的输入 $\boldsymbol{X}$，还取决于上一时刻隐藏层的值；$\boldsymbol{O}$ 也是一个向量，它表示输出层的值；$\boldsymbol{U}$ 是输入层到隐藏层的权重矩阵；$\boldsymbol{V}$ 是隐藏层到输出层的权重矩阵；$\boldsymbol{W}$ 是隐藏层上一时刻的值作为当前时刻输入的权重矩阵。

把此结构按照时间线展开，可得到展开的 RNN 结构。按时间线展开的 RNN 结构如图 3-12 所示。

网络在 t 时刻接收到输入 $\boldsymbol{X}_t$ 之后，隐藏层的值是 $\boldsymbol{S}_t$，输出值是 $\boldsymbol{O}_t$，$\boldsymbol{S}_t$ 的值不仅取决于 $\boldsymbol{X}_t$，还取决于 $\boldsymbol{S}_{t-1}$。因此，在 RNN 结构下，当前时刻的信息在下一时刻也会被输入到网络中，网络中的信息形成时间相关性，解决了处理时间序列的问题。神经网络模型“学”到的东西隐含在权值 $\boldsymbol{W}$ 中。基础的神经网络只在层与层之间建立全连接，而 RNN 与它们最大的不同之处在于同一层内的神经元在不同时刻也建立了全连接，即 $\boldsymbol{W}$ 与时间有关。

根据不同的输入输出模式，可以将 RNN 分为以下四种结构：one to one、one to many、many to one 和 many to many。其中，最典型的结构属于 one to one 结构，这种结构为给定一个输入值来预测一个输出值。one to one 结构如图 3-13 所示。

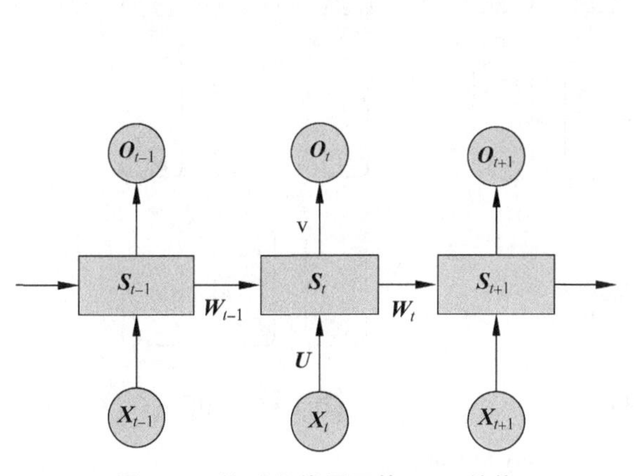

图 3-12　按时间线展开的 RNN 结构

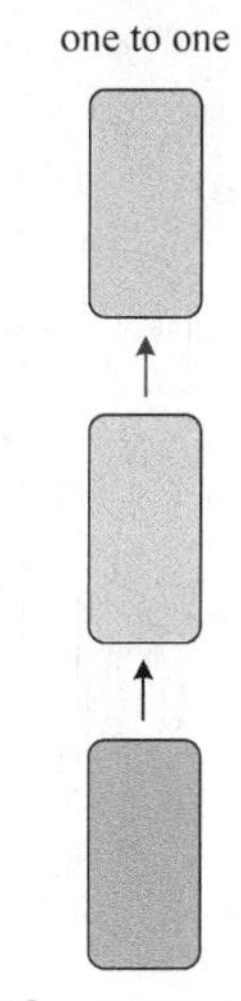

图 3-13　one to one 结构

one to many 结构和 many to one 结构如图 3-14 所示，当输入值为一个输出值为多个的时候，比如在网络中输入一个关键字，通过网络输出一首以这个关键字为主题的诗歌，就是一个 one to many 场景。当输入值为多个，输出值为一个时，比如输入一段语音判断这段语音的情感分类，再比如输入以往的股票信息判断未来股票价格是涨还是跌，诸如此类的分类等问题就是 many to one 场景。

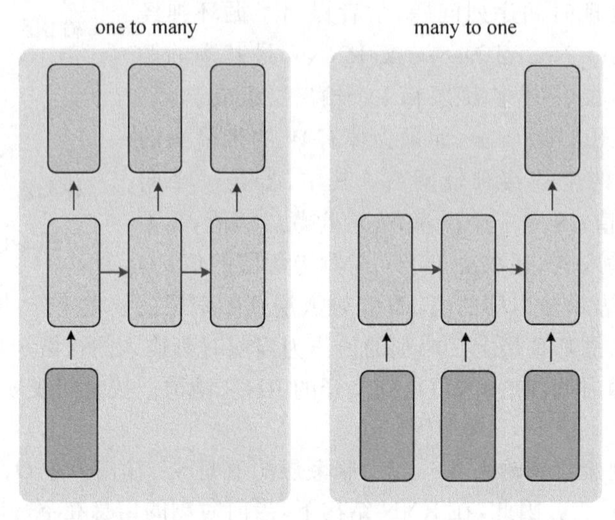

图 3-14 one to many 结构和 many to one 结构

many to many 结构如图 3-15 所示。其中，第一种 many to many 结构适用于机器翻译、自动问答等场景，比如输入一句英文，输出一句中文，输入与输出的都是序列。第二种 many to many 结构适用于视频每一帧的分类和命名实体标记等领域，比如输入一段视频，将其每一帧进行分类。

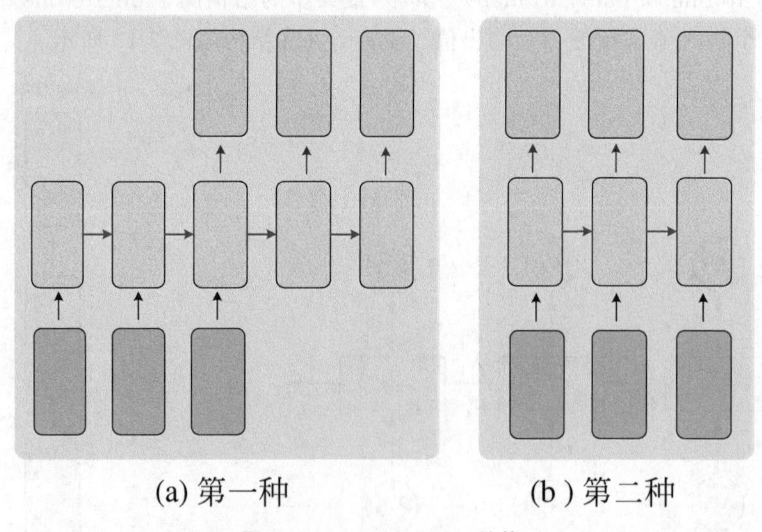

(a) 第一种 (b) 第二种

图 3-15 many to many 结构

3.2.2　LSTM 简介

LSTM(Long Short-Term Memory)模型属于循环神经网络 RNN 的一种，由 Hochreiter 等人于 1997 年提出，至今已有 20 多年的发展历史。传统 RNN 取得巨大成功的原因在于其能够将历史信息进行记忆存储并通过前馈神经网络(例如多层感知机)向前传递，当经历长期的信息传递之后，由于梯度消失和梯度爆炸等原因，会存在有用信息丢失的问题，导致无法记忆长期信息。不同于传统 RNN，LSTM 由于其独特的记忆单元，能在一定程度上解决长期依赖问题，因此在自然语言处理(NLP)、模式识别、短时交通预测等领域的表现均超越了传统 RNN，取得了巨大的成功。

RNN 和 LSTM 的最大区别在于分布在隐藏层的神经元结构，传统 RNN 的神经元结构简单，例如仅包含一个激活函数层。LSTM 的记忆单元(Block)更加复杂，LSTM 模型中增加了状态 c，称为单元状态(Cell State)，用来保存长期的状态，而 LSTM 的关键就是怎样控制长期状态 c，LSTM 使用三个控制开关，第一个开关负责控制如何继续保存长期状态 c，第二个开关负责控制把即时状态输入到长期状态 c，第三个开关负责控制是否把长期状态 c 作为当前的 LSTM 的输入。长期状态 c 的控制如图 3-16 所示，其中三个开关分别是使用三个门来控制的，这种去除和增加单元状态中信息的门是一种让信息选择性通过的方法。

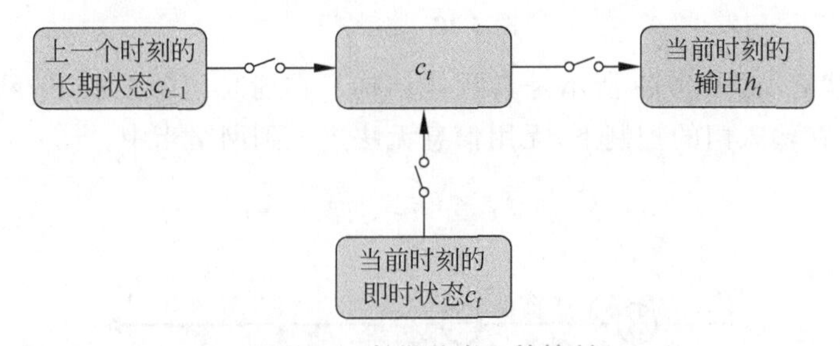

图 3-16　长期状态 c 的控制

LSTM 用两个门来控制单元状态 c 的内容，一是遗忘门(Forget Gate)，遗忘门决定了上一时刻的单元状态 c_{t-1} 有多少保留到当前时刻 c_t；二是输入门(Input Gate)，输入门决定了当前时刻网络的输入 x_t 有多少保存到单元状态 c_t。LSTM 用输出门(Output Gate)来控制单元状态 c_t 有多少输出到 LSTM 的当前输出值 h_t。

下面对这三个门逐一介绍，在以下示意图中，黄色矩形是学习得到的神经网络层，粉色圆形表示运算操作，箭头表示向量的传输过程。

遗忘门 f_t，如图 3-17 所示是其具体结构。式(3-8)中，W_f 是遗忘门的权重矩阵，$[h_{t-1}, x_t]$表示把两个向量连接成一个更长的向量，b_f 是遗忘门的偏置项，σ 是 Sigmoid 函数。

$$f_t = \sigma(W_f \cdot [h_{t-1}, x_t] + b_f) \tag{3-8}$$

输入门，如图 3-18 所示是其具体结构。Sigmoid 函数称为输入门，决定将要更新什么值，Tanh 层创建一个新的候选值向量，$\widetilde{C}_t$ 会被加入到状态中。

$$i_t = \sigma(W_i \cdot [h_{t-1}, x_t] + b_i) \tag{3-9}$$

$$\widetilde{C}_t = \tanh(W_c \cdot [h_{t-1}, x_t] + b_C) \tag{3-10}$$

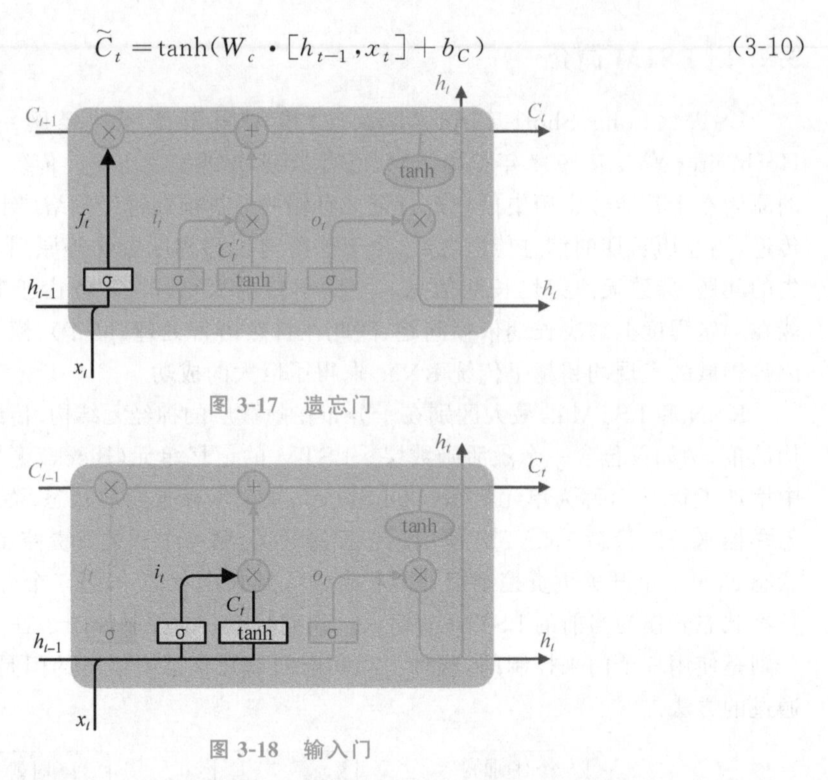

图 3-17 遗忘门

图 3-18 输入门

更新单元状态，如图 3-19 所示是其具体结构。在遗忘门的控制下，网络可以保存很久之前的信息，在输入门的控制下，无用信息无法进入到网络当中。

$$C_t = f_t \times C_{t-1} + i_t \times \widetilde{C}_t \tag{3-11}$$

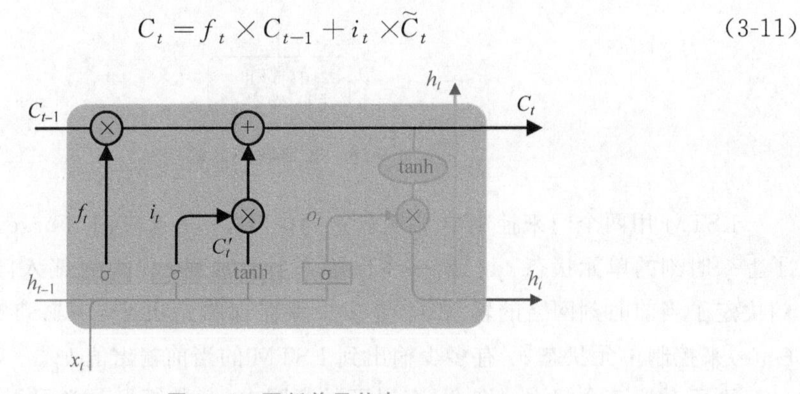

图 3-19 更新单元状态

输出门具体结构如图 3-20 所示。输出门控制了长期记忆对当前输出的影响，由输出门和单元状态共同确定。

$$O_t = \sigma(W_o \cdot [h_{t-1}, x_t] + b_o) \tag{3-12}$$

$$h_t = O_t \times \tanh C_t \tag{3-13}$$

LSTM 的重复模块如图 3-21 所示，是 LSTM 依时间展开的重复模块，类似于图 3-12。总而言之，LSTM 的核心是单元的状态，单元状态的传递类似于传送带，直接在整个时间链上运行，中间值有少量的线性交互，以便保存相关信息。

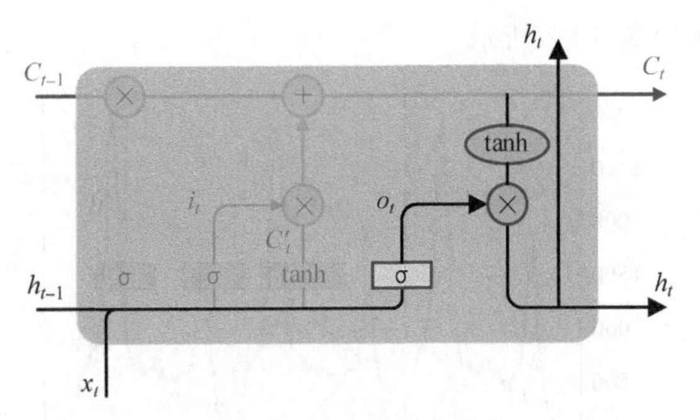

图 3-20　输出门具体结构

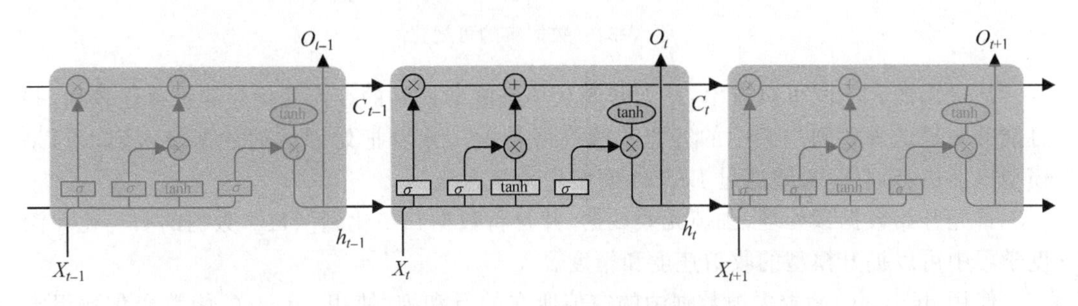

图 3-21　LSTM 的重复模块

3.2.3　PyTorch 实现 LSTM 时间序列预测

本节内容将以 2016 年北京地铁西直门站时间粒度为 15min 的进站客流数据为例，利用 PyTorch 搭建 LSTM 网络，实现对进站客流数据的预测。旨在帮助读者进一步了解 LSTM 网络并掌握利用 PyTorch 实现基于 LSTM 网络的时间序列预测。具体实现步骤如下。

首先导入需要的包，其中，NumPy 包、Pandas 包和 Matplotlib 包在 Python 基础知识简介部分的 1.5 节、1.6 节、1.9 节学习过了，这里直接使用，代码如下。

```
import torch
import numpy as np
import pandas as pd
import matplotlib.pyplot as plt
# % matplotlib inline
from torch import nn
from torch.autograd import Variable
```

使用 Pandas 包里的 read_csv()函数读取西直门站 3 天的 CSV 格式的客流数据，代码如下。

```
data_csv = pd.read_csv('#此处填数据文件的存放路径', usecols = [1])
```

使用 Matplotlib 包里的 pyplot.plot()函数来可视化输入的数据，代码如下。

```
plt.plot(data_csv)
```

数据集的可视化如图 3-22 所示。

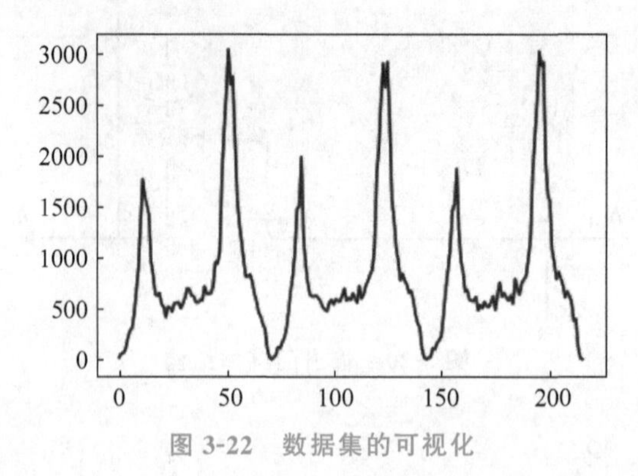

图 3-22 数据集的可视化

从输出的客流图可以看出,三天时间从早到晚地铁站的客流变化趋势规律性较强,并且能够明显地观察到一天中的客流早晚高峰情况。接着把处理后的数据输入到 LSTM 模型里面进行训练,希望通过 LSTM 模型来预测客流。

首先开始数据预处理,去掉无效数据,并且将数据归一化到[0,1],数据的归一化在深度学习中可以提升模型的收敛速度和精度。

使用 dropna()函数去掉数据中的空值所在的行和列,使用 astype()函数变化数组类型,并且手动将数据集中的数据值大小固定到[0,1],实现代码如下。

```
data_csv = data_csv.dropna()
dataset = data_csv.values
dataset = dataset.astype('float32')
max_value = np.max(dataset)
min_value = np.min(dataset)
scalar = max_value - min_value
dataset = list(map(lambda x: x / scalar, dataset))
```

创建训练和测试 LSTM 模型的数据集,明确目标是通过前面几个时间粒度的客流量来预测当前时间粒度的客流量,将前两个时间粒度的客流数据作为输入,对应代码中的 step=2,把当前时间粒度的客流数据作为输出,划分数据集为训练集和测试集,通过测试集得到的效果来评估模型的预测性能,实现代码如下。

```
def create_dataset(dataset, step = 2):
    dataA, dataB = [], []
    for i in range(len(dataset) - step):
        a = dataset[i:(i + step)]
        dataA.append(a)
        dataB.append(dataset[i + step])
    return np.array(dataA), np.array(dataB)
```

定义好输入和输出,实现代码如下。

```
data_A, data_B = create_dataset(dataset)
```

划分训练集和测试集，70%的数据作为训练集，30%的数据作为测试集，实现代码如下。

```
train_size = int(len(data_A) * 0.7)
test_size = len(data_A) - train_size
train_A = data_A[:train_size]
train_B = data_B[:train_size]
test_A = data_A[train_size:]
test_B = data_B[train_size:]
```

改变数据维度，对一个样本而言，序列只有一个，所以 Batch_Size=1，由于算法是根据前两个时间粒度预测第三个，所以 feature=2，具体代码如下。

```
train_A = train_A.reshape(-1, 1, 2)
train_B = train_B.reshape(-1, 1, 1)
test_A = test_A.reshape(-1, 1, 2)

train1 = torch.from_numpy(train_A)
train2 = torch.from_numpy(train_B)
test1 = torch.from_numpy(test_A)
```

定义模型并将输出值回归到流量预测的最终结果，模型的第一部分是一个两层的 RNN，具体代码如下。

```
class lstm_reg(nn.Module):
    def __init__(self, input_size, hidden_size, output_size=1, num_layers=2):
        super(lstm_reg, self).__init__()

        self.rnn = nn.LSTM(input_size, hidden_size, num_layers)
        self.reg = nn.Linear(hidden_size, output_size)

    def forward(self, x):
        x, _ = self.rnn(x)
        s, b, h = x.shape
        x = x.view(s * b, h)
        x = self.reg(x)
        x = x.view(s, b, -1)
        return x
```

输入维度是 2，隐藏层维度为 4，其中隐藏层维度可以任意指定，使用均方损失函数，代码如下。

```
net = lstm_reg(2, 4)
criterion = nn.MSELoss()
optimizer = torch.optim.Adam(net.parameters(), lr=1e-2)
```

开始训练模型，训练 2000 个 Epoch，每 200 次输出一次训练结果，即 Loss 值，代码如下。

```
for e in range(2000):
    var1 = Variable(train1)
    var2 = Variable(train2)
    out = net(var1)
    loss = criterion(out, var2)
    optimizer.zero_grad()
    loss.backward()
    optimizer.step()
    if (e + 1) % 200 == 0:
        print('Epoch: {}, Loss: {:.5f}'.format(e + 1, loss.item()))
```

模型的训练结果如图 3-23 所示。

通过训练过程中输出的 Loss 值可以看到，损失值在逐渐下降，模型训练效果比较可观。训练完成后，转换为测试模式，开始预测客流并且输出预测结果，代码如下。

```
net = net.eval()
data_A = data_A.reshape(-1, 1, 2)
data_A = torch.from_numpy(data_A)
var_data = Variable(data_A)
pred_test = net(var_data)
pred_test = pred_test.view(-1).data.numpy()
```

将实际结果和预测结果用 Matplotlib 包画图输出，其中真实数据用蓝色表示，预测的结果用橙色表示，代码如下。

```
plt.plot(dataset, label = 'real')
plt.plot(pred_test,label = 'prediction')
plt.legend(loc = 'best')
```

模型的预测效果如图 3-24 所示。可以看到训练后的 LSTM 模型预测的客流数据可以比较准确地拟合真实客流数据，说明 LSTM 模型的时间序列预测能力是比较可观的。

```
Epoch: 200, Loss: 0.00306
Epoch: 400, Loss: 0.00261
Epoch: 600, Loss: 0.00229
Epoch: 800, Loss: 0.00215
Epoch: 1000, Loss: 0.00172
Epoch: 1200, Loss: 0.00103
Epoch: 1400, Loss: 0.00094
Epoch: 1600, Loss: 0.00075
Epoch: 1800, Loss: 0.00069
Epoch: 2000, Loss: 0.00064
```

图 3-23 模型的训练结果

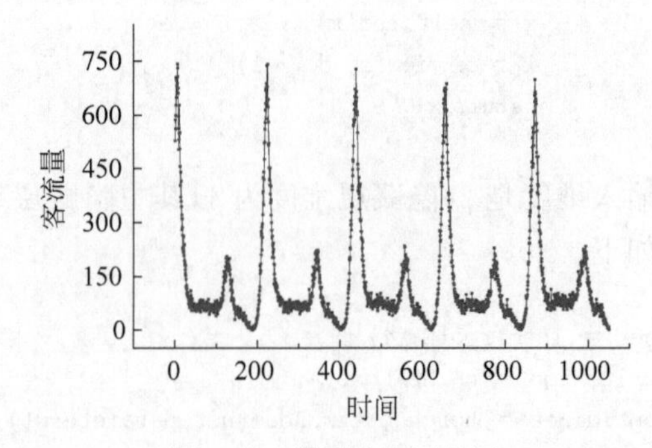

图 3-24 模型的预测效果

3.3 卷积神经网络

3.3.1 卷积神经网络简介

使用全连接前馈神经网络处理图像时，往往存在以下三个明显的缺陷。

(1) 参数过多。

如果输入图像大小为100×100×3，在全连接前馈网络中，第一个隐藏层的每个神经元到输入层都有30 000个互相独立的连接，每个连接都对应一个权重参数。随着隐藏层神经元数量的增多，参数的规模也会急剧增加，导致整个神经网络的成本很高，训练效率非常低，且容易出现过拟合。

(2) 难以捕捉局部特征。

自然图像中的物体都具有局部不变性特征，如尺度缩放、平移、旋转等操作不影响其语义信息。而全连接前馈网络很难提取这些局部不变性特征，一般需要进行数据增强来提高其性能。

(3) 导致信息丢失。

由于全连接神经网络在处理图像信息时，首先需要将图像展开为向量，因此部分空间信息容易丢失，导致图像识别的准确率不高。

针对全连接前馈神经网络处理图像时存在的缺陷，学者受到生物学上的感受野机制的启发，提出了卷积神经网络(Convolutional Neural Network，CNN)，较好地化解了以上的三个缺陷。

首先简单了解一下感受野(Receptive Field)机制。感受野机制主要是指听觉、视觉等神经系统中一些神经元的特性，即神经元只接收其所支配的刺激区域内的信号。基于该机制提出的卷积神经网络就是通过建立卷积层、池化层以及全连接层实现对图像的精确处理。卷积层负责提取图像中的局部特征，接着利用池化层大幅降低参数数量(降维)从而提高训练效率，最后通过全连接层进行线性转换，输出结果。由于卷积神经网络在结构上具有局部连接、权值共享以及池化三个特性，使得网络具有一定程度上的平移、缩放和旋转不变性，可以保留图片的空间特性，因此在图像处理方面具有很大优势。

接下来将简单介绍卷积神经网络各个层的基本原理，为了让读者更好地理解，忽略部分技术细节。

(1) 卷积层——提取特征。

对图像(不同的数据窗口数据)和滤波矩阵(一组固定的权重)做矩阵内积(对应元素相乘再求和)的操作就是所谓的“卷积”，也是卷积神经网络的来源。具体的卷积计算如图3-25所示，用一个卷积核(相当于一个滤波器filter)扫描整张图片。

在具体应用中，往往会有多种卷积核，每种卷积核代表一种图像特征，如颜色深浅、轮廓等。如果某个图像块与该卷积核内积得到的数值大，则认为非常接近该图像特征。总之，与人类的感受野机制相似，卷积层通过卷积核的过滤可以提取图像中的局部特征。

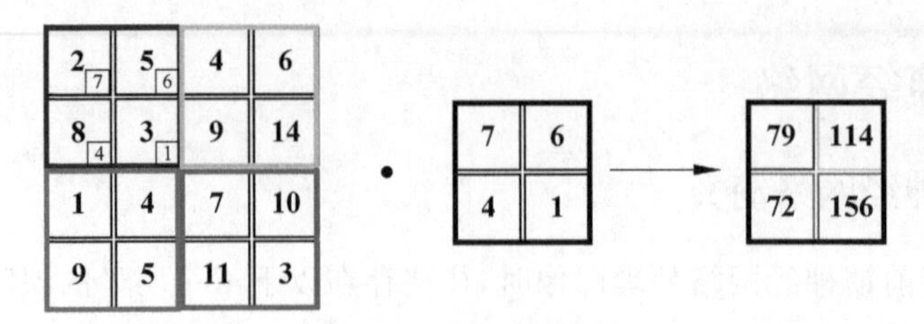

图 3-25 卷积计算

(2) 池化层(下采样)——数据降维,避免过拟合。

池化层简单来说就是下采样,用于压缩数据和参数的量,降低位数,减小过拟合的现象,通常来说就是取区域最大或者区域平均。池化计算如图 3-26 所示。

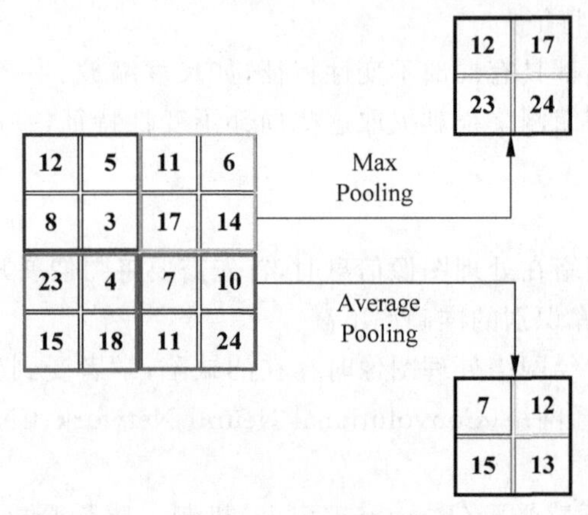

图 3-26 池化计算

此处简单地对池化层的作用进行描述。

① 特征不变性。

通过池化操作,依然可以保留图像的重要特征,对图像进行池化只是去掉一些无关紧要的信息,留下的信息则是具有尺度不变性的特征,可以充分表达图像特征。

② 数据降维。

即使经过卷积,图像的数据依然很大,包含很多重复的以及没有太大作用的信息,通过池化可以剔除这些冗余的信息,对数据起到降维的作用。大大降低数据维度,防止过拟合。

(3) 全连接层——输出结果。

这个部分是整个卷积神经网络的最后一步,经过卷积和池化处理后的数据输入到全连接层,根据回归或者分类问题的需要,选择不同激活函数获得最终想要的结果。也就是跟传统的神经网络神经元的连接方式是一样的,即所有神经元都有权重连接。

以上就是卷积神经网络的基本结构,实际上,CNN 并非只是上面提到的 3 层结构,而是多层结构,需要通过多层卷积、池化实现对图像的处理。下面将针对不同维数对卷积神经网络展开进一步的讲解。

3.3.2　一维和二维卷积神经网络

近年来，由于计算机视觉的飞速发展，卷积神经网络得到了广泛的应用。目前来说，二维卷积神经网络的使用范围是最广的，受到了许多计算机爱好者的追捧与研究。当提及卷积神经网络(CNN)时，通常是指用于图像分类的二维卷积，上文中对于卷积神经网络的介绍正是基于二维卷积。除了二维卷积神经网络，还有用于预测时间序列的一维卷积神经网络，以及面向视频处理领域(检测动作及人物行为)的三维卷积神经网络。此处仅对一维和二维神经网络做一个简单介绍。

初学者在接触卷积神经网络(CNN)时，可能会直观地理解为一维卷积就是处理一维数据，而二维卷积就是处理二维数据，这是错误的。事实上，一维和二维滤波器并不是指真正的一维和二维，这只是描述的惯例。无论是一维还是二维，CNN 都具有相同的特征并采用相同的方法，关键区别在于输入数据的维度以及特征检测器(卷积核)如何在数据上滑动，一维和二维卷积神经网络的区别如图 3-27 所示。

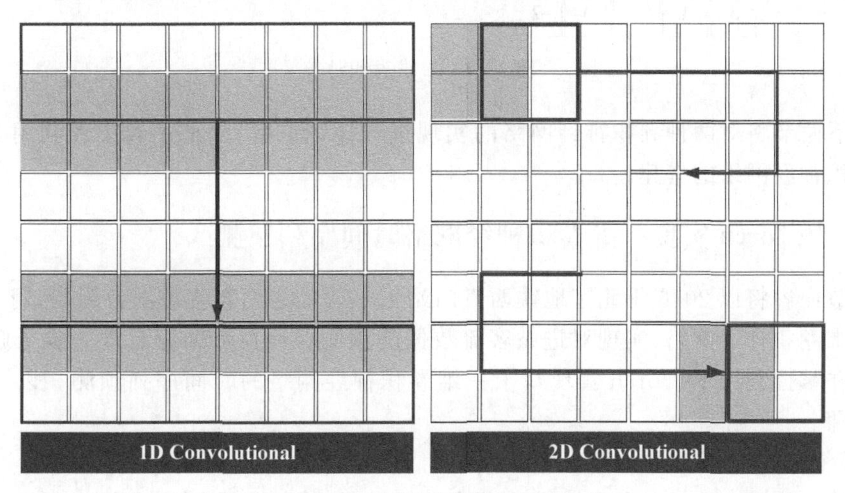

图 3-27　一维和二维卷积神经网络的区别

一维卷积神经网络，其卷积核在数据上只能沿一维(水平)方向滑动，通常输入的是一个向量，输出的也是一个向量。如果要从整体数据集的较短片段中获取重要的特征，且该特征与空间位置不相关时(比如所有特征都是在同一个位置产生的数据)，一维卷积神经网络将非常有效。那么哪种类型的数据仅需要卷积核在一个维度上滑动并具有空间特性呢？比如一维的时间序列数据。一维卷积神经网络非常适用于分析类似于传感器记录的时间序列数据，也适用于在固定长度的时间段内分析多种信号数据(例如音频数据)等，这些数据沿时间序列生成，卷积核仅需沿着时间序列方向进行滑动即可，具体一维卷积计算如图 3-28 所示。

有了对一维卷积神经网络的了解，相信读者将更容易理解二维卷积神经网络。与一维卷积相比，二维卷积神经网络的卷积核在数据上沿二维方向(水平和竖直方向)滑动，二维卷积计算如图 3-29 所示。由于二维卷积神经网络可以使用其卷积核从数据中提取空间特征，例如，检测图像的边缘、颜色分布等，使得二维卷积神经网络在图像分类和包含空间属性的其他类似数据的处理中功能非常强大，目前来说也是使用范围最广的卷积神经网络。

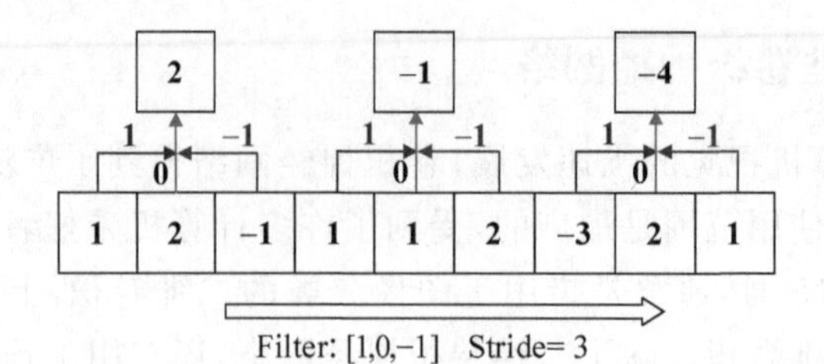

图 3-28 一维卷积计算

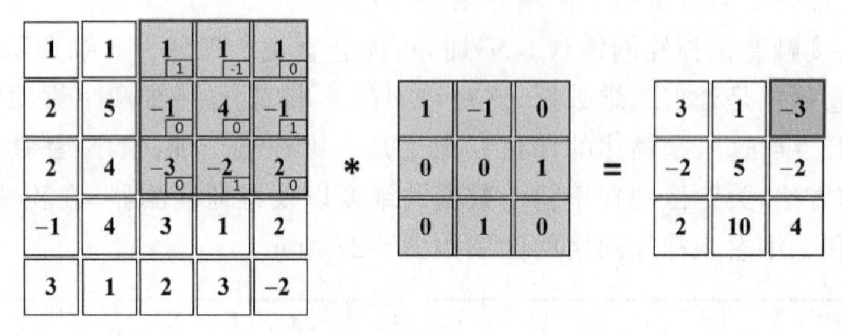

图 3-29 二维卷积计算

以下两节将对两种卷积神经网络的实现进行详细讲解，手把手教读者利用 PyTorch 实现卷积神经网络的搭建。

3.3.3 PyTorch 实现一维卷积神经网络时间序列预测

本节内容将以 2016 年北京地铁西直门站 15min 的进站客流数据为例，利用 PyTorch 搭建一维卷积神经网络，实现对进站客流数据的预测。旨在帮助读者进一步了解卷积神经网络并掌握利用 PyTorch 实现基于一维卷积神经网络的时间序列预测。以下为具体实现步骤。

(1) 数据集的导入和处理。

此次一维卷积实验仅仅是对北京西直门地铁站进站客流进行预测，而原始数据集内包含北京所有地铁站点的进站客流数据，因此在导入数据集后需要选定西直门地铁站的进站客流数据进行处理。此处调用了 Python 中的 Pandas 包，通过 Pandas 包导入数据集并进行索引处理，具体代码如下。

```
import torch
import torch.nn as nn
import numpy as np
import pandas as pd
import matplotlib.pyplot as plt
from sklearn.preprocessing import MinMaxScaler

#导入北京地铁站点 15min 进站客流
df = pd.read_csv('./15min_in.csv', index_col = 0, encoding = "gbk", parse_dates = True)
len(df)
df.head()  #观察数据集,这是一个单变量时间序列
```

```
y = df['西直门'].values.astype(float)              #数据类型改为浮点型
plt.figure(figsize=(12, 4))
plt.grid(True)                                       #网格化
plt.plot(y)
plt.show()
```

导入西直门地铁站进站客流数据后,需要划分训练集和测试集。共有1799个时间段的客流数据,以数据集的后300个作为测试集。为了获得更好的训练效果,将客流数据进行归一化处理,归一化到[-1,1]区间,具体代码如下。

```
#划分测试集和训练集,最后300个作为测试集
test_size = 300
train_iter = y[:-test_size]
test_iter = y[-test_size:]
#归一化至[-1,1]区间,为了获得更好的训练效果
scaler = MinMaxScaler(feature_range=(-1, 1))
train_norm = scaler.fit_transform(train_iter.reshape(-1, 1))

#创建时间序列训练集
train_set = torch.FloatTensor(train_norm).view(-1)
```

(2) 时间窗口的设定。

为了更好地了解网络预测的准确性,笔者设定时间窗口来选取数据进行预测,时间窗口的大小为72,即从原时间序列中抽取出训练样本,用第1~72个数据作为x输入,预测第73个值作为y输出。此处定义了input_data()函数进行训练样本抽取,并且返回由输入数据和输出标签构成的列表,代码如下。

```
#定义时间窗口
Time_window_size = 72

#从原时间序列中抽取出训练样本,用第1~72个值作为X输入,预测第73个值作为y输出,这
#是一个用于训练的数据点,时间窗口向后滑动以此类推
def input_data(seq, ws):
    out = []
    L = len(seq)
    for i in range(L-ws):
        window = seq[i:i + ws]
        label = seq[i + ws:i + ws + 1]
        out.append((window, label))
    return out


train_data = input_data(train_set, Time_window_size)
len(train_data)   #等于1799(原始数据集长度)-300(测试集长度)-72(时间窗口)
```

最新版本的 NumPy 中提供了一个 sliding_window_view()函数，该函数通过输入时间序列以及时间窗大小，可自动实现训练样本的提取，使用方式代码如下。

```
from numpy.lib.stride_tricks import sliding_window_view
output = sliding_window_view(seq, ws)
```

(3) 一维卷积神经网络的搭建。

目前常用来搭建神经网络的工具包包括 Keras、TensorFlow 和 PyTorch 等，它们对函数的实现过程进行了封装，并提供了完整的网络框架，使得搭建神经网络非常方便。本次实验选用了 PyTorch 进行一维卷积神经网络的搭建，对其他框架有兴趣的读者可以去网上查询相关资料，这里就不再一一赘述。

为提高预测的精确度，该一维卷积神经网络由两层卷积层、一层最大池化层以及两层全连接层堆叠而成，使用 ReLU 作为激活函数，在池化作用后还使用 nn.Dropout()函数避免训练出现过拟合现象。另外，本次实验采用 GPU 运算，提高计算效率，具体实现代码如下。

```
class CNNnetwork(nn.Module):
    def __init__(self):
        super(CNNnetwork, self).__init__()
        self.conv1 = nn.Conv1d(in_channels = 1, out_channels = 64, kernel_size = 2)
        #输出(72 - 2 + 0)/1 + 1 = 71 shape(64,71,None)
        self.conv2 = nn.Conv1d(in_channels = 64, out_channels = 32,
                               kernel_size = 2)  #输出 (71 - 2 + 0)/1 + 1 = 70 shape
                                                 #(32,70,None)
        self.pool = nn.MaxPool1d(kernel_size = 2, stride = 2) #输出 (70 - 2 + 0)/2 + 1 =
                                                               #35 shape (32, 35, None)
        self.fc1 = nn.Linear(32 * 35, 640)
        self.fc2 = nn.Linear(640, 1)
        self.drop = nn.Dropout(0.5)

    def forward(self, x):
        x = self.conv1(x)
        x = self.relu(x)
        x = self.conv2(x)
        x = self.relu(x)
        x = self.pool(x)
        x = self.drop(x)
        x = x.view( - 1)
        x = self.fc1(x)
        x = self.relu(x)
        x = self.fc2(x)
        return x


device = torch.device("cuda")
net = CNNnetwork().to(device)
```

接着就是定义损失函数和优化器。本实验选择 MSELoss 作为训练的损失函数，选择 Adam 作为训练的优化器，学习率 lr=0.0005，代码如下。

```
criterion = nn.MSELoss()
optimizer = torch.optim.Adam(net.parameters(), lr = 0.0005)
```

(4) 模型训练。

以上就是卷积神经网络的搭建过程，接下来需要对网络进行训练。首先定义迭代次数 epochs=20，同时将网络调整为训练模式。接着利用 for 循环遍历训练所用的样本数据，需要注意的是，在每次更新参数前需要进行梯度归零和初始化。由于输入的数据形状不符合网络输入的格式，还需要对样本数据的形状进行调整，调整为 conv1 的 input_size：(batch_size，in_channels，series_length)，具体模型训练实现的代码如下。

```
#开始训练模型
epochs = 20
net.train()

for epoch in range(epochs):

    for seq, y_train in train_data:
        #每次更新参数前需要进行梯度归零和初始化
        optimizer.zero_grad()
        y_train = y_train.to(device)
        #对样本进行 reshape,调整为 conv1d 的 input size(batch_size, channel, series_length)
        seq = seq.reshape(1, 1, -1).to(device)
        y_pred = net(seq)
        loss = criterion(y_pred, y_train)
        loss.backward()
        optimizer.step()

    print(f'Epoch: {epoch + 1:2} Loss:{loss.item():10.8f}')
```

(5) 数据预测。

模型训练完成以后，选取序列最后的 72 个数据开始预测。首先将网络模式设为 eval 模式，由于需要预测数据集的后 300 个数据，因此需要遍历 300 次，循环的每一步表示时间窗口沿时间序列向后滑动一格，这样每一次最近时刻的真实值都会加入数据集作输入去预测输出新的客流数据，最新加入到时间窗口的值为真实值，而非预测值，可以一定程度上避免误差累积。同时因为是使用训练好的模型进行预测，因此不需要再对模型的权重和偏差进行反向传播和优化。另外在预测完成以后，为了体现预测的效果，将预测值进行逆归一化操作还原为真实的客流值，便于与实际客流进行比较，具体代码如下。

```
future = 300

#选取序列最后 72 个值开始预测
```

```
preds = train_norm[-Time_window_size:].tolist()

#设置成 eval 模式
net.eval()

for i in range(future):
    seq = torch.FloatTensor(preds[-Time_window_size:])
    with torch.no_grad():
        seq = seq.reshape(1, 1, -1).to(device)
        preds.append(net(seq).item())
#逆归一化还原真实值
true_predictions = scaler.inverse_transform(np.array(preds[Time_window_size:]).reshape
(-1, 1))
```

(6) 预测数据对比。

为了体现预测精度,对预测结果进行可视化,利用 matplotlib.pyplot()函数绘制预测结果和真实值的曲线图,代码如下。比较二者数据的差异,得出网络训练的效果。最终客流进站数据预测曲线图如图 3-30 所示。

```
#对比真实值和预测值
plt.figure(figsize=(12, 4))
plt.grid(True)
plt.plot(y)
x = np.arange(1500, 1800)
plt.plot(x, true_predictions)
plt.show()
```

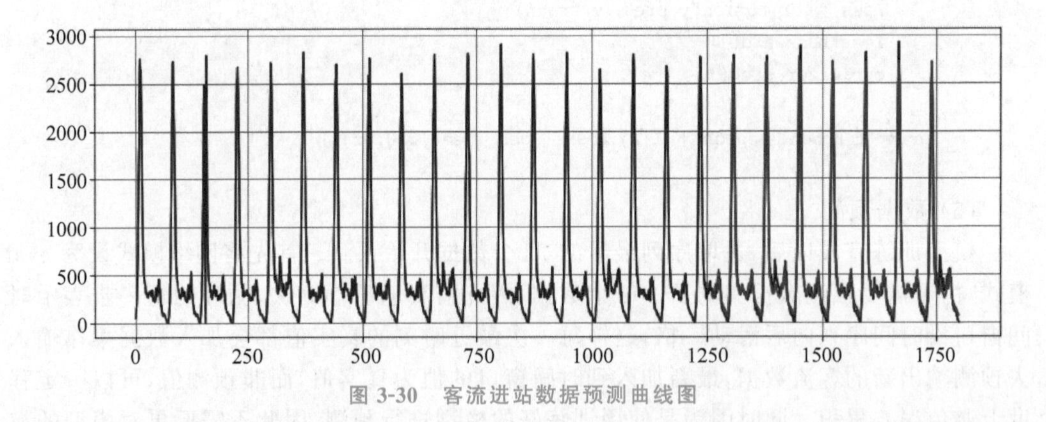

图 3-30 客流进站数据预测曲线图

以上就是利用 PyTorch 实现基于一维卷积神经网络的时间序列预测的全过程。由于 PyTorch 已经将所有的函数过程进行封装,因此网络搭建时可以直接调用,使用起来非常方便。另外,读者可以对模型的参数进行调整,比较预测的精确程度,同时还可以改变输入输出的维度,对其他时间序列数据集进行预测,加深对一维卷积神经网络的理解。

3.3.4 PyTorch实现二维卷积神经网络手写数字识别

通过3.3.3节的介绍，相信读者对使用PyTorch搭建一维卷积神经网络有了初步的了解。在实际应用中，二维卷积神经网络的使用更加频繁，尤其在图像处理、图像识别等方面，它有着非常广泛的应用，因此读者有必要掌握二维卷积神经网络的构成以及搭建。接下来将使用PyTorch搭建二维卷积神经网络，用来识别MNIST手写数字数据集，对手写数字进行分类。读者可以参照以下步骤自行搭建二维卷积神经网络，了解如何使用PyTorch实现基于二维卷积神经网络的手写数字识别。以下为具体实现步骤。

(1) 数据集的导入和处理。

本次实验使用的是MNIST数据集，该数据集是由美国国家标准与技术研究院收集整理的大型手写数据库，可以直接下载，常用来训练网络，测试网络的准确率。数据集包含60 000个训练集和10 000个测试集，分为图片和标签，图片是28×28的像素矩阵，标签为0～9共10个数字。

首先要导入数据集，数据样本的格式为[data, label]，第一个存放数据，第二个存放标签。此处使用torchvision.datasets()函数导入数据集。其中包括设置数据集存放地址root，对数据格式进行调整transform(需要对数据进行归一化处理)。由于需要从网络上下载数据集，所以download=True，数据集的下载时间通常比较慢，需要耐心等待。下载完成后，要利用DataLoader()函数对训练集和测试集数据分别进行封装。封装的batch_size=64，shuffle=True表示将数据进行打乱，num_workers=0表示不需要多线程工作，具体实现代码如下。

```
import torch
import torch.nn as nn
from matplotlib import pyplot as plt
from PIL import Image
import torchvision
import torchvision.transforms as transforms
import numpy as np
import torch.utils.data as Data
import torch.optim as optim


#首先对数据进行归一化处理，由于MINIST是一维的灰度图数据，所以mean和std只有一维
#Normalized_image = (image - mean) / std
transform = transforms.Compose([transforms.ToTensor(), transforms.Normalize(mean =
[0.5], std = [0.5])])
train_dataset = torchvision.datasets.MNIST(root = "./Datasets/MNIST", train = True,
transform = transform, download = False)
test_dataset = torchvision.datasets.MNIST(root = "./Datasets/MNIST", train = False,
transform = transform, download = False)

batch_size = 64
```

```
train_loader = Data.DataLoader(train_dataset, batch_size = batch_size, shuffle = True, num
_workers = 0)
test_loader = Data.DataLoader(test_dataset, batch_size = batch_size, shuffle = True, num_
workers = 0)
```

（2）网络搭建。

在数据集导入并处理完成后，就开始搭建二维卷积神经网络模型。首先对一些参数进行设定。num_classes＝10 表示共有十种类别的数据图像，学习率 lr＝0.001，迭代次数 epochs＝20，运行设备 device 选择 GPU（cuda）进行网络的测试优化。接着利用 PyTorch 搭建二维卷积神经网络，还是以继承 nn.Module 的方式创建 ConvModule 类。该网络由两层卷积层、两层最大池化层以及三层全连接层堆叠而成，激活函数选择 ReLU 函数。二维卷积 Conv2d()函数参数表如表 3-1 所示。

表 3-1　Conv2d 函数参数表

Conv2d 参数	含　义
in_channels(int)	输入信号的通道数目
out_channels(int)	输出信号的通道数目（由卷积核个数决定）
kerner_size(int or tuple)	卷积核的尺寸
stride(int or tuple)	卷积步长
padding(int or tuple)	输入的每一边补充 0 的层数

在搭建卷积神经网络时，很多公式、函数等都是 PyTorch 打包封装好的，需要时直接调用就可以，非常容易上手。不过需要特别注意的是，函数数据输入与输出维度的确定，必须要确保数据维度在网络各个层次的变化与函数输入输出一致，这样模型才能正常运行，否则将会报错。关于维度的变化，建议读者亲自推导，这样将会加深对于卷积神经网络数据输入与输出维度的理解。另外，网络损失函数选择了交叉熵损失函数，优化器选择了 Adam 优化器，具体实现代码如下。

```
num_classes = 10
lr = 0.001
epochs = 20
device = torch.device("cuda:0")


#pytorch 封装卷积层
class ConvModule(nn.Module):
    def __init__(self):
        super(ConvModule, self).__init__()
        #定义两层卷积层:
        self.conv2d = nn.Sequential(
            #第一层 input_size = (1,28,28)
            nn.Conv2d(in_channels = 1, out_channels = 32, kernel_size = 3, stride = 1,
padding = 1),
            nn.MaxPool2d(2, 2),
```

```
                nn.ReLU(inplace = True),   #inplace 表示是否进行覆盖计算
                #第二层
                nn.Conv2d(in_channels = 32, out_channels = 64, kernel_size = 3, stride = 1,
padding = 1),
                nn.MaxPool2d(2, 2),
                nn.ReLU(inplace = True),
            )
            #输出层,将通道数变为分类数
            self.relu = nn.ReLU()
            self.fc1 = nn.Linear(64 * 7 * 7, 1024)
            self.fc2 = nn.Linear(1024, 512)
            self.fc3 = nn.Linear(512, num_classes)

    def forward(self, x):
            out = self.conv2d(x)
            #将数据平整成一维
            out = out.view(-1, 64 * 7 * 7)
            out = self.fc1(out)
            out = self.relu(out)
            out = self.fc2(out)
            out = self.relu(out)
            out = self.fc3(out)
            return out


net = ConvModule().to(device)

criterion = nn.CrossEntropyLoss()

optimizer = optim.Adam(net.parameters(), lr = lr)
```

模型搭建完成以后,要定义训练函数和测试函数。两个函数的构成相差不大,均是使用 For 循环对 data_loader 的每个 Batch 进行遍历,然后运行网络,记录每次迭代的损失,最后返回整个过程的平均损失和模型准确率。需要注意的是,在训练函数中,要把网络指定为训练模式,每次更新参数前需要对梯度进行归零和初始化;在测试函数中则需要把网络指定为 eval 模式,测试时使用的参数是经过训练优化得到的,所以无须对权重和偏置求导,即卷积神经网络在 with torch.no_grad()的环境下运行,函数代码如下。

```
#训练函数
def train_epoch(net, data_loader, device):
    net.train()                                  #指定当前为训练模式
    train_batch_num = len(data_loader)           #记录共有多少个 epoch
    total_loss = 0                               #记录 LOSS
    correct = 0                                  #记录共有多少个样本被正确分类
    sample_num = 0                               #记录样本数

    #遍历每个 batch 进行训练
```

```
    for batch_id, (inputs, labels) in enumerate(data_loader):
        #将每个图片放入指定的 device 中
        inputs = inputs.to(device).float()
        #将图片标签放入指定的 device 中
        labels = labels.to(device).long()
        #梯度清零
        optimizer.zero_grad()
        #计算结果
        output = net(inputs)
        #计算损失
        loss = criterion(output, labels.squeeze())
        #进行反向传播
        loss.backward()
        optimizer.step()
        #累加 loss
        total_loss += loss.item()
        #找出每个样本值的最大 idx,即代表预测此图片属于哪个类别
        prediction = torch.argmax(output, 1)
        #统计预测正确的类别数量
        correct += (prediction == labels).sum().item()
        #累加当前样本总数
        sample_num += len(prediction)

    #计算平均 loss 和准确率
    loss = total_loss / train_batch_num
    acc = correct / sample_num
    return loss, acc


def test_epoch(net, data_loader, device):
    net.eval()  #指定当前模式为测试模式
    test_batch_num = len(data_loader)
    total_loss = 0
    correct = 0
    sample_num = 0
    #指定不进行梯度变化:
    with torch.no_grad():
        for batch_idx, (data, target) in enumerate(data_loader):
            data = data.to(device).float()
            target = target.to(device).long()
            output = net(data)
            loss = criterion(output, target)
            total_loss += loss.item()
            prediction = torch.argmax(output, 1)
            correct += (prediction == target).sum().item()
            sample_num += len(prediction)
    loss = total_loss / test_batch_num
    acc = correct / sample_num
    return loss, acc
```

(3) 模型训练。

定义好训练和测试函数以后，就可以进行网络模型的训练了，首先分别创建 train_loss、train_acc、test_loss、test_acc 四个列表，用于存储每一次迭代的 Loss 以及 Acc，便于后面可视化展示。紧接着使用 For 循环进行训练迭代，每次迭代完都输出模型的损失以及准确率，具体代码如下。

```
#存储每一个 epoch 的 loss 与 acc 的变化，便于后面的可视化
train_loss_list = []
train_acc_list = []
test_loss_list = []
test_acc_list = []

#进行训练
for epoch in range(epochs):
    train_loss, train_acc = train_epoch(net, data_loader = train_loader, device = device)
    test_loss, test_acc = test_epoch(net, data_loader = test_loader, device = device)

    train_loss_list.append(train_loss)
    train_acc_list.append(train_acc)
    test_loss_list.append(test_loss)
    test_acc_list.append(test_acc)
    print('epoch %d, train_loss %.6f, train_acc %.6f' % (epoch + 1, train_loss, train_acc))
    print('test_loss %.6f , test_acc %.6f' % (test_loss, test_acc))
```

(4) 网络损失、准确率的可视化。

在收到每次迭代返回的损失以及准确率以后，使用 Matplotlib 包画出训练和测试时的损失曲线及准确率曲线，并且将曲线图像分别存储为"Loss.jpg""Acc.jpg"的 jpg 格式图片，具体代码如下。

```
x = np.linspace(0, len(train_loss_list), len(train_loss_list))
plt.plot(x, train_loss_list, label = "train_loss", linewidth = 1.5)
plt.plot(x, test_loss_list, label = "test_loss", linewidth = 1.5)
plt.xlabel("epoch")
plt.ylabel("loss")
plt.legend()
plt.show()
plt.savefig('Loss.jpg')
plt.clf()

x = np.linspace(0, len(train_acc_list), len(train_acc_list))
plt.plot(x, train_acc_list, label = "train_acc", linewidth = 1.5)
plt.plot(x, test_acc_list, label = "test_acc", linewidth = 1.5)
plt.xlabel("epoch")
plt.ylabel("acc")
plt.legend()
plt.show()
plt.savefig("Acc.jpg")
```

(5) 模型评估。

网络经过 20 次迭代以后，训练集和测试集的损失由原来的 0.31 和 0.18 降到了 0.04 和 0.10，准确率都达到 98%，表明网络模型的训练效果非常可观，分类效果准确。运行得到的模型损失曲线图以及模型准确率曲线图，分别如图 3-31 和图 3-32 所示。

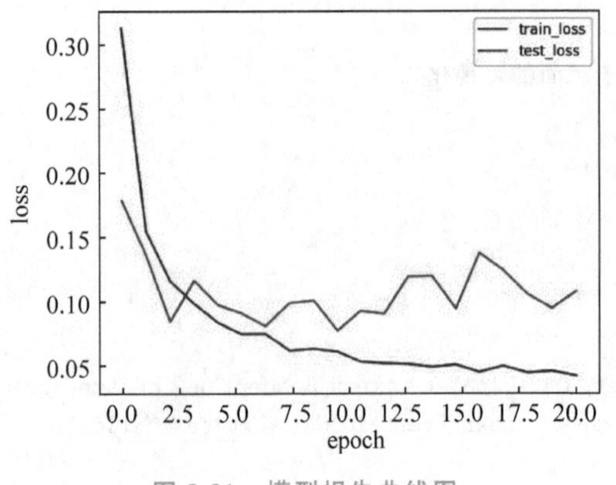

图 3-31　模型损失曲线图

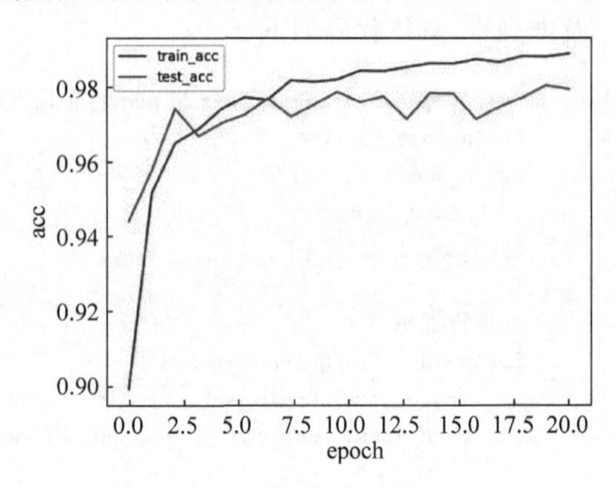

图 3-32　模型准确率曲线图

3.4　图卷积神经网络

3.4.1　图卷积神经网络简介

图卷积神经网络(Graph Convolutional Network，GCN)是近些年逐渐流行的一种神经网络，发展到现在已经有无数改进的版本，在图网络领域的地位如同卷积操作在图像处理里的地位一样重要。图卷积神经网络与传统的网络模型 LSTM 和 CNN 所处理的数据类型有所不同。LSTM 和 CNN 只能用于网络结构的数据，而图卷积神经网络能够处理具有广义拓扑图结构的数据，并深入发掘其特征和规律。

在具体介绍图卷积神经网络之前，先介绍一些图的基本知识。

(1) 图(Graph)。

定义一张图 $G=(V,E)$，V 中元素为图的顶点，E 中元素为图的边。图中边为无序时为无向图，有序时为有向图。

(2) 邻居(Neighborhood)。

顶点 V_i 的邻居 N_i：$\{V_i \in V | V_i V_j \in E\}$。在无向图中，如果顶点 V_i 是顶点 V_j 的邻居，那么顶点 V_j 也是顶点 V_i 的邻居。

(3) 度矩阵(Degree)。

度矩阵是对角阵，对角上的元素为各个顶点的度。顶点 V_i 的度表示和该顶点相关联的边的数量。

无向图中顶点 V_i 的度 $d(V_i)=N_i$。有向图中，顶点 V_i 的度分为顶点 V_i 的出度和入度，即从顶点 V_i 出去的有向边的数量和进入顶点 V_i 的有向边的数量。

$$\Delta(G)=\begin{pmatrix} d(V_1) & \cdots & 0 \\ \vdots & & \vdots \\ 0 & \cdots & d(V_n) \end{pmatrix}$$

(4) 邻接矩阵(Adjacency)。

邻接矩阵表示顶点间关系，是 n 阶方阵(n 为顶点数量)。

邻接矩阵分为有向图邻接矩阵和无向图邻接矩阵。无向图邻接矩阵是对称矩阵，而有向图的邻接矩阵不一定对称。

$$[A(G)]_{ij}=\begin{cases}1, & V_iV_j \in E \\ 0, & \text{其他}\end{cases}$$

现实中更多重要的数据集都是用图的形式存储的，例如，知识图谱、社交网络、通信网络、蛋白质分子结构等。这些图网络的形式并不像图像一样是排列整齐的矩阵，而是具有空间拓扑图结构的不规则数据。图 3-33 所示为图论中所定义的拓扑图。

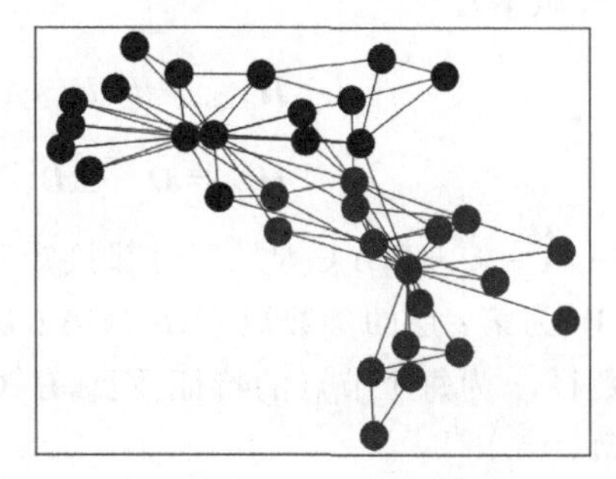

图 3-33 社交网络拓扑图

对于具有拓扑结构的图数据，可以按照定义用于网格化结构数据的卷积的思想来定义。拓扑图上的卷积操作，如图 3-34 所示，将每个节点的邻居节点的特征传播到该节点，再进行加权，就可以得到该点的聚合特征值。类似于 CNN，图卷积也共享权重，不过不同于 CNN 中每个 kernel 的权重都是规则的矩阵，按照对应位置分配，图卷积中的权重通常是一个集合。在对一个节点计算聚合特征值时，按一定规律将参与聚合的所有点分配为多个不同的子集，同一个子集内的节点采用相同的权重，从而实现权重共享。例如，对于图 3-34，可以规定和红色点距离为 1 的点为 1 邻域子集，距离为 2 的点为 2 邻域子集。当然，也可以采用更加复杂的策略，如按照距离图重心的远近来分配权重。权重的分配策略有时也称为 label 策略，对邻接节点分配 label，label 相同节点的共享一个权重。

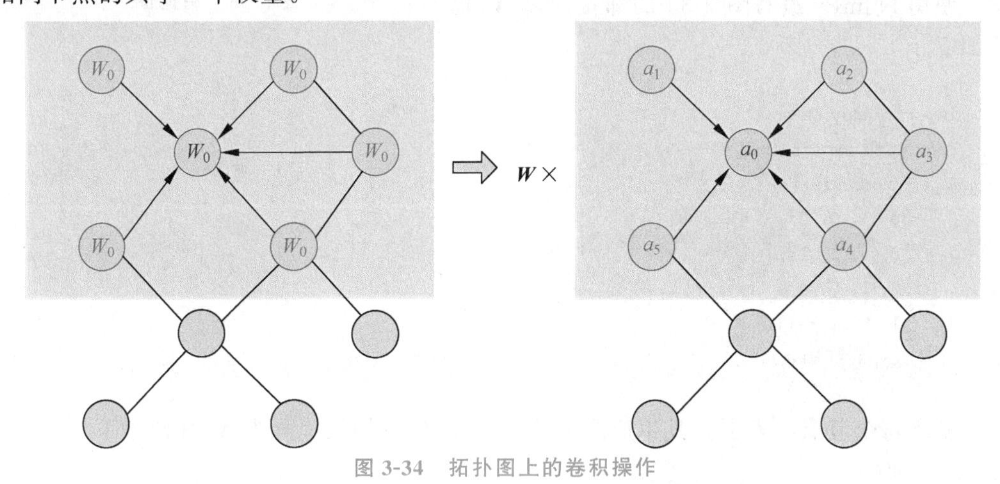

图 3-34 拓扑图上的卷积操作

对于拓扑图结构的数据，图卷积神经网络能很好地抽取节点与节点直接的连接关系。因此，GCN近几年得到了快速发展，从谱图卷积滤波器，到切比雪夫多项式滤波器，再到一阶近似滤波器，GCN的表现能力得到了极大的提升。

目前，图上的卷积定义基本上可以分为两类，一个是基于谱的图卷积，它们通过傅里叶变换将节点映射到频域空间，通过在频域空间上做乘积来实现时域上的卷积，最后再将做完乘积的特征映射回时域空间。而另一种是基于空间域的图卷积，与传统的CNN很像，只不过在图结构上更难定义节点的邻居以及与邻居之间的关系。

定义一张图 $G=(V,E,\boldsymbol{A})$，V 是图的节点集合，E 是图的边集合，$\boldsymbol{A}\in R^{n\times n}$ 代表该网络的邻接矩阵，则GCN卷积操作定义如公式(3-14)和公式(3-15)所示（Kipf等人提出的GCN版本）。

$$\boldsymbol{H}^{l+1}=f(\boldsymbol{H}^{l},\boldsymbol{A})=\sigma(\hat{\boldsymbol{D}}^{-\frac{1}{2}}\hat{\boldsymbol{A}}\hat{\boldsymbol{D}}^{-\frac{1}{2}}\boldsymbol{H}^{l}\boldsymbol{W}^{l}+\boldsymbol{b}^{l}) \tag{3-14}$$

$$\boldsymbol{H}^{l'}=\hat{\boldsymbol{D}}^{-\frac{1}{2}}\hat{\boldsymbol{A}}\hat{\boldsymbol{D}}^{-\frac{1}{2}}\boldsymbol{H}^{l} \tag{3-15}$$

其中，$\hat{\boldsymbol{A}}=\boldsymbol{A}+\boldsymbol{I}$，$\boldsymbol{A}\in R^{n\times n}$ 为邻接矩阵，$\boldsymbol{I}\in R^{n\times n}$ 为单位矩阵，$\hat{\boldsymbol{D}}$ 是 $\hat{\boldsymbol{A}}$ 的对角节点度矩阵，$\boldsymbol{W}$ 为第 l 层的参数矩阵，$\boldsymbol{b}$ 为第 l 层的偏置向量，$\boldsymbol{H}\in R^{n\times t}$ 为特征矩阵，其中，n 为节点数目，t 为每个节点的特征数目，$\boldsymbol{H}'\in R^{n\times t}$ 为含有拓扑信息的特征矩阵，$\sigma(\cdot)$ 为激活函数。

3.4.2 NumPy实现图卷积神经网络

本节将利用NumPy实现图卷积神经网络中的前向传播部分，以帮助读者加深对图卷积中的"卷积"操作的理解，本节使用的GCN层的传播规则如式(3-15)所示。笔者强烈建议读者实现以下代码部分，实现完成后必定对公式(3-14)和公式(3-15)有更清楚的理解。

首先构建一个简单的有向图，如图3-35所示。

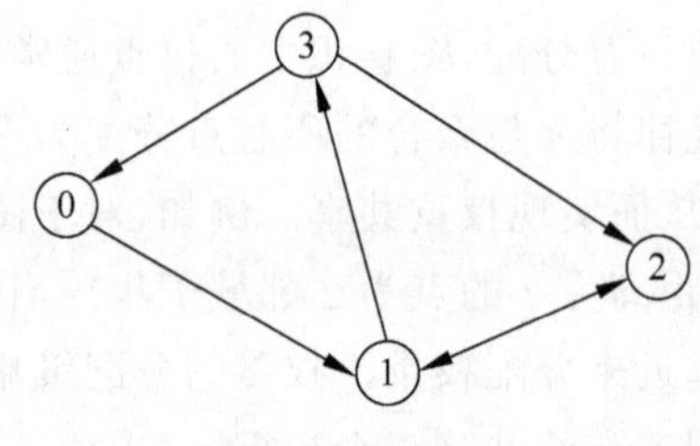

图3-35 有向图

使用NumPy编写图3-35的邻接矩阵 $\boldsymbol{A}$，代码如下。

```
import numpy as np
from math import sqrt
A = np.matrix([
    [0, 1, 0, 0],
    [0, 0, 1, 1],
    [0, 1, 0, 0],
    [1, 0, 1, 0]],
    dtype = float)
```

基于每个节点的索引为其生成两个整数特征，生成特征矩阵为 $\boldsymbol{X}$，代码如下。

```
X = np.matrix([
    [i, -i]
    for i in range(A.shape[0])], dtype = float)
```

为每个节点添加一个自环，这可以通过在应用传播规则之前将邻接矩阵 $\boldsymbol{A}$ 与单位矩阵 $\boldsymbol{I}$ 相加来实现。生成的包含自己特征的邻接矩阵为 $\boldsymbol{A}$_hat，此步骤对应公式为 $\hat{\boldsymbol{A}}=\boldsymbol{A}+\boldsymbol{I}$，代码如下。

```
I = np.matrix(np.eye(A.shape[0]))    #np.eye()返回的是一个二维的数组(N,M),对角线的地
                                     #方为 1,其余的地方为 0
A_hat = A + I
```

生成节点度矩阵 $\boldsymbol{D}$_hat，将度矩阵处理为 $\hat{\boldsymbol{D}}^{-\frac{1}{2}}$ 形式，然后生成带有拓扑信息的特征矩阵，此步骤对应公式为式(3-15)，代码如下。

```
D_hat = np.array(np.sum(A_hat, axis = 0))[0]
D_hat_sqrt = [sqrt(x) for x in D_hat]
D_hat_sqrt = np.array(np.diag(D_hat_sqrt))
D_hat_sqrtm_inv = np.linalg.inv(D_hat_sqrt)   #开方后求逆即为矩阵的 - 1/2 次方
D_A_final = np.dot(D_hat_sqrtm_inv, A_hat)
D_A_final = np.dot(D_A_final, D_hat_sqrtm_inv)
```

添加权重 W 与偏置 b，代码如下。

```
W = np.matrix([
    [1, -1, 1, -1],
    [-1, 1, -1, 1],
    [1, -1, 1, -1],
    [-1, 1, -1, 1]
])
b = np.matrix([
    [1, 0, 1, 0],
    [0, 1, 0, 1],
    [1, 0, 1, 0],
    [0, 1, 0, 1]
])
```

添加激活函数，选择保持特征矩阵的维度，并应用 ReLU 激活函数。ReLU 函数的公式是 $f(x)=\max(0,x)$，代码如下。

```
def relu(x):
    return (abs(x) + x) / 2
```

最后，应用传播规则生成下一层的特征矩阵，此步骤对应公式为式(3-14)，代码如下。

```
output = relu(D_A_final * W + b)
```

3.4.3 PyTorch 实现图卷积神经网络时间序列预测

(1) 数据准备。

本节使用的数据集为深圳市 2015 年 1 月 1 日至 1 月 31 日的出租车轨迹数据集。实验数据主要包括两部分，第一部分是 156×156 邻接矩阵，描述道路之间的空间关系。每行代表一条道路，矩阵中的值代表道路之间的连通性。第二部分是特征矩阵，它描述了每条道路上的速度随时间的变化。每一行代表一条路，每一列是不同时间段道路上的交通速度。每 15min 汇总一次每条路上的交通速度，数据维度为 2976×156，使用过去 10 个时间步的数据预测未来 1 个时间步的数据。选取 80％的数据作为训练集，20％的数据作为测试集，又将训练集中后 10％的数据作为验证集，对交通速度进行实时预测。其中，自定义函数的参数含义如表 3-2 所示。

表 3-2 自定义函数的参数含义

参 数	取 值	参 数 含 义
time_interval	15	时间粒度
time_lag	10	使用的历史时间步
tg_in_one_day	96	一天内有多少个时间步
forecast_day_number	5	预测的天数
is_train	默认 True	是否获取训练集
is_val	默认 False	是否获取验证集
val_rate	0.1	验证集所占比例
pre_len	1	预测未来时间步

构建一个将数据集划分为训练集、验证集和测试集的函数，代码如下。

```
import torch
from torch.utils.data import Dataset
import numpy as np

"""
Parameter:
time_interval, time_lag, tg_in_one_day, forecast_day_number, is_train = True, is_val =
False, val_rate = 0.1, pre_len
"""


class Traffic_speed(Dataset):
    def __init__(self, time_interval, time_lag, tg_in_one_day, forecast_day_number, speed_
data, pre_len, is_train = True, is_val = False, val_rate = 0.1):
        super().__init__()
        #此部分的作用是将数据集划分为训练集、验证集、测试集.
        #完成后 X 的维度为 num * 156 * 10,10 代表 10 个时间步,Y 的维度为 num * 156 * 1
```

```
        #X 为临近同一时段的 10 个时间步
        #Y 为 156 条主干道未来 1 个时间步
        self.time_interval = time_interval
        self.time_lag = time_lag
        self.tg_in_one_day = tg_in_one_day
        self.forecast_day_number = forecast_day_number
        self.tg_in_one_week = self.tg_in_one_day * self.forecast_day_number
        self.speed_data = np.loadtxt(speed_data, delimiter=",").T  #对数据进行转置
        self.max_speed = np.max(self.speed_data)
        self.min_speed = np.min(self.speed_data)
        self.is_train = is_train
        self.is_val = is_val
        self.val_rate = val_rate
        self.pre_len = pre_len

        #Normalization
        self.speed_data_norm = np.zeros((self.speed_data.shape[0], self.speed_data.shape
[1]))
        for i in range(len(self.speed_data)):
            for j in range(len(self.speed_data[0])):
                self.speed_data_norm[i, j] = round((self.speed_data[i, j] - self.min_
speed) / (self.max_speed - self.min_speed), 5)
        if self.is_train:
            self.start_index = self.tg_in_one_week + time_lag
            self.end_index = len(self.speed_data[0]) - self.tg_in_one_day * self.forecast_
day_number - self.pre_len
        else:
            self.start_index = len(self.speed_data[0]) - self.tg_in_one_day * self.
forecast_day_number
            self.end_index = len(self.speed_data[0]) - self.pre_len

        self.X = [[] for index in range(self.start_index, self.end_index)]
        self.Y = []
        self.Y_original = []
        #print(self.start_index, self.end_index)
        for index in range(self.start_index, self.end_index):
            temp = self.speed_data_norm[:, index - self.time_lag: index]  #邻近几个时间
                                                                          #段的速度
            temp = temp.tolist()
            self.X[index - self.start_index] = temp
            self.Y.append(self.speed_data_norm[:, index:index + self.pre_len])
        self.X, self.Y = torch.from_numpy(np.array(self.X)), torch.from_numpy(np.array
(self.Y))  #(num, 156, time_lag)

        #if val is not zero
        if self.val_rate * len(self.X) != 0:
            val_len = int(self.val_rate * len(self.X))
            train_len = len(self.X) - val_len
```

```
        if self.is_val:
            self.X = self.X[ - val_len:]
            self.Y = self.Y[ - val_len:]
        else:
            self.X = self.X[:train_len]
            self.Y = self.Y[:train_len]
    print("X.shape", self.X.shape, "Y.shape", self.Y.shape)

    if not self.is_train:
        for index in range(self.start_index, self.end_index):
            self.Y_original.append(self.speed_data[:, index:index + self.pre_len])
#the predicted speed before normalization
        self.Y_original = torch.from_numpy(np.array(self.Y_original))

def get_max_min_speed(self):
    return self.max_speed, self.min_speed

def __getitem__(self, item):
    if self.is_train:
        return self.X[item], self.Y[item]
    else:
        return self.X[item], self.Y[item], self.Y_original[item]

def __len__(self):
    return len(self.X)
```

在PyTorch中,DataLoader是进行数据载入的部件。必须将数据载入后,再进行深度学习模型的训练。本节使用自己构建的DataLoader加载数据,代码如下。

```
def get_speed_dataloader(time_interval = 15, time_lag = 5, tg_in_one_day = 72, forecast_day
_number = 5, pre_len = 1, batch_size = 32):
    #train speed data loader
    print("train speed")
    speed_train = Traffic_speed(time_interval = time_interval, time_lag = time_lag, tg_in_
one_day = tg_in_one_day, forecast_day_number = forecast_day_number,
                        pre_len = pre_len, speed_data = speed_data, is_train = True, is_
val = False, val_rate = 0.1)
    max_speed, min_speed = speed_train.get_max_min_speed()
    speed_data_loader_train = DataLoader(speed_train, batch_size = batch_size, shuffle =
False)

    #validation speed data loader
    print("val speed")
    speed_val = Traffic_speed(time_interval = time_interval, time_lag = time_lag, tg_in_
one_day = tg_in_one_day, forecast_day_number = forecast_day_number,
                        pre_len = pre_len, speed_data = speed_data, is_train = True, is_
val = True, val_rate = 0.1)
```

```
    speed_data_loader_val = DataLoader(speed_val, batch_size = batch_size, shuffle =
False)

    #test speed data loader
    print("test speed")
    speed_test = Traffic_speed(time_interval = time_interval, time_lag = time_lag, tg_in_
one_day = tg_in_one_day, forecast_day_number = forecast_day_number,
                            pre_len = pre_len, speed_data = speed_data, is_train = False, is_
val = False, val_rate = 0)
    speed_data_loader_test = DataLoader(speed_test, batch_size = batch_size, shuffle =
False)

    return speed_data_loader_train, speed_data_loader_val, speed_data_loader_test, max_
speed, min_speed
```

(2) 模型构建。

根据式(3-14)构建 GCN 层，首先计算式中的固定值 $\hat{\boldsymbol{D}}^{-\frac{1}{2}}\hat{\boldsymbol{A}}\hat{\boldsymbol{D}}^{-\frac{1}{2}}$，其计算过程的代码如下。

```
import tensorflow as tf
import scipy.sparse as sp
import numpy as np
from math import sqrt

class GetLaplacian:
    def __init__(self,adjacency):
        self.adjacency = adjacency

    def get_normalized_adj(self, station_num):
        I = np.matrix(np.eye(station_num))
        A_hat = self.adjacency + I
        D_hat = np.array(np.sum(A_hat, axis = 0))[0]
        D_hat_sqrt = [sqrt(x) for x in D_hat]
        D_hat_sqrt = np.array(np.diag(D_hat_sqrt))
        D_hat_sqrtm_inv = np.linalg.inv(D_hat_sqrt)   #开方后求逆即为矩阵的 - 1/2 次方
        #D_A_final = D_hat ** - 1/2 * A_hat * D_hat ** - 1/2
        D_A_final = np.dot(D_hat_sqrtm_inv, A_hat)
        D_A_final = np.dot(D_A_final, D_hat_sqrtm_inv)
        #print(D_A_final.shape)
        return np.array(D_A_final, dtype = "float32")

    #Method2 to calculate laplacian
    def normalized_adj(self):
        adj = sp.coo_matrix(self.adjacency)
        rowsum = np.array(adj.sum(1))
        d_inv_sqrt = np.power(rowsum, - 0.5).flatten()
        d_inv_sqrt[np.isinf(d_inv_sqrt)] = 0.
```

```
        d_mat_inv_sqrt = sp.diags(d_inv_sqrt)
        normalized_adj = adj.dot(d_mat_inv_sqrt).transpose().dot(d_mat_inv_sqrt).tocoo()
        normalized_adj = normalized_adj.astype(np.float32)
        return normalized_adj


    def sparse_to_tuple(self, mx):
        mx = mx.tocoo()
        coords = np.vstack((mx.row, mx.col)).transpose()
        L = tf.SparseTensor(coords, mx.data, mx.shape)
        return tf.sparse.reorder(L)


    def calculate_laplacian(self):
        adj = self.normalized_adj(np.array(self.adjacency) + sp.eye(np.array(self.
adjacency).shape[0]))
        adj = sp.csr_matrix(adj)
        adj = adj.astype(np.float32)
        return self.sparse_to_tuple(adj)
```

GCN 层的输入为特征矩阵 $\boldsymbol{H}^{l}$ 以及邻接矩阵 $\hat{\boldsymbol{D}}^{-\frac{1}{2}}\hat{\boldsymbol{A}}\hat{\boldsymbol{D}}^{-\frac{1}{2}}$。在本节中,特征矩阵即为每条主干道的道路速度矩阵,邻接矩阵为主干道之间的连通关系矩阵。初始化 GCN 层时,需要确定每个节点的输入特征个数 in_features 以及输出特征个数 out_features,GCN 层的代码如下。

```
import math
import torch
from torch.nn.parameter import Parameter
from torch.nn.modules.module import Module

class GraphConvolution(Module):
    """
    Simple GCN layer, similar to https://arxiv.org/abs/1609.02907
    """

    def __init__(self, in_features, out_features, bias = True):
        super(GraphConvolution, self).__init__()
        self.in_features = in_features
        self.out_features = out_features
        self.weight = Parameter(torch.FloatTensor(in_features, out_features).type
(torch.float32))
        if bias:
            self.bias = Parameter(torch.FloatTensor(out_features).type(torch.float32))
        else:
            self.register_parameter('bias', None)
        self.reset_parameters()
```

```
    def reset_parameters(self):
        stdv = 1. / math.sqrt(self.weight.size(1))
        self.weight.data.uniform_(-stdv, stdv)
        if self.bias is not None:
            self.bias.data.uniform_(-stdv, stdv)

    def forward(self, x, adj):
        support = torch.matmul(x, self.weight.type(torch.float32))
        output = torch.bmm(adj.unsqueeze(0).expand(support.size(0), *adj.size()), support)
        if self.bias is not None:
            return output + self.bias.type(torch.float32)
        else:
            return output

    def __repr__(self):
        return self.__class__.__name__ + '(' + str(self.in_features) + ' -> ' + str
(self.out_features) + ')'
```

本节构建的模型是由两层GCN以及三层全连接网络堆叠而成，其GCN层的输入特征个数与输出特征个数均为time_lag，交通速度的数据先经过GCN层处理，然后使用全连接层输出结果。该模型输入的形状为(batchsize×156×30)，输出的形状为(batchsize×156×1)，代码如下。

```
import torch
from torch import nn
import torch.nn.functional as F
from model.GCN_layers import GraphConvolution

class Model(nn.Module):
    def __init__(self, time_lag, pre_len, station_num, device):
        super().__init__()
        self.time_lag = time_lag
        self.pre_len = pre_len
        self.station_num = station_num
        self.device = device
        self.GCN1 = GraphConvolution(in_features=self.time_lag, out_features=self.time_lag).
to(self.device)
        self.GCN2 = GraphConvolution(in_features=self.time_lag, out_features= self.time
_lag).to(self.device)
        self.linear1 = nn.Linear(in_features= self.time_lag * self.station_num, out_
features=1024).to(self.device)
        self.linear2 = nn.Linear(in_features=1024, out_features=512).to(self.device)
        self.linear3 = nn.Linear(in_features=512, out_features=self.station_num * self.pre_
len).to(self.device)
    def forward(self, speed, adj):
```

```
        speed = speed.to(self.device)                   #[32,156,10]
        adj = adj.to(self.device)
        speed = self.GCN1(x = speed, adj = adj)         #(32, 156, 10)
        output = self.GCN2(x = speed, adj = adj)        # [32, 156, 10]
        output = output.reshape(output.size()[0], -1)  #(32, 156 * 10)
        output = F.relu(self.linear1(output))           #(32, 1024)
        output = F.relu(self.linear2(output))           #(32, 512)
        output = self.linear3(output)                   #(32, 156 * pre_len)
        output = output.reshape(output.size()[0], self.station_num, self.pre_len)
                                                        #( 64, 156, pre_len)
        return output
```

（3）模型终止与评价。

模型终止部分采用EarlyStopping方法，该方法主要有两个作用，一是借助验证集损失，来保存截至当前的最优模型；二是当模型训练到一定标准后终止模型训练，代码如下。

```
import numpy as np
import torch

class EarlyStopping:
    """ Early stops the training if validation loss doesn't improve after a given patience."""
    def __init__(self, patience = 7, verbose = False):
        """
        Args:
            patience (int): How long to wait after last time validation loss improved.
                            Default: 7
            verbose (bool): If True, prints a message for each validation loss improvement.
                            Default: False
        """
        self.patience = patience
        self.verbose = verbose
        self.counter = 0
        self.best_score = None
        self.early_stop = False
        self.val_loss_min = np.Inf

    def __call__(self, val_loss, model_dict, model, epoch, save_path):

        score = -val_loss

        if self.best_score is None:
            self.best_score = score
            self.save_checkpoint(val_loss, model_dict, model, epoch, save_path)
        elif score < self.best_score:
            self.counter += 1
```

```
                print(
                    f'EarlyStopping counter: {self.counter} out of {self.patience}', self.val
_loss_min
                )
                if self.counter >= self.patience:
                    self.early_stop = True
            else:
                self.best_score = score
                self.save_checkpoint(val_loss, model_dict, model, epoch, save_path)
                self.counter = 0

    def save_checkpoint(self, val_loss, model_dict, model, epoch, save_path):
        '''Saves model when validation loss decrease.'''
        if self.verbose:
            print(
                f'Validation loss decreased ({self.val_loss_min:.8f} --> {val_loss:.
8f}). Saving model ...'
            )
        torch.save(model_dict, save_path + "/" + "model_dict_checkpoint_{}_{:.8f}.
pth".format(epoch, val_loss))
        #torch.save(model, save_path + "/" + "model_checkpoint_{}_{:.8f}.pth".format
(epoch, val_loss))
        self.val_loss_min = val_loss
```

本案例主要采用了均方根误差 RMSE,皮尔逊相关系数 R^2,平均绝对误差 MAE,加权平均绝对百分比误差 WMAPE 四个指标对模型进行评价,并构建了一个模型评价函数,函数输入为真实值和预测值,输出值为相应的评价指标,模型评价代码如下。

```
from sklearn.metrics import mean_squared_error
from sklearn.metrics import mean_absolute_error
from sklearn.metrics import r2_score
from math import sqrt
import numpy as np

"""
class Metrics
func : define metrics for 2 - d array
parameter
Y_true : grand truth (n, 156)
Y_pred : prediction (n, 156)
"""
class Metrics:
    def __init__(self, Y_true, Y_pred):
        self.Y_true = Y_true
        self.Y_pred = Y_pred

    def weighted_mean_absolute_percentage_error(self):
```

```
        total_sum = np.sum(self.Y_true)
        average = []
        for i in range(len(self.Y_true)):
            for j in range(len(self.Y_true[0])):
                if self.Y_true[i][j] > 0:
                    #加权 (y_true[i][j]/np.sum(y_true[i])) *
                    temp = (self.Y_true[i][j] / total_sum) * np.abs((self.Y_true[i][j] -
self.Y_pred[i][j]) / self.Y_true[i][j])
                    average.append(temp)
        return np.sum(average)

    def evaluate_performance(self):
        RMSE = sqrt(mean_squared_error(self.Y_true, self.Y_pred))
        R2 = r2_score(self.Y_true, self.Y_pred)
        MAE = mean_absolute_error(self.Y_true, self.Y_pred)
        WMAPE = self.weighted_mean_absolute_percentage_error()
        return RMSE, R2, MAE, WMAPE


class Metrics_1d:
    def __init__(self, Y_true, Y_pred):
        self.Y_true = Y_true
        self.Y_pred = Y_pred

    def weighted_mean_absolute_percentage_error(self):
        total_sum = np.sum(self.Y_true)
        average = []
        for i in range(len(self.Y_true)):
            if self.Y_true[i] > 0:
                #加权 (y_true[i][j]/np.sum(y_true[i])) *
                temp = (self.Y_true[i] / total_sum) * np.abs((self.Y_true[i] - self.Y_pred
[i]) / self.Y_true[i])
                average.append(temp)
        return np.sum(average)

    def evaluate_performance(self):
        RMSE = sqrt(mean_squared_error(self.Y_true, self.Y_pred))
        R2 = r2_score(self.Y_true, self.Y_pred)
        MAE = mean_absolute_error(self.Y_true, self.Y_pred)
        WMAPE = self.weighted_mean_absolute_percentage_error()
        return RMSE, R2, MAE, WMAPE
```

(4) 模型训练及测试。

在模型训练部分，首先对模型中的参数进行赋值，并加载所需要的道路速度数据、邻接矩阵数据、模型，并设置 EarlyStopping 的参数，本案例设置 EarlyStopping 的

patience为100。对于每一个Epoch,先进行训练,再进行验证。每一次验证结束后,借助EarlyStopping判断是否保存当前模型以及是否终止模型训练,训练及验证的代码如下。

```
import numpy as np
import os, time, torch
from torch import nn
from torch.utils.tensorboard import SummaryWriter
from utils.utils import GetLaplacian
from model.main_model import Model
from utils.earlystopping import EarlyStopping
from data.get_dataloader import get_speed_dataloader
device = torch.device("cuda:0" if torch.cuda.is_available() else "cpu")

print(device)

epoch_num = 5000
lr = 0.001
time_interval = 15
time_lag = 10
tg_in_one_day = 72
forecast_day_number = 5
pre_len = 1
batch_size = 32
station_num = 156
model_type = 'ours'
TIMESTAMP = str(time.strftime("%Y_%m_%d_%H_%M_%S"))
save_dir = './save_model/' + model_type + '_' + TIMESTAMP
if not os.path.exists(save_dir):
    os.makedirs(save_dir)

speed_data_loader_train, speed_data_loader_val, speed_data_loader_test, max_speed, min_
speed = \
    get_speed_dataloader(time_interval = time_interval, time_lag = time_lag, tg_in_one_day
 = tg_in_one_day, forecast_day_number = forecast_day_number, pre_len = pre_len, batch_size
 = batch_size)

#get normalized adj
adjacency = np.loadtxt('./data/sz_adj1.csv', delimiter = ",")
adjacency = torch.tensor(GetLaplacian(adjacency).get_normalized_adj(station_num)).type
(tor'h.float32).to(device)

global_start_time = time.time()
writer = SummaryWriter()


model = Model(time_lag, pre_len, station_num, device)
print(model)
```

```
if torch.cuda.is_available():
    model.cuda()

model = model.to(device)
optimizer = torch.optim.Adam(model.parameters(), lr=lr)
mse = torch.nn.MSELoss().to(device)

temp_time = time.time()
early_stopping = EarlyStopping(patience=100, verbose=True)
for epoch in range(0, epoch_num):
    # model train
    train_loss = 0
    model.train()
    for speed_tr in enumerate(speed_data_loader_train):
        i_batch, (train_speed_X, train_speed_Y) = speed_tr
        train_speed_X, train_speed_Y = train_speed_X.type(torch.float32).to(device),
train_speed_Y.type(torch.float32).to(device)
        target = model(train_speed_X, adjacency)
        loss = mse(input=train_speed_Y, target=target)
        train_loss += loss.item()
        optimizer.zero_grad()
        loss.backward()
        optimizer.step()

    with torch.no_grad():
        # model validation
        model.eval()
        val_loss = 0
        for speed_val in enumerate(speed_data_loader_val):
            i_batch, (val_speed_X, val_speed_Y) = speed_tr
            val_speed_X, val_speed_Y = val_speed_X.type(torch.float32).to(device), val_
speed_Y.type(torch.float32).to(device)
            target = model(val_speed_X, adjacency)
            loss = mse(input=val_speed_Y, target=target)
            val_loss += loss.item()

    avg_train_loss = train_loss / len(speed_data_loader_train)
    avg_val_loss = val_loss / len(speed_data_loader_val)
    writer.add_scalar("loss_train", avg_train_loss, epoch)
    writer.add_scalar("loss_eval", avg_val_loss, epoch)
    print('epoch:', epoch, 'train Loss', avg_train_loss, 'val Loss:', avg_val_loss)

    if epoch > 0:
        # early stopping
        model_dict = model.state_dict()
```

```
        early_stopping(avg_val_loss, model_dict, model, epoch, save_dir)
        if early_stopping.early_stop:
            print("Early Stopping")
            break
    # 每 10 个 epoch 打印一次训练时间
    if epoch % 10 == 0:
        print("time for 10 epoches:", round(time.time() - temp_time, 2))
        temp_time = time.time()
global_end_time = time.time() - global_start_time
print("global end time:", global_end_time)

Train_time_ALL = []
Train_time_ALL.append(global_end_time)
np.savetxt('result/lr_' + str(lr) + '_batch_size_' + str(batch_size) + '_Train_time_ALL.
txt', Train_time_ALL)
print("end")
```

在模型测试部分，首先需要利用 torch.load()函数将训练过程中保存的模型导入进来，然后利用 model.load_state_dict()函数将保存的参数字典加载到模型中，此步骤是将训练过程中训练好的参数直接赋予模型，使模型不需要再训练也能得到很好的测试结果。最后将测试结果反归一化至原始状态数据类型，对模型进行评价，并对预测结果进行画图。

(5) 模型训练过程及结果演示。

模型运行的数据集维度展示、模型打印、模型训练过程展示以及真实值和预测值对比图，分别如图 3-36～图 3-39 所示。

```
D:\software\anaconda\envs\pytorch\python.exe D:/deeplearning/神经网络文档/GCN_code/main.py
cuda:0
train speed
X.shape torch.Size([2021, 156, 10]) Y.shape torch.Size([2021, 156, 1])
val speed
X.shape torch.Size([224, 156, 10]) Y.shape torch.Size([224, 156, 1])
test speed
X.shape torch.Size([359, 156, 10]) Y.shape torch.Size([359, 156, 1])
```

图 3-36　数据集维度展示

```
Model(
  (GCN1): GraphConvolution(10 -> 10)
  (GCN2): GraphConvolution(10 -> 10)
  (linear1): Linear(in_features=1560, out_features=1024, bias=True)
  (linear2): Linear(in_features=1024, out_features=512, bias=True)
  (linear3): Linear(in_features=512, out_features=156, bias=True)
)
```

图 3-37　模型打印

```
epoch: 0 train Loss 0.007209608884295449 val Loss: 0.001469118986278724
time for 10 epoches: 0.69
epoch: 1 train Loss 0.00546141951053869 val Loss: 0.0014812079025432467
Validation loss decreased (inf --> 0.00148121).  Saving model ...
epoch: 2 train Loss 0.00521545981609961 val Loss: 0.0015231113648042083
EarlyStopping counter: 1 out of 100 0.0014812079025432467
epoch: 3 train Loss 0.005346695625121356 val Loss: 0.00148610002361238
EarlyStopping counter: 2 out of 100 0.0014812079025432467
epoch: 4 train Loss 0.005317953653502627 val Loss: 0.001451124669983983
Validation loss decreased (0.00148121 --> 0.00145112).  Saving model ...
epoch: 5 train Loss 0.005241124044914613 val Loss: 0.001460982020944357
EarlyStopping counter: 1 out of 100 0.001451124669983983
epoch: 6 train Loss 0.005050947449490195 val Loss: 0.0015315093332901597
EarlyStopping counter: 2 out of 100 0.001451124669983983
epoch: 7 train Loss 0.00502124875310983 val Loss: 0.0015283976681530476
EarlyStopping counter: 3 out of 100 0.001451124669983983
epoch: 8 train Loss 0.0050579675826156745 val Loss: 0.0014464765554293399
Validation loss decreased (0.00145112 --> 0.00144648).  Saving model ...
epoch: 9 train Loss 0.004993057576939464 val Loss: 0.00152126036118716
EarlyStopping counter: 1 out of 100 0.0014464765554293399
epoch: 10 train Loss 0.005252915017990745 val Loss: 0.0014830994186922908
```

图 3-38 模型训练过程展示

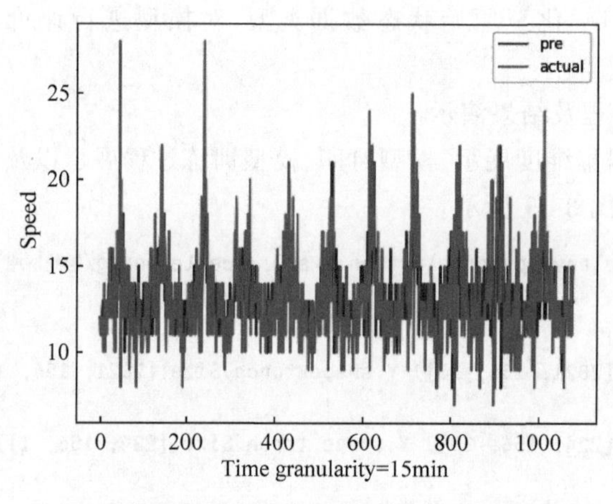

图 3-39 真实值和预测值对比图

第 4 章

基于深度学习的轨道交通刷卡数据案例实战

4.1 研究背景

随着城市轨道交通线网规模的快速扩张和客流量的急剧增加，线网客流的时空分布日趋复杂，系统安全运营和应急管理面临巨大挑战。因此，需要顺应网络化以及大客流常态化的发展趋势，科学合理地分析轨道交通客流状态，并进行相应的运营组织和客流管控。大数据、人工智能等新兴技术的飞速发展，为轨道交通智慧化的运营组织和客流管控提供了思路和方法。

城市轨道交通短时客流预测是构建智慧轨道交通系统的重要研究内容，包括短时进站流预测、短时 OD 流预测以及短时断面流预测。以深度学习为代表的人工智能技术为城市轨道交通短时客流预测的进一步发展提供了契机，因此，本章将以轨道交通刷卡数据为例，详细介绍深度学习在轨道交通领域的应用现状，在此基础上，以轨道交通短时进站流预测为应用背景，以"数据获取—数据预处理—应用实战"为主线，带领初学者完整实现一套标准的深度学习建模流程。

4.2 研究现状

本节主要探讨人工智能在运营管理阶段的主要研究方向，根据研究方法的不同，大致可分为三个方面。其一为短时客流预测，即利用历史 AFC 卡数据提取客流时间序列，借助历史客流时间序列数据和外部因素例如天气等数据，构建深度学习模型，进行未来短时间内的客流预测，根据其研究对象不同，又可分为短时进站流预测、短时 OD 流预测和短时断面流预测。其二为利用地铁站内的各种监控视频数据，构建深度学习模型，进行行人检测计数、物品检测、场景检测等。其三为强化学习相关的应用，例如，基于强化学习的列车时刻表优化和进站流控制等。

4.2.1 城市轨道交通短时客流预测

1. 城市轨道交通短时进站流预测

短时进站流预测是构建智能城市轨道交通短时客流预测体系的第一步，短时进站流预测相较于短时OD流预测和短时断面流预测，其研究范围更广，研究历程跨度更长，诸多模型和方法也是由道路交通延伸发展而来，因此本部分将结合道路交通相关研究，对短时客流预测进行统一综述。

纵观短时客流预测的发展历程，大致可分为三个阶段。第一个阶段为传统的基于数理统计的模型，第二个阶段为基于机器学习的模型，第三个阶段为基于深度学习的模型。下面分别对这三个阶段的背景技术加以详细说明。

短时客流预测发展的第一个阶段为传统的基于数理统计的模型，例如，历史平均模型(Historical Average Model，HA)、最小二乘法、ARIMA、逻辑回归、卡尔曼滤波模型、K近邻模型等。该阶段由于城市轨道交通并未大规模发展，短时客流预测相关研究也多数针对道路交通，因此，城市轨道交通领域相关研究较为匮乏，而在道路交通领域，由于该类模型存在一些不足，例如，"实时性"较差，预测精度较低，即无法满足短时客流预测的实时性要求和预测精度要求，因此该阶段开发的模型至今多数已不再应用。

短时客流预测发展的第二个阶段为基于机器学习的模型。随着机器学习的发展，一些机器学习模型和混合预测模型被逐渐应用至短时客流预测领域，例如，利用决策树、随机森林、多层感知机(Backpropagation Neural Networks，BPNNs)、支持向量机(Support Vector Machine，SVM)模型等。该阶段，随着城市轨道交通的发展，其短时客流预测问题开始得到研究者的重视，因此基于机器学习的模型逐渐被应用至城市轨道交通领域，模型既包括单一预测模型，也包括一种或多种模型结合使用的混合预测模型。例如，动态贝叶斯网络和高斯混合模型的结合，ARIMA模型和小波分解、支持向量机、BPNNs等的结合。该类基于机器学习的混合预测模型相对传统的基于数理统计的预测模型具有更高的预测精度，但多数该阶段的模型无法考虑车站之间更为复杂的时空相关性，只针对一个或几个车站进行单独预测，对于具有几百个车站的整个轨道交通网络进行同时预测而言，预测精度也受到一定程度的限制。

作为机器学习的一个分支，深度学习近几年得到了快速发展，其良好的预测表现能力极大促进了交通预测领域的革新，例如，具有较高的预测精度、能够使用一个模型进行全网所有轨道交通车站的短时客流预测等，短时客流预测也随之进入了第三个发展阶段，即以深度学习模型为代表的发展阶段。该阶段循环神经网络(RNN)，卷积神经网络(CNN)，图卷积神经网络(GCN)等相继被挖掘应用至短时客流预测，大量深度学习框架也随即被开发出来。用于短时客流预测的深度学习模型大致可被分为基于循环神经网络的模型、基于卷积神经网络的模型、基于图卷积神经网络的模型，以及各种基于深度学习框架的模型。

基于循环神经网络的模型：深度学习早期阶段涌现出了大量基于RNN的模型进行短时客流预测，长短时记忆网络(LSTM)模型和门控循环单元(Gated Recurrent Unit, GRU)模型便是最具代表性的两个RNN模型，能够学习并记忆时间序列中的长期依赖，一定程度上解决了普通RNN模型的梯度消失和梯度爆炸的问题，在自然语言处理、模式识别等领域已有极为成熟的应用。2015年，LSTM被首次应用至短时交通速度预测领域；2016年，GRU被首次引入短时客流预测领域。总体而言，循环神经网络相关的模型虽然能够较好地捕捉客流的时间特征，但无法捕捉车站之间的空间特征，且无法采用并行计算进行训练加速，模型训练时间较长。

基于卷积神经网络的模型：在RNN被引入交通预测领域之后，部分学者也发掘了CNN在交通预测领域强大的表现能力，主要思路是将交通数据当作图片处理，因此可利用卷积操作较好地捕捉不同区域客流之间的时空特征。2016年，CNN被首次应用至短时交通流量预测；2017年，基于CNN相关的交通预测研究开始多了起来。尽管CNN具有良好的特征学习能力，但其只能应用于欧式数据，所有非欧式的交通数据必须首先被转换为固定格式才可输入至CNN模型中，转换过程中，一些交通网络的拓扑结构信息容易被打乱或丢失，因此能够借助邻接矩阵考虑网络拓扑结构的GCN相关的模型应运而生。

基于图卷积神经网络的模型：GCN由于能够借助邻接矩阵将网络结构信息嵌入模型构建过程中，近年来获得了学者的大量关注。基于GCN的模型能够考虑交通网络的时空依赖特性，尤其能够考虑车站、道路、区域间的拓扑结构信息，非欧式交通数据的结构信息也能够被充分利用，且相对于RNN和CNN，GCN具有更快的训练效率和更少的超参数，因此，大量学者将GCN应用至短时客流预测领域。为了考虑不同种类的邻接关系，例如，邻近性、连通性、功能相近性等，部分学者构建了多图卷积神经网络进行短时客流预测。为了考虑构建的网络图中不同连接的重要性程度，图注意力网络(Graph Attention Network, GAT)被应用至短时客流预测研究。在城市轨道交通领域，部分学者将GCN引入了地铁的短时客流预测领域，并在模型中考虑了客流的实时模式、日模式、周模式等特征，车站之间的邻接关系被有效刻画。图卷积神经网络一般只能使用浅层网络(一至四层居多)，当构建深层次图网络时，模型表现能力就会变差，因此无法像CNN使用残差连接构建深度神经网络，深层次的高阶空间特征也就无法被有效捕捉。

基于深度学习框架的模型：为了克服使用单一深度学习模型存在的不足，以及更加有效地捕捉网络客流的时空依赖关系，各种复杂的基于RNN、CNN和GCN等的深度学习框架逐渐被开发出来。例如，部分研究将CNN和LSTM予以组合进行交通预测，部分研究将GCN、LSTM、GRU等予以组合进行短时交通预测，部分研究在Seq2Seq框架下嵌入注意力机制进行短时交通预测，部分研究在Autoencoder框架下嵌入LSTM、高斯回归等模型进行短时交通预测。近期，Transformer网络、胶囊网络、生成对抗网络也被应用至交通预测领域。各类深度学习框架模型中，例如SAE模型、ST-GCN模型、T-GCN模型、ST-ResNet模型、DCRNN模型，均是公认的表现较好的短时交通预测深度学习框架。该类模型部分用于以分钟为单位的短期预期，部分用于以小时或天为单位的中长期预测；部分用于单一或几个车站的预测，部分用于网络层级的预测；部分用于常态下的短时预测，部分用于非常态下的短时预测；部分使用了静态相关关系，部分使用了动态相关关系。综上，大量研究已经表明，深度学习框架比单一的RNN、CNN、GCN模型在多数情况下具有更好的模型表现能力，但某些深度学习框架模型复杂度较高，导致移植性和复现性较差，且需要消耗大量的计算资源和时间训练模型，实用价值因而相对较弱，因此在构建模型的过程中需要权衡模型复杂度、模型表现效果和应用价值，进行综合考虑。

笔者主要从事轨道交通领域相关研究，在轨道交通短时进站流预测方面，通过组合残差网络(ResNet)、图卷积神经网络(GCN)以及基于注意力机制的长短时记忆网络(Attention LSTM)构建了深度学习框架ResLSTM来进行城市轨道交通网络层级短时进站流预测。此外，提出了一种新的深度学习框架Conv-GCN，该框架借助图卷积神经网络(GCN)以及三维卷积神经网络(3D CNN)，有机地将进站流、出站流以及网络拓扑结构予以融合进行城市轨道交通网络级短时进站流预测。

综上所述，城市轨道交通短时进站流预测不断发展改进，现已进入以深度学习模型为代表的发展阶段。该阶段构建短时进站流预测模型时，应充分考虑轨道交通网络客流特性、模型复杂度、模型表现效果和模型的应用价值等因素，为构建智慧地铁生态奠定基础。

2. 城市轨道交通短时OD流预测

城市轨道交通短时进站流预测旨在获得某一出行起点车站在一段时间内的乘客数量。当获得进站的乘客数量后，需要预测乘客的目的地，即进行城市轨道交通短时OD流预测。通过短时OD流预测，可以获取网络的OD矩阵，该矩阵可以作为客流分配的重要输入用于短时断面流预测。因此，短时OD流预测是短时进站流预测和短时断面流预测的桥梁，在智能城市轨道交通短时客流预测体系中扮演着重要的角色。精准的短时OD流预测模型能够提供车站之间的时空出行分布，有助于理解乘客出行行为。

OD预测指利用历史的OD矩阵信息等预测未来的OD矩阵信息，OD估计指利用道路交通路段流量计数信息或轨道交通进出站流量信息估计路网的OD信息，两者存在本质差异。根据预测方法以及研究对象的不同，相关的研究总结如下。

根据研究方法，OD预测或OD估计可以被分为三类。第一类为传统的基于数理统计或仿真的方法，例如，最小二乘估计模型、概率分析估计模型、多主体仿真模型等。第二类为基于机器学习的方法，例如，状态空间模型、BPNNs、主成分分析和奇异值分解、分层贝叶斯模型等。针对短时OD预测或OD估计，以上两类模型在实时性和实用性方面表现稍弱，例如，当模型应用于大规模网络时，最小二乘法和状态空间模型会消耗大量的计算资源，此外，该类模型也存在估计精度有待提升、无法在建模过程中考虑OD需求间的时空依赖关系等不足。第三类模型为基于深度学习的方法。例如，使用LSTM模型进行OD矩阵预测，该类研究中，每个车站被单独训练一个LSTM模型进行预测，借助并行计算技术，进行全网络所有车站的OD预测。使用CNN和GCN进行道路交通的OD矩阵预测，该类研究中将路网划分为不同的区域，每个区域作为节点，区域间的邻接关系作为边，与轨道交通网络存在较大差异。使用GCN进行道路交通的OD矩阵估计，该类研究中路段作为节点，路段之间的连接作为边。使用LSTM和CNN进行共享单车系统中基于个体的目的地预测，对于无桩共享单车系统则需要大量的数据预处理工作，例如，需事先确定出行的起点和潜在的目的地等。总之，既有研究的研究背景与轨道交通 OD 预测存在一定差异，但可为轨道交通短时 OD 流预测提供一定的借鉴意义。

根据研究对象，短时 OD 预测或 OD 估计可被划分为道路交通 OD 估计、出租车 OD 矩阵预测、公交车 OD 矩阵预测、轨道交通 OD 矩阵预测等。对于不同的交通系统，数据的可获得性也存在较大差异，实时的及真实的 OD 矩阵可获得性，如表 4-1 所示。道路交通网络中，实时的以及真实的 OD 矩阵均无法被获取，但可以通过传感器等获取路段的流量计数，进而通过 OD 估计得到估计 OD 矩阵，但难点在于真实 OD 矩阵无法获取，估计 OD 矩阵的可靠性也难以评估。出租车系统中，由于无固定的上下车站点，既有研究通常将研究区域划分为交通小区或网格区域，以匹配轨迹数据或订单数据，进而获取真实的区域之间的历史 OD 矩阵，且一般乘客在乘车时既已确定出行目的地，因此实时的 OD 矩阵信息也可以被获取。公交系统中，不同城市的公交系统记录的卡数据信息存在较大差异，部分能够完整记录乘客的上下车站点，然而部分只记录乘客的上车站点或上下车站点，因此，真实的 OD 矩阵是否可以获取视情况而定；由于存在行程时间，公交系统实时的 OD 矩阵无法获取。城市轨道交通系统具有固定的地铁车站，乘客需刷卡进出地铁车站，因此，能够基于历史的 AFC 数据提取真实的历史 OD 矩阵信息；同样由于交通出行存在行程时间，地铁系统中实时的 OD 矩阵信息无法获取。

表 4-1　实时的及真实的 OD 矩阵可获得性

	道路交通	出租车	公交车	轨道交通
真实 OD 矩阵	×	√	视情况而定	√
实时 OD 矩阵	×	√	×	×

轨道交通领域利用深度学习模型进行短时 OD 流预测的研究相对较少。既有研究多数使用状态空间模型、最小二乘模型、多主体仿真模型等传统模型。周玮腾等采用加权历史平均自适应模型对城市轨道交通短时进站量进行预测，然后通过 OD 矩阵预测和多主体仿真建模的手段获取短时 OD 客流和断面客流预测结果，并提出了一种时空二元验证法进行验证，整个短时客流预测体系相对较完善。姚向明、赵鹏等人基于最小二乘法提出了一种滑动平均策略下的动态 OD 矩阵估计模型以及基于状态空间方法构建了短时客流 OD 矩阵估计模型，陈志杰、毛保华等在姚向明研究的基础上提出了一种基于状态空间模型的多时间粒度的短时 OD 客流多模型组合估计方法，提高了短时 OD 估计的准确度。但上述传统模型由于需要消耗大量的计算资源，尤其在网络规模较大的情况下，较难满足实时性要求，且预测精度有待提高；多主体仿真模型涉及仿真系统的构建，过程较为复杂，不利于进行模型结构的调整等。深度学习领域，部分研究以车站为单位，利用并行计算技术，使用 LSTM 逐个车站进行 OD 预测，最后将所有车站的 OD 序列进行合并，作为最终的 OD 矩阵预测结果，但该类研究无法捕捉 OD 流之间的复杂的时空依赖关系和非线性关系，且逐个车站进行预测的建模过程较为烦琐，可行性和实用性较差。因此，进行城市轨道交通短时 OD 流预测时需考虑以下几方面问题。

(1) 由于实时的 OD 矩阵不可获取，无法使用邻近几个时间间隔的 OD 矩阵作为模型输入，因此在进行实时OD流预测时，需首先明确模型输入。

(2) 建模时需考虑如何利用进站流与OD流之间的内在依赖关系。

(3) 既有研究普遍对流量较大和流量较小的OD对做相同处理。由于OD流量为零或者流量较小的OD对数量巨大，OD矩阵数据稀疏性问题严重，因此该处理方法存在一定的不合理性，建模过程中需考虑如何处理数据稀疏性问题以提高预测精度。

针对该任务中存在的实时OD矩阵不可获取、数据维度大、数据稀疏性严重等问题，笔者提出了基于深度学习的轨道交通短时OD流预测模型(Channel-wise Attentive Split Convolutional Neural Network,CAS-CNN)。该模型中，提出了一种进站流/出站流门控机制用以融合历史OD矩阵信息以及实时的进站流和出站流信息，从而解决该任务中实时OD矩阵不可获取的问题；提出了一种分离卷积操作用以将稀疏的OD信息转换为稠密的高阶特征信息，从而一定程度上缓解OD矩阵稀疏性严重的问题；提出了OD吸引度指标，用以表征不同OD对之间吸引客流的强度，并将所有OD对划分为不同的OD吸引度水平，基于该指标提出了一种掩膜损失函数用以解决OD矩阵维度大和数据稀疏性的问题；提出了一种通道注意力机制对模型输入以及提取的高阶特征信息进行加权融合。

综上所述，城市轨道交通短时OD预测领域研究相对较为滞后，需要针对轨道交通独有的特点，充分利用深度学习模型的优点进行模型设计和构建，以满足现阶段构建智慧地铁生态所要求的高精度、高实时性、高可操作性等要求。

3. 城市轨道交通短时断面流预测

进行城市轨道交通短时进站流和OD流预测之后，由于地铁内乘客的出行轨迹难以获取，AFC数据中也并未记录乘客的出行路径、换乘信息等，需要预测乘客的路径选择进而通过客流分配等手段获取断面流量，即进行短时断面流预测。

目前，既有研究多数通过客流分配获取断面流量。轨道交通客流分配理论从道路交通演化而来，经历了从静态客流分配至动态客流分配的过程。静态客流分配大体过程可分为构建地铁网络、构建费用函数及K短路搜索、客流分配。动态客流分配大体过程可分为构建时空地铁网络、构建时变效用函数与时变K短路搜索、客流分配。静态分配和动态分配的难点均在于费用函数构建以及分配算法的求解等方面。

部分研究通过历史统计得到的断面客流数据进行短时断面流预测。例如，利用进出站客流数据以及汇总得到的断面客流数据，采用BPNNs对轨道交通换乘车站和普通车站的断面客流进行短时预测、采用状态空间模型和卡尔曼滤波算法进行关联断面短时预测、单断面和多断面客流预测等。以上方法的不足之处在于既有的断面流数据是通过客流分配获取的，并非真实的断面流数据，使用该数据进行预测存在误差累积现象，且以上研究方法一定程度上忽视了断面流和进站流、OD流的内在联系。

笔者在短时断面流预测领域有过相关研究，构建了基于计算图的轨道交通短时断面流预测模型。首先，引入了机器学习领域的计算图模型，并详细分析了基于计算图的客流分配模型相比传统客流分配模型的优势。其次，将轨道交通客流分配模型置于计算图框架下，通过乘客路径选择建模、K短路搜索以及有效路径选择、构建数学优化模型、优化模型向量化、计算图模型建模等步骤，估计了路段行程时间和站点等车时间，进而通过客流分配和智能体仿真等步骤，最终生成了断面流量。最后进行了案例研究，将该模型应用于虚拟地铁网络，验证了模型的合理性和有效性，将该模型应用于北京真实地铁网络，获取了网络短时断面客流。

综上所述，相较于短时进站流预测和短时OD流预测，既有的轨道交通短时断面流预测模型较少，模型结构较为复杂、陈旧。因此，可结合深度学习思想，借助深度学习领域的计算图模型，将轨道交通客流分配置于计算图框架下，进而构建全新的轨道交通短时断面流预测模型，使其满足实时性、实用性的要求，为智慧地铁生态的构建提供新的思路和借鉴。

4.2.2　基于计算机视觉的站内人、物、景检测识别

地铁车站内的行人、物品、场景识别等应用全部基于站内全链条的监控视频数据，例如，基于车站出入口监控视频的人脸识别、客流统计、行为分析等，基于站厅站台监控视频的行人越线检测、物品遗留检测、异常行为分析、人群密度分析等，基于区间监控视频的人防门遗留检测等。所有视频检测大多使用既有的已经较为成熟的R-CNN系列、Yolo系列等目标检测算法，或者在该类算法的基础上做简单的适应性更改等，而且相关研究大多为企业产出，由于标注该类视频数据需要大量的人力物力财力，且目前没有标注好的公开的站内视频数据集，因此高校等科研院所相关研究较少。

4.2.3　基于强化学习的运营优化和控制

强化学习在轨道交通领域的研究相对较晚，多为近几年刚刚发展起来，主要应用在列车时刻表优化、进站流控制、列车节能驾驶控制、城市轨道交通信息发布策略等方面。相对经典的强化学习模型包括Q-learning、Sarsa、Deep Q Network、Policy Gradient、Actor Critic等，所有模型均包含状态(State)，动作(Action)，奖励(Reward)，值函数(Value Function)等几大要素。强化学习在道路交通领域已有较为广泛的应用，例如，交叉路口的信号灯控制、物流优化等，但在轨道交通领域应用相对较少。

强化学习模型在地铁领域的应用关键在于如何将研究问题包装在强化学习模型框架下，例如，使用演员评论家Actor-critic深度强化学习模型进行列车时刻表优化。轨道交通的列车调度问题可以被看作随机乘客需求下的马尔可夫决策过程，该框架使用策略梯度算法Policy Gradient训练其中的人工神经网络，然后使用演员评论家模型进行在线的调度和控制。其中，状态被定义为列车到达时间、离开时间、乘客数量等，决策变量即动作包含发车间隔、区间运行时间、停站时间，状态转移矩阵为采取不同的动作时，从当前状态到下一状态的概率矩阵，奖励为时间消耗，值函数为总的最优的时间消耗。

又如利用Q-learning强化学习模型进行轨道交通系统高峰时段的进站流协同控制，以缓解特定车站的高峰拥堵情况。其中，状态被定义为一条线路上所有车站的进站客流量与所有客流量(包含进站客流量与限流客流量)之比，动作被定义为一条线路上所有车站的限流比例，具体为{0%，20%，40%，60%，80%，100%}，奖励为车站安全风险，值函数为所有车站的安全风险函数。宿帅等基于Deep Q Network强化学习模型探讨了列

车节能驾驶控制方法，优化列车的驾驶策略，降低牵引能耗，促进节能减排。在列车节能驾驶问题中，状态指当前各个区段内已分配的能量单元数，动作定义为向某个特定区段分配能量，奖励被定义为分配能量前后列车运行时分的减少量，值函数为长期奖励总和。

再如基于Q-learning强化学习模型进行城市轨道交通信息发布策略研究。交通信息发布是指运营者在出行者出行前或出行过程中提供出行信息的服务，通过信息发布影响乘客行为是缓解拥堵的有效措施之一。在信息发布问题中，路网客流分布即为系统状态，用路网各区间单位时段内的平均满载率描述路网客流分布，动作即为运营者向不同OD乘客推荐的出行路径，奖励为人为设定的常数值，值函数为各个区间的总奖励。

综上所述，强化学习在轨道交通领域的应用处于探索起步阶段，相关研究数量也相对较少，其主要难点在于如何将研究问题合理地置于强化学习模型框架下。研究者可通过加深对所研究问题的理解，以及对强化学习模型几大要素的理解，探索强化学习与轨道交通领域的深度结合应用，笔者相信强化学习在轨道交通领域一定会发挥其更加强大的研究价值。

4.3 数据获取手段及开源数据集简介

轨道交通领域的数据集主要包含AFC刷卡数据、车站内视频监控数据、列车时刻表数据、相关的调研问卷数据等。本章的案例主要以基于卡数据的短时进站流预测为主，因此此处仅对AFC刷卡数据的获取手段以及相关的开源数据集进行简介。

其一为2019年由第十届中国(杭州)国际社会公共安全产品与技术博览会组委会主办、阿里云天池和阿里达摩院承办的全球城市计算AI挑战赛，大赛以“地铁乘客流量预测”为赛题，参赛者可通过分析地铁站的历史刷卡数据，预测站点未来的客流量变化，帮助实现更合理的出行路线选择，规避交通堵塞，提前部署站点安保措施等，最终实现用大数据和人工智能等技术助力未来城市安全出行。大赛开放了20190101～20190125共25天地铁刷卡数据记录，共涉及3条线路81个地铁站约7000万条数据作为训练数据，供选手搭建地铁站点乘客流量预测模型，每条记录包含刷卡时间、地铁线路ID、地铁车站ID、刷卡设备编号ID、进出站状态(0为出站、1为进站)、脱敏的用户身份ID、用户刷卡类型七个字段。同时大赛提供了路网地图，即各地铁站之间的连接关系表，包含一个81×81的二维邻接矩阵。邻接矩阵中首行和首列表示地铁站ID，行列均为0～80，相应值为1表示两地铁站直接相连，值为0表示两地铁站不相连。测试阶段即为预测未来2019年1月26—29日00时至24时以10min为单位各时段各站点的进站和出站人次，测试阶段原始数据集赛后并未公布。

其二为深圳市政府数据开放平台公布的深圳通刷卡数据，该数据是“2019深圳开放数据应用创新大赛”专用数据，包含2018年10月～2019年3月全市范围内的深圳通公交、地铁刷卡乘车数据，每条数据包含11个字段：卡号、交易日期时间、交易类型、交易金额、交易值、设备编码、公司名称、线路站点、车牌号、联程标记、结算日期。官网目前可直接下载的为2018年8月31日～2018年9月1日的样例数据信息，本样例数据集全量为1 337 000条，为防止文件过大，直接下载的文件包仅包含前10 000条数据，但可通过数据开放平台官网提供的API接口方式获取全量数据,官网也提供了详细的接口调用说明。

其三为中山大学在其研究论文中开源的客流时间序列数据,而非原始卡数据,该数据包含上海2016年7月1日~2016年9月30日连续3个月的集计后的15min时间粒度的进站流和出站流时间序列数据,以及从上述杭州刷卡数据中提取的2019年1月1日~2019年1月25日集计后的15min时间粒度的进站流和出站流时间序列数据。

其四为笔者在本人研究论文中开源的客流时间序列数据,而非原始卡数据,该数据包含北京2016年2月29日~2016年4月3日连续5周的集计后的10min、15min和30min时间粒度的进站流和出站流时间序列数据。

完整的数据集可通过本书前言提供的获取方式进行获取。

4.4 数据预处理

本节主要以北京地铁卡数据为例,讲述如何从原始卡数据中提取客流时间序列信息。AFC(Automatic Fare Collection System)数据是自动售检票系统在乘客通过闸机刷卡进出站时收集的关于乘客部分出行信息的数据记录,该系统通过乘客进、出站刷卡,可以精确记录乘客的卡号、进出站时间、进出站编码等信息,所有记录的信息包含42个字段,利用该数据可准确掌握客流时空分布规律,有利于统计各条线路及各车站的客流量,为地铁运营组织提供基础数据,应对客流变化,及时调整运力,缓解拥挤,同时有助于实现各条线路之间的票款清分等。需要注意的是,卡数据中只记录起终点,并不会记录乘客的换乘信息等。

地铁AFC数据中的信息均为编码类型,必须将车站编码和对应的车站名称进行匹配才能有实际的意义。提取客流时间序列主要需要的字段为卡发行号、进站编号、进站时间、出站编号、出站时间以及与进站编码和出站编码匹配后的进出站站点名称,所需字段列表如表4-2所示。

表4-2 所需字段列表

字 段	说 明
卡发行号(Grant Card Code)	一卡通发行顺序号
进站编码(Trip Origin Location)	进站时车站编码
进站站点名称(Entry Station)	与进站编码匹配后的站点名称
出站编码(Current Location)	出站时车站编码
出站站点名称(Exit Station)	与出站编码匹配后的站点名称
进站时间(Entry Time)	乘客进站刷卡时间
出站时间(Deal Time)	乘客出站刷卡时间

乘客一次出行通过自动售检票系统刷卡进出站会产生两条数据记录,刷卡进站时会产生一条记录,该记录包括交易编号、地铁卡卡号、进站时间、进站站点编号等信息,而并不包含出站信息;而乘客刷卡出站时产生的记录则既包含进站信息也包含出站信息,即增加了出站时间、出站站点编号等信息,所以可以将进站时产生的数据记录予以删除,大

大减少数据量,减小数据处理难度。

针对地铁 AFC 数据,考虑乘客出行的时空特点以及乘客出行规律,主要是删除逻辑上明显不合理的记录以及一些对本研究无用的变量,该部分的数据清洗工作主要在 Oracle 数据库中进行,主要处理方法如下。

(1) 提取研究所需字段,删除无用字段,并与进出站编码和进出站站点名称匹配,删除不能正常匹配站名的记录。

(2) 删除进站时间晚于出站时间的记录。

(3) 删除进出站时间在地铁运营时间范围之外的记录。

(4) 删除进出站日期不在同一天的记录(部分线路跨日运营)。

(5) 删除进出站时间之差大于 4h 的记录,因为北京地铁规定站内逗留超 4h 补 3 元,除乞讨、发小广告人员,极少数乘客能够乘坐超过 4h 的地铁。

(6) 删除出行时间与出行距离不匹配的记录,即乘客出行速度不在正常范围内。

(7) 删除同站进出的记录。

(8) 删除部分字段丢失的记录,例如,对于某些字段为 0 或 NULL 的记录,应予以删除。

本章使用北京地铁 2016 年 2 月 29 日～4 月 1 日连续 5 周 25 个工作日的 AFC 刷卡数据,共计 1.3 亿条记录,数据跨度为 05∶00～23∶00(18h 或 1080min),原始卡数据记录了卡号、进出站时间、进出站车站编号、进出站车站名称等信息。2016 年 3 月,北京市共计 17 条运营线路和 276 座运营车站(换乘车站不重复计数,不计机场线)。对于两条或三条线路交叉换乘的车站,给予不同的车站编号,其他车站给予唯一编号,将进出站时间转换为 0～1080min,代表一天内 05∶00～23∶00 的运营时间。

原始 AFC 卡数据样例和处理后 AFC 卡数据样例,如表 4-3 和表 4-4 所示。根据处理后的卡数据,分别提取不同时间粒度下的进站客流时间序列,提取的 15min 时间粒度下的进站客流时间序列,如表 4-5 所示,其中,车站编号按线路号及邻接关系进行排序。该客流序列数据使用 Min-Max Scaler 归一化至(0,1),结果评估时再反归一化至数据原始量级。

表 4-3 原始 AFC 卡数据样例

	卡号	进站编号	出站编号	进站时间	出站时间	进站名称	出站名称
1	74873 ***	121	203	20160309190900	20160309193524	永安里	复兴门
2	19727 ***	643	210	20160309123200	20160309124606	朝阳门	北京站
3	42656 ***	9708	210	20160309115600	20160309124428	通州北苑	北京站

表 4-4 处理后 AFC 卡数据样例

	卡号	进站车站唯一编号	出站车站唯一编号	进站时间	出站时间
1	74873 ***	19	37	849	875
2	19727 ***	44	43	452	466
3	42656 ***	29	43	356	464

表 4-5 进站客流时间序列

编号	05：00～05：15	05：15～05：30	05：30～05：45	…	22：45～23：00
1	30	55	77	…	22
2	15	42	58	…	11
3	18	37	49	…	19
…	…	…	…	…	…
276	23	47	62	…	16

笔者得到的卡数据为处理后的 AFC 卡数据，数据存储在 CSV 文件中，每个 CSV 文件以星期＋日期命名，数据格式如表 4-4 所示。完整代码操作流程如下所示。该段代码的输入为表 4-4 所示的 CSV 文件，输出为表 4-5 所示的进站流时间序列，输出结果存储在 CSV 文件中。该代码及其所使用的样例数据存储于本章代码的 data preprocess 文件夹中。需要注意的是，由于提供的并非全量的 AFC 卡数据，仅提供样例数据用于客流时间序列提取过程，因此提取的客流时间序列结果并不具有规律性，提取过程代码如下。

```
#_*_coding:utf-8_*_
import os
import time
import numpy as np

#以两天的数据为例,共计 276 个车站,15 分钟时间粒度下,每天 05:00～23:00 共计 18 个小时,
#每天共 72 个时间片
#两天共计 144 个时间片,所以最终得到的为 276×144 的矩阵

global_start_time = time.time()
print(global_start_time)

#导入 n 天的客流数据
datalist = os.listdir('./data/')
print(datalist)
datalist.sort(key = lambda x: int(x[9:13]))
#初始化 n 个空列表存放 n 天的数据
for i in range(0, len(datalist)):
    globals()['flow_' + str(i)] = []

for i in range(0, len(datalist)):
    file = np.loadtxt('./data/' + datalist[i], skiprows = 1, dtype = str)
    for line in file:
        line = line.replace('"', '').strip().split(',')
        line = [int(x) for x in line]
        globals()['flow_' + str(i)].append(line)
    print("已导入第" + str(i) + "天的数据" + " " + datalist[i])


#获取车站在所给时间粒度下的进站客流序列
def get_tap_in(flow, time_granularity, station_num):
```

```
    # 一天共计 1440 分钟,去掉 23 点到 5 点,五个小时 300 分钟的时间,一天还剩 1080 分钟,num
    # 为每天的时间片个数
    # 当除不尽时,由于 int 是向下取整,会出现下标越界,所以加 1
    if 1080 % time_granularity == 0:
        num = int(1080 / time_granularity)
    else:
        num = int(1080 / time_granularity) + 1
    # 初始化 278 × 278 × num 的多维矩阵,每个 num 代表第 num 个时间粒度
    OD_matrix = [[([0] * station_num) for i in range(station_num)] for j in range(num)]
    # print (matrix)
    for row in flow:
        # 每一列的含义 GRANT_CARD_CODE TAP_IN TAP_OUT TIME_IN TIME_OUT
        # row[1]为进站编码,row[2]为出站编码,row[3]为进站时间,t 为进站时间所在的第几个
        # 时间粒度(角标是从 0 开始的所以要减 1)
        # 通过 row[3]将晚上 11～12 点的数据删掉不予考虑
        if row[3] < 1380 and row[1] < 277 and row[2] < 277:
            m = int(row[1]) - 1
            n = int(row[2]) - 1
            t = int((int(row[3]) - 300) / time_granularity) + 1
            # 对每条记录,在相应位置进站量加 1
            OD_matrix[t - 1][m][n] += 1

    # 不同时间粒度下某个站点的进站量 num 列,行数为 station_num
    O_matrix = [([0] * num) for i in range(station_num)]
    for i in range(num):
        for j in range(station_num):
            temp = sum(OD_matrix[i][j])
            O_matrix[j][i] = temp
    return O_matrix, OD_matrix


for i in [5, 10, 15, 30, 60]:
    print('正在提取第' + str(i) + '个时间粒度的时间序列')
    for j in range(len(datalist)):
        print('正在提取该时间粒度下第' + str(j) + '天的时间序列')
        globals()['O_flow_' + str(i)], globals()['OD_matrix_' + str(i)] = get_tap_in(globals()
['flow_' + str(j)], i, station_num = 276)
        np.savetxt('O_flow_' + str(i) + '.csv', np.array(globals()['O_flow_' + str(i)]),
delimiter = ',', fmt = '%i')
        print(globals()['O_flow_' + str(i)])

print('总时间为(s):', time.time() - global_start_time)
```

4.5 基于 PyTorch 的轨道交通刷卡数据建模

4.5.1 问题陈述及模型框架

本节将基于获取的客流时间序列 CSV 文件,构建简单的深度学习模型,进行实战应用与详解。本文所解决的问题为使用历史进站流数据,借助简单的图卷积神经网络(Kipf

版本)以及二维卷积神经网络,预测未来 15min 所有地铁车站的进站流。模型框架如图 4-1 所示。模型输入为周模式、日模式、实时模式三个模式下的短时进站流序列,分别经过 GCN 层和 CNN 层,输入下一时刻的进站流序列。GCN 和 CNN 等基本模型已在前文章节进行了介绍,此处不再赘述。

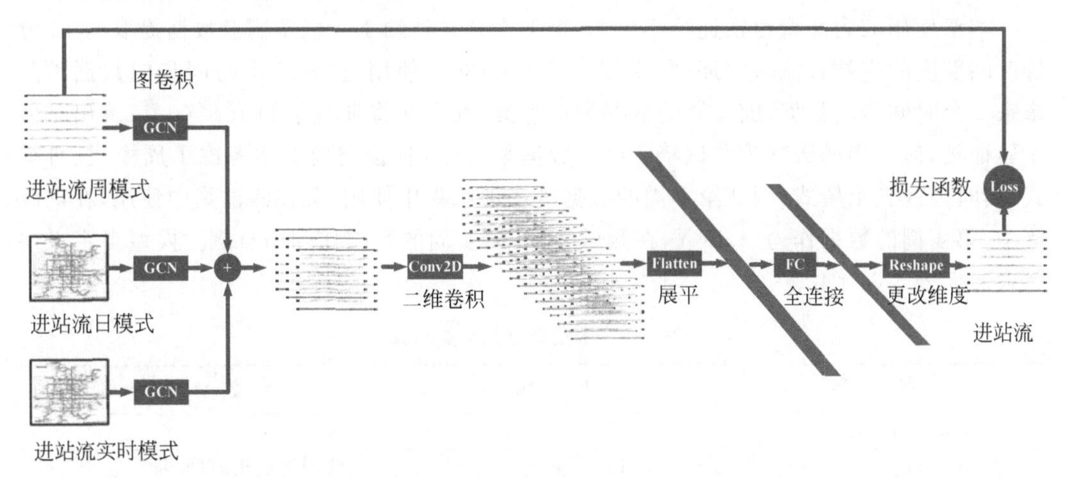

图 4-1 模型框架

本节代码的目录框架如下所示,其中,data 文件夹主要用于读取数据并将数据划分为训练集、验证集和测试集。model 文件夹主要提供了图注意力网络(Graph Attention Network,GAT)和图卷积网络(Graph Convolutional Network,GCN)的 PyTorch 版本的 layer,以及本章节所构建的短时客流预测深度学习模型。result 文件夹用于存储模型预测结果。runs 文件夹用于存储模型训练过程,可使用 TensorBoard 可视化模型的训练损失和验证损失。save_model 用于保存训练过程的模型。utils 文件夹存放的文件主要用于终止模型训练、模型评价、获取图卷积中的拉普拉斯矩阵等。下面将首先对各部分代码依次进行详细介绍。

```
-- data
---------- adjacency.csv
---------- in_15min.csv
---------- out_15min.csv
---------- datasets.py
---------- get_dataloader.py
-- model
---------- GAT_layers.py
---------- GCN_layers.py
---------- main_model.py
-- result
-- runs
-- save_model
-- utils
---------- earlystopping.py
---------- metrics.py
---------- utils.py
```

```
-- main.py
-- main_predict.py
```

4.5.2 数据准备

本章使用的为北京地铁连续5周25个工作日共计约1.3亿条刷卡数据提取的15分钟时间粒度的进站客流时间序列，维度为276×1800，使用过去10个时间步的数据预测未来1个时间步的数据，前4周的数据为训练集，其中又将训练集的10%(0.1)拿出来做了验证集，后一周的数据为测试集。由于数据量有限，且预测模型中考虑了周模式、日模式、实时模式三个模式，因此第4周的数据既在训练集中使用，又在测试集中使用，在训练集中，第4周的数据作为train Y，在测试集中，第4周的数据作为test X。模型自定义参数含义如表4-6所示。

表4-6 模型自定义参数含义

参　　数	取　　值	参 数 含 义
time_interval	15	时间粒度
time_lag	10	使用的历史时间步
tg_in_one_day	72	一天内有多少个时间步
forecast_day_number	5	预测的天数
is_train	默认 True	是否获取训练集
is_val	默认 False	是否获取验证集
val_rate	0.1	验证集所占比例
pre_len	1	预测未来时间步

在PyTorch中，Dataset和Dataloader是进行数据载入的部件。必须将数据载入后，再进行深度学习模型的训练。在PyTorch的一些案例教学中，常使用torch.torchvision.datasets自带的MNIST、CIFAR-10等数据集，一般流程代码如下。

```
#下载并存放数据集
train_dataset = torch.torchvision.datasets.MNIST(root = '../../data', train = True,
transform = transforms.ToTensor(), download = True)

test_dataset = torch.torchvision.datasets.MNIST(root = '../../data', train = False,
transform = transforms.ToTensor())

#load 数据
train_loader = torch.utils.data.DataLoader(dataset = train_dataset, batch_size = batch_
size, shuffle = True)

test_loader = torch.utils.data.DataLoader(dataset = test_dataset, batch_size = batch_
size, shuffle = False)
```

但有时需要使用非官方自制的数据集，此时可以通过改写torch.utils.data.Dataset中的__getitem__()函数和__len__()函数来载入自己的数据集。创建完Dataset类之后，与 DataLoader 一起使用，可在训练模型时不断为模型提供数据。

基于父类 Dataset 创建子类时，其所有的子类必须重写__getitem__()函数和__len__()函数。

(1) __getitem__()函数的作用是根据索引 index 遍历数据。

(2) __len__()函数的作用是返回数据集的长度(即个数)。

(3) 在创建的 Dataset 类中可根据自己的需求对数据进行处理。可编写独立的数据处理函数，在__getitem__()函数中进行调用；或者直接将数据处理方法写在__getitem__()函数中或者__init__()函数中，但__getitem__()函数必须根据 index 返回响应的值，该值会通过 index 传到 DataLoader 中进行后续的 Batch 批处理。

其中，本章的 Dataset 类构建如下，数据使用 Min-Max Scaler 归一化后进行训练，然后再反归一化至原始维度进行测试，代码如下。

```
import torch
from torch.utils.data import Dataset
import numpy as np

"""
Parameter:
time_interval, time_lag, tg_in_one_day, forecast_day_number, is_train = True, is_val =
False, val_rate = 0.1, pre_len
"""


class Traffic_inflow(Dataset):
    def __init__(self, time_interval, time_lag, tg_in_one_day, forecast_day_number, inflow
_data, pre_len, is_train = True, is_val = False, val_rate = 0.1):
        super().__init__()
        #此部分的作用是将数据集划分为训练集、验证集、测试集.
        #完成后 X 的维度为 num × 276 × 30,30 代表 10 个时间步 × 3 个模式 Y 的维度为 num × 276 × 1
        #X 中包含上周同一时段的 10 个时间步、前一天同一时段的 10 个时间步以及临近同一时
        #段的 10 个时间步
        #Y 为 276 个车站未来 1 个时间步
        self.time_interval = time_interval
        self.time_lag = time_lag
        self.tg_in_one_day = tg_in_one_day
        self.forecast_day_number = forecast_day_number
        self.tg_in_one_week = self.tg_in_one_day * self.forecast_day_number
        self.inflow_data = np.loadtxt(inflow_data, delimiter = ",")
        #(276 × num), num is the total inflow numbers in the 25 workdays

        self.max_inflow = np.max(self.inflow_data)
        self.min_inflow = np.min(self.inflow_data)
        self.is_train = is_train
        self.is_val = is_val
        self.val_rate = val_rate
```

```
        self.pre_len = pre_len

        #Normalization
        self.inflow_data_norm = np.zeros((self.inflow_data.shape[0], self.inflow_data.
shape[1]))
        for i in range(len(self.inflow_data)):
            for j in range(len(self.inflow_data[0])):
                self.inflow_data_norm[i, j] = round((self.inflow_data[i, j] - self.min_
inflow) / (self.max_inflow - self.min_inflow), 5)
        if self.is_train:
            self.start_index = self.tg_in_one_week + time_lag
            self.end_index = len(self.inflow_data[0]) - self.tg_in_one_day * self.
forecast_day_number - self.pre_len
        else:
            self.start_index = len(self.inflow_data[0]) - self.tg_in_one_day * self.
forecast_day_number
            self.end_index = len(self.inflow_data[0]) - self.pre_len

        self.X = [[] for index in range(self.start_index, self.end_index)]
        self.Y = []
        self.Y_original = []
        #print(self.start_index, self.end_index)
        for index in range(self.start_index, self.end_index):
            temp1 = self.inflow_data_norm[:, index - self.tg_in_one_week - self.time_lag:
index - self.tg_in_one_week]  #上周同一时段
            temp2 = self.inflow_data_norm[:, index - self.tg_in_one_day - self.time_lag:
index - self.tg_in_one_day]  #前一天同一时段
            temp3 = self.inflow_data_norm[:, index - self.time_lag: index]  #邻近几个时间
                                                                              #段的进站量
            temp = np.concatenate((temp1, temp2, temp3), axis=1).tolist()
            self.X[index - self.start_index] = temp
            self.Y.append(self.inflow_data_norm[:, index:index + self.pre_len])
        self.X, self.Y = torch.from_numpy(np.array(self.X)), torch.from_numpy(np.array
(self.Y))  #(num, 276, time_lag)

        #if val is not zero
        if self.val_rate * len(self.X) != 0:
            val_len = int(self.val_rate * len(self.X))
            train_len = len(self.X) - val_len
            if self.is_val:
                self.X = self.X[-val_len:]
                self.Y = self.Y[-val_len:]
            else:
                self.X = self.X[:train_len]
                self.Y = self.Y[:train_len]
        print("X.shape", self.X.shape, "Y.shape", self.Y.shape)

        if not self.is_train:
```

```
        for index in range(self.start_index, self.end_index):
            self.Y_original.append(self.inflow_data[:, index:index + self.pre_len])
            #the predicted inflow before normalization
        self.Y_original = torch.from_numpy(np.array(self.Y_original))

    def get_max_min_inflow(self):
        return self.max_inflow, self.min_inflow

    def __getitem__(self, item):
        if self.is_train:
            return self.X[item], self.Y[item]
        else:
            return self.X[item], self.Y[item], self.Y_original[item]

    def __len__(self):
        return len(self.X)
```

本章使用的DataLoader构建如下，本章将所有的DataLoader包装在了一个函数里，函数的输入即为前文所列参数，输出为train、validation、test三个DataLoader。本章模型中并未涉及出站流，但数据中提供了处理好的出站流数据，其维度和进站流完全一致，因此所有涉及进站流的代码都可用出站流代替，为演示方便，此处不再详述出站流，读者可在模型中加入出站流数据以调试模型，代码如下。

```
from data.datasets import Traffic_inflow
from torch.utils.data import DataLoader


inflow_data = "./data/in_15min.csv"


def get_inflow_dataloader(time_interval = 30, time_lag = 5, tg_in_one_day = 36, forecast_day_number = 5, pre_len = 1, batch_size = 8):
    #train inflow data loader
    print("train inflow")
    inflow_train = Traffic_inflow(time_interval = time_interval, time_lag = time_lag, tg_in_one_day = tg_in_one_day, forecast_day_number = forecast_day_number, pre_len = pre_len, inflow_data = inflow_data, is_train = True, is_val = False, val_rate = 0.1)
    max_inflow, min_inflow = inflow_train.get_max_min_inflow()
    inflow_data_loader_train = DataLoader(inflow_train, batch_size = batch_size, shuffle = False)

    #validation inflow data loader
    print("val inflow")
    inflow_val = Traffic_inflow(time_interval = time_interval, time_lag = time_lag, tg_in_one_day = tg_in_one_day, forecast_day_number = forecast_day_number, pre_len = pre_len, inflow_data = inflow_data, is_train = True, is_val = True, val_rate = 0.1)
```

```
    inflow_data_loader_val = DataLoader(inflow_val, batch_size = batch_size, shuffle =
False)

    #test inflow data loader
    print("test inflow")
    inflow_test = Traffic_inflow(time_interval = time_interval, time_lag = time_lag, tg_in
_one_day = tg_in_one_day, forecast_day_number = forecast_day_number, pre_len = pre_len,
inflow_data = inflow_data, is_train = False, is_val = False, val_rate = 0)
    inflow_data_loader_test = DataLoader(inflow_test, batch_size = batch_size, shuffle =
False)

    return inflow_data_loader_train, inflow_data_loader_val, inflow_data_loader_test, max_
inflow, min_inflow
```

4.5.3 模型构建

模型构建模块,本章主要提供了两个文件,一个为 GCN 层文件,一个为本章构建的模型。

GCN 层 $\boldsymbol{H}^{l+1}=f(\boldsymbol{H}^{l},\boldsymbol{A})=\sigma(\hat{\boldsymbol{D}}^{-\frac{1}{2}}\hat{\boldsymbol{A}}\hat{\boldsymbol{D}}^{-\frac{1}{2}}\boldsymbol{H}^{l}\boldsymbol{W}^{l}+\boldsymbol{b}^{l})$中,$\hat{\boldsymbol{D}}^{-\frac{1}{2}}\hat{\boldsymbol{A}}\hat{\boldsymbol{D}}^{-\frac{1}{2}}$为固定值,始终保持不变,可利用 utils 文件中的 get_normalized_adj()函数将其事先算出。本章提供的 GCN 层输入为特征矩阵 $\boldsymbol{H}^{l}$,以及处理过后的邻接矩阵 $\hat{\boldsymbol{D}}^{-\frac{1}{2}}\hat{\boldsymbol{A}}\hat{\boldsymbol{D}}^{-\frac{1}{2}}$,分别对应其中的 x 和 adj。此外,初始化 GCN 层时,需要确定每个节点的输入特征个数 in_features 以及输出特征个数 out_features。获取归一化后的邻接矩阵函数如下所示,其输入为 A,输出为 $\hat{\boldsymbol{D}}^{-\frac{1}{2}}\hat{\boldsymbol{A}}\hat{\boldsymbol{D}}^{-\frac{1}{2}}$,该函数存放于 utils 文件中,代码如下。

```
def get_normalized_adj(self, station_num):
    I = np.matrix(np.eye(station_num))
    A_hat = self.adjacency + I
    D_hat = np.array(np.sum(A_hat, axis = 0))[0]
    D_hat_sqrt = [sqrt(x) for x in D_hat]
    D_hat_sqrt = np.array(np.diag(D_hat_sqrt))
    D_hat_sqrtm_inv = np.linalg.inv(D_hat_sqrt)    #开方后求逆即为矩阵的 - 1/2 次方
    #D_A_final = D_hat ** - 1/2 * A_hat * D_hat ** - 1/2
    D_A_final = np.dot(D_hat_sqrtm_inv, A_hat)
    D_A_final = np.dot(D_A_final, D_hat_sqrtm_inv)
    #print(D_A_final.shape)
    return np.array(D_A_final,dtype = "float32")
```

在本案例中,$\boldsymbol{A}$ 代表邻接矩阵,维度为 276×276,$\hat{\boldsymbol{D}}^{-\frac{1}{2}}\hat{\boldsymbol{A}}\hat{\boldsymbol{D}}^{-\frac{1}{2}}$为归一化后的邻接矩阵,其形状不变,仍然为 276×276,也即 GCN 的输入之一邻接矩阵 adj。x 代表训练集 train X,本案例中其维度为 Batch Size×276×30。in_features 代表时间步,即为输入的 10 个时间步,输出特征个数 out_features 可作为参数进行调节,本案例设置为 10,整个 GCN 层代码如下。

```
import math

import torch

from torch.nn.parameter import Parameter
from torch.nn.modules.module import Module


class GraphConvolution(Module):
    """
    Simple GCN layer, similar to https://arxiv.org/abs/1609.02907
    """

    def __init__(self, in_features, out_features, bias=True):
        super(GraphConvolution, self).__init__()
        self.in_features = in_features
        self.out_features = out_features
        self.weight = Parameter(torch.FloatTensor(in_features, out_features).type
(torch.float32))
        if bias:
            self.bias = Parameter(torch.FloatTensor(out_features).type(torch.float32))
        else:
            self.register_parameter('bias', None)
        self.reset_parameters()

    def reset_parameters(self):
        stdv = 1. / math.sqrt(self.weight.size(1))
        self.weight.data.uniform_(-stdv, stdv)
        if self.bias is not None:
            self.bias.data.uniform_(-stdv, stdv)

    def forward(self, x, adj):
        support = torch.matmul(x, self.weight.type(torch.float32))
        output = torch.bmm(adj.unsqueeze(0).expand(support.size(0), *adj.size()), support)
        if self.bias is not None:
            return output + self.bias.type(torch.float32)
        else:
            return output

    def __repr__(self):
        return self.__class__.__name__ + '(' + str(self.in_features) + ' -> ' + str
(self.out_features) + ')'
```

此外本章节还提供了图注意力网络GAT层，其输入和输出与GCN层完全一致，但其训练速度过慢，本章案例中并未使用，读者可在调试模型过程中使用该模型进行建模。

本章构建的短时客流预测模型为 GCN 层和普通卷积层的叠加，其中，周模式、日模式、实时模式三个模式下的进站客流分别经过 GCN 层处理，然后进行特征叠加后，使用 CNN 再次提取时空特征，随后使用全连接层进行降维输出结果。该模型输入的形状为 Batch Size×273×30，输出的形状为 Batch Size×276×1，模型过程中变量的维度变化也在注释中进行了清晰说明，模型代码如下。

```
import torch
from torch import nn
import torch.nn.functional as F
from model.GCN_layers import GraphConvolution


class Model(nn.Module):
    def __init__(self, time_lag, pre_len, station_num, device):
        super().__init__()
        self.time_lag = time_lag
        self.pre_len = pre_len
        self.station_num = station_num
        self.device = device
        self.GCN_week = GraphConvolution(in_features = self.time_lag, out_features = self.
time_lag).to(self.device)
        self.GCN_day = GraphConvolution(in_features = self.time_lag, out_features = self.
time_lag).to(self.device)
        self.GCN_time = GraphConvolution(in_features = self.time_lag, out_features = self.
time_lag).to(self.device)
        self.Conv2D = nn.Conv2d(in_channels = 1, out_channels = 8, kernel_size = 3, padding
= 1).to(self.device)
        self.linear1 = nn.Linear(in_features = 8 * self.time_lag * 3 * self.station_num, out
_features = 1024).to(self.device)
        self.linear2 = nn.Linear(in_features = 1024, out_features = 512).to(self.device)
        self.linear3 = nn.Linear(in_features = 512, out_features = self.station_num * self.
pre_len).to(self.device)

    def forward(self, inflow, outflow, adj):
        inflow = inflow.to(self.device)
        outflow = outflow.to(self.device)
        adj = adj.to(self.device)
        # inflow = self.GCN(input = inflow, adj = adj)            # (64, 276, 10)
        inflow_week = inflow[:, :, 0:self.time_lag]
        inflow_day = inflow[:, :, self.time_lag:self.time_lag * 2]
        inflow_time = inflow[:, :, self.time_lag * 2:self.time_lag * 3]
        inflow_week = self.GCN_week(x = inflow_week, adj = adj)  # (64, 276, 10)
        inflow_day = self.GCN_day(x = inflow_day, adj = adj)     # (64, 276, 10)
        inflow_time = self.GCN_time(x = inflow_time, adj = adj)  # (64, 276, 10)
        inflow = torch.cat([inflow_week, inflow_day, inflow_time], dim = 2)
        output = inflow.unsqueeze(1)                            # (64, 1, 276, 30)
        output = self.Conv2D(output)                            # (64, 8, 276, 5)
```

```
        output = output.reshape(output.size()[0], -1)          #(64, 8 × 276 × 30)
        output = F.relu(self.linear1(output))                   #(64, 1024)
        output = F.relu(self.linear2(output))                   #(64, 512)
        output = self.linear3(output)                           #(64, 276 × pre_len)
        output = output.reshape(output.size()[0], self.station_num, self.pre_len)
                                                                #( 64, 276, pre_len)
        return output
```

4.5.4 模型终止及评价

模型终止部分采用 Early Stopping 技术，该部分主要有两个作用，一是借助验证集损失，来保存截至当前的最优模型，二是当模型训练到一定标准后终止模型训练。实例化该 Early Stopping 类时，会自动调用__call__()函数，其输入为验证集的损失 val_loss，模型的参数字典 model_dict，模型类 model，当前的迭代次数 Epoch，以及模型的保存路径 save_path。该类的调用方法在模型训练及测试部分有示例，代码如下。

```
import numpy as np
import torch


class EarlyStopping:
    """
    Early stops the training if validation loss doesn't improve after a given patience.
    """
    def __init__(self, patience = 7, verbose = False):
        """
        Args:
            patience (int): How long to wait after last time validation loss improved.
                            Default: 7
            verbose (bool): If True, prints a message for each validation loss improvement.
                            Default: False
        """
        self.patience = patience
        self.verbose = verbose
        self.counter = 0
        self.best_score = None
        self.early_stop = False
        self.val_loss_min = np.Inf

    def __call__(self, val_loss, model_dict, model, epoch, save_path):

        score = -val_loss

        if self.best_score is None:
            self.best_score = score
            self.save_checkpoint(val_loss, model_dict, model, epoch, save_path)
        elif score < self.best_score:
```

```
            self.counter += 1
            print(
                f'EarlyStopping counter: {self.counter} out of {self.patience}', self.val
_loss_min
            )
            if self.counter >= self.patience:
                self.early_stop = True
        else:
            self.best_score = score
            self.save_checkpoint(val_loss, model_dict, model, epoch, save_path)
            self.counter = 0

    def save_checkpoint(self, val_loss, model_dict, model, epoch, save_path):
        '''Saves model when validation loss decrease.'''
        if self.verbose:
            print(
                f'Validation loss decreased ({self.val_loss_min:.8f} --> {val_loss:.
8f}). Saving model ...'
            )
        torch.save(model_dict, save_path + "/" + "model_dict_checkpoint_{}_{:.8f}.
pth".format(epoch, val_loss))
        #torch.save(model, save_path + "/" + "model_checkpoint_{}_{:.8f}.pth".format
        #(epoch, val_loss))
        self.val_loss_min = val_loss
```

关于模型评价，本案例主要使用了均方根误差 RMSE，皮尔逊相关系数 R^2，平均绝对误差 MAE，加权平均绝对百分比误差 WMAPE 四个指标。本案例提供了分别针对一维数据和二维数据的评估函数，即真实值和预测值均为一维数据，或真实值和预测值均为二维数据。函数输入即为 numpy.array 形式的真实值和预测值，输出值为相应的评价指标，模型评价代码如下。

```
from sklearn.metrics import mean_squared_error
from sklearn.metrics import mean_absolute_error
from sklearn.metrics import r2_score
from math import sqrt
import numpy as np

"""
class Metrics
func : define metrics for 2 - d array
parameter
Y_true : grand truth (n, 276)
Y_pred : prediction (n, 276)
"""
class Metrics:
    def __init__(self, Y_true, Y_pred):
        self.Y_true = Y_true
```

```
        self.Y_pred = Y_pred

    def weighted_mean_absolute_percentage_error(self):
        total_sum = np.sum(self.Y_true)
        average = []
        for i in range(len(self.Y_true)):
            for j in range(len(self.Y_true[0])):
                if self.Y_true[i][j] > 0:
                    #加权 (y_true[i][j]/np.sum(y_true[i])) *
                    temp = (self.Y_true[i][j]/total_sum) * np.abs((self.Y_true[i][j] -
self.Y_pred[i][j]) / self.Y_true[i][j])
                    average.append(temp)
        return np.sum(average)

    def evaluate_performance(self):
        RMSE = sqrt(mean_squared_error(self.Y_true, self.Y_pred))
        R2 = r2_score(self.Y_true,self.Y_pred)
        MAE = mean_absolute_error(self.Y_true, self.Y_pred)
        WMAPE = self.weighted_mean_absolute_percentage_error()
        return RMSE, R2, MAE, WMAPE


class Metrics_1d:
    def __init__(self, Y_true, Y_pred):
        self.Y_true = Y_true
        self.Y_pred = Y_pred

    def weighted_mean_absolute_percentage_error(self):
        total_sum = np.sum(self.Y_true)
        average = []
        for i in range(len(self.Y_true)):
            if self.Y_true[i] > 0:
                #加权 (y_true[i][j]/np.sum(y_true[i])) *
                temp = (self.Y_true[i] / total_sum) * np.abs((self.Y_true[i] - self.Y_pred
[i]) / self.Y_true[i])
                average.append(temp)
        return np.sum(average)

    def evaluate_performance(self):
        RMSE = sqrt(mean_squared_error(self.Y_true, self.Y_pred))
        R2 = r2_score(self.Y_true,self.Y_pred)
        MAE = mean_absolute_error(self.Y_true, self.Y_pred)
        WMAPE = self.weighted_mean_absolute_percentage_error()
        return RMSE, R2, MAE, WMAPE
```

4.5.5　模型训练及测试

由于训练过程中，借助 Early Stopping 技术可能会保存多个模型，为方便测试，本案例将训练验证部分写在了主函数里,将测试部分重新写了一个函数。训练测试部分的代码如下所示。对每个 Epoch,先进行训练,再进行验证,过程中借助 Summary Writer 保存训练损失和验证损失,可借助 TensorBoard 进行可视化。每一次验证结束后,借助 Early Stopping 判断是否保存当前模型以及是否终止模型训练。保存的模型的判定标准是只要验证集损失有所下降,便保存当前模型,终止模型训练的判断标准是当验证集损失超过 100 次不再下降时,便终止训练过程,鉴于此,模型的 Epoch 可尽量设置大一些,可避免模型过早地终止训练,代码如下。

```
import numpy as np
import os, time, torch
from torch import nn
from torch.utils.tensorboard import SummaryWriter
from utils.utils import GetLaplacian
from model.main_model import Model
from utils.earlystopping import EarlyStopping
from data.get_dataloader import get_inflow_dataloader, get_outflow_dataloader
device = torch.device("cuda:0" if torch.cuda.is_available() else "cpu")

print(device)

epoch_num = 1000
lr = 0.001
time_interval = 15
time_lag = 10
tg_in_one_day = 72
forecast_day_number = 5
pre_len = 1
batch_size = 32
station_num = 276
model_type = 'ours'
TIMESTAMP = str(time.strftime("%Y_%m_%d_%H_%M_%S"))
save_dir = './save_model/' + model_type + '_' + TIMESTAMP
if not os.path.exists(save_dir):
   os.makedirs(save_dir)

inflow_data_loader_train, inflow_data_loader_val, inflow_data_loader_test, max_inflow,
min_inflow = \
   get_inflow_dataloader(time_interval = time_interval, time_lag = time_lag, tg_in_one_day
 = tg_in_one_day, forecast_day_number = forecast_day_number, pre_len = pre_len, batch_size
 = batch_size)
outflow_data_loader_train, outflow_data_loader_val, outflow_data_loader_test, max_
outflow, min_outflow = \
   get_outflow_dataloader(time_interval = time_interval, time_lag = time_lag, tg_in_one_
day = tg_in_one_day, forecast_day_number = forecast_day_number, pre_len = pre_len, batch_
size = batch_size)

#get normalized adj
```

```
adjacency = np.loadtxt('./data/adjacency.csv', delimiter=",")
adjacency = torch.tensor(GetLaplacian(adjacency).get_normalized_adj(station_num)).type
(torch.float32).to(device)

global_start_time = time.time()
writer = SummaryWriter()


#用于初始化卷积层的参数,可提升模型训练效果
    def weights_init(m):
  classname = m.__class__.__name__
  if classname.find('Conv2d') != -1:
      nn.init.xavier_normal_(m.weight.data)
      nn.init.constant_(m.bias.data, 0.0)
  if classname.find('ConvTranspose2d') != -1:
      nn.init.xavier_normal_(m.weight.data)
      nn.init.constant_(m.bias.data, 0.0)


model = Model(time_lag, pre_len, station_num, device)
print(model)
model.apply(weights_init)
if torch.cuda.is_available():
  model.cuda()

model = model.to(device)
optimizer = torch.optim.Adam(model.parameters(), lr=lr)
mse = torch.nn.MSELoss().to(device)

temp_time = time.time()
early_stopping = EarlyStopping(patience=100, verbose=True)
for epoch in range(0, epoch_num):
  #model train
  train_loss = 0
  model.train()
  for inflow_tr, outflow_tr in zip(enumerate(inflow_data_loader_train), enumerate
(outflow_data_loader_train)):
      i_batch, (train_inflow_X, train_inflow_Y) = inflow_tr
      i_batch, (train_outflow_X, train_outflow_Y) = outflow_tr
      train_inflow_X, train_inflow_Y = train_inflow_X.type(torch.float32).to(device),
train_inflow_Y.type(torch.float32).to(device)
      train_outflow_X, train_outflow_Y = train_outflow_X.type(torch.float32).to
(device), train_outflow_Y.type(torch.float32).to(device)
      target = model(train_inflow_X, train_outflow_X, adjacency)
      loss = mse(input=train_inflow_Y, target=target)
      train_loss += loss.item()
```

```
            optimizer.zero_grad()
            loss.backward()
            optimizer.step()

        with torch.no_grad():
            #model validation
            model.eval()
            val_loss = 0
            for inflow_val, outflow_val in zip(enumerate(inflow_data_loader_val), enumerate
(outflow_data_loader_val)):
                i_batch, (val_inflow_X, val_inflow_Y) = inflow_tr
                i_batch, (val_outflow_X, val_outflow_Y) = outflow_tr
                val_inflow_X, val_inflow_Y = val_inflow_X.type(torch.float32).to(device), val_
inflow_Y.type(torch.float32).to(device)
                val_outflow_X, val_outflow_Y = val_outflow_X.type(torch.float32).to(device),
val_outflow_Y.type(torch.float32).to(device)
                target = model(val_inflow_X, val_outflow_X, adjacency)
                loss = mse(input=val_inflow_Y, target=target)
                val_loss += loss.item()

        avg_train_loss = train_loss / len(inflow_data_loader_train)
        avg_val_loss = val_loss / len(inflow_data_loader_val)
        writer.add_scalar("loss_train", avg_train_loss, epoch)
        writer.add_scalar("loss_eval", avg_val_loss, epoch)
        print('epoch:', epoch, 'train Loss', avg_train_loss, 'val Loss:', avg_val_loss)

        if epoch > 0:
            #early stopping
            model_dict = model.state_dict()
            early_stopping(avg_val_loss, model_dict, model, epoch, save_dir)
            if early_stopping.early_stop:
                print("Early Stopping")
                break
        #每10个epoch打印一次训练时间
            if epoch % 10 == 0:
            print("time for 10 epoches:", round(time.time() - temp_time, 2))
            temp_time = time.time()
global_end_time = time.time() - global_start_time
print("global end time:", global_end_time)

Train_time_ALL = []

Train_time_ALL.append(global_end_time)
np.savetxt('result/lr_' + str(lr) + '_batch_size_' + str(batch_size) + '_Train_time_ALL.
txt', Train_time_ALL)
print("end")
```

模型测试部分代码稍有不同，但和训练测试过程中代码大体一致。测试过程首先需要利用 torch.load()函数将保存的模型重新导入，然后利用 model.load_state_dict()函数将保存的参数字典加载到模型中，此时模型中的参数即为训练过程中训练好的参数。测试时，需要将预测结果反归一化至原始数据量级进行测试，代码如下。

```
path = 'D:/subway flow prediction_for book/save_model/1_ours2021_04_12_14_34_43/model_
dict_checkpoint_29_0.00002704.pth'
checkpoint = torch.load(path)
model.load_state_dict(checkpoint, strict=True)
optimizer = torch.optim.Adam(model.parameters(), lr=lr)

#test
result = []
result_original = []
if not os.path.exists('result/prediction'):
    os.makedirs('result/prediction/')
if not os.path.exists('result/original'):
    os.makedirs('result/original')
with torch.no_grad():
    model.eval()
    test_loss = 0
    for inflow_te, outflow_te in zip(enumerate(inflow_data_loader_test), enumerate(outflow
_data_loader_test)):
        i_batch, (test_inflow_X, test_inflow_Y, test_inflow_Y_original) = inflow_te
        i_batch, (test_outflow_X, test_outflow_Y, test_outflow_Y_original) = outflow_te
        test_inflow_X, test_inflow_Y = test_inflow_X.type(torch.float32).to(device), test
_inflow_Y.type(torch.float32).to(device)
        test_outflow_X, test_outflow_Y = test_outflow_X.type(torch.float32).to(device),
test_outflow_Y.type(torch.float32).to(device)

        target = model(test_inflow_X, test_outflow_X, adjacency)

        loss = mse(input=test_inflow_Y, target=target)
        test_loss += loss.item()

        #evaluate on original scale
        #获取 result (batch, 276, pre_len)
        clone_prediction = target.cpu().detach().numpy().copy() * max_inflow
        #clone(): Copy the tensor and allocate the new memory
        #print(clone_prediction.shape)  #(16, 276, 1)
        for i in range(clone_prediction.shape[0]):
            result.append(clone_prediction[i])

        #获取 result_original
        test_inflow_Y_original = test_inflow_Y_original.cpu().detach().numpy()
        #print(test_OD_Y_original.shape)  #(16, 276, 1)
        for i in range(test_inflow_Y_original.shape[0]):
```

```
        result_original.append(test_inflow_Y_original[i])

    print(np.array(result).shape, np.array(result_original).shape)  # (num, 276, 1)
    # 取整 & 非负取 0
    result = np.array(result).astype(np.int)
    result[result < 0] = 0
    result_original = np.array(result_original).astype(np.int)
    result_original[result_original < 0] = 0
```

4.5.6 结果展示

训练过程中数据集维度展示、模型框架展示、损失函数值和验证损失函数值展示、真实值和预测值对比图，分别如图 4-2～图 4-5 所示。由真实值和预测值对比图可知，本文构建模型的效果较好。本案例仅作读者参考，模型并未进行细致的调参，也并未进行模型结构的调式，仅凭笔者经验构建了本模型，读者可在此模型基础上进行细致的调参以及模型结构调整，以提高模型表现。

```
F:\ProgramData\Anaconda3\envs\interntorch\python.exe "D:/subway flow
cpu
train inflow
X.shape torch.Size([963, 276, 30]) Y.shape torch.Size([963, 276, 1])
val inflow
X.shape torch.Size([106, 276, 30]) Y.shape torch.Size([106, 276, 1])
test inflow
X.shape torch.Size([359, 276, 30]) Y.shape torch.Size([359, 276, 1])
train outflow
X.shape torch.Size([963, 276, 30]) Y.shape torch.Size([963, 276, 1])
val outflow
X.shape torch.Size([106, 276, 30]) Y.shape torch.Size([106, 276, 1])
test outflow
X.shape torch.Size([359, 276, 30]) Y.shape torch.Size([359, 276, 1])
```

图 4-2 数据集维度展示

```
Model(
  (GCN_week): GraphConvolution(10 -> 10)
  (GCN_day): GraphConvolution(10 -> 10)
  (GCN_time): GraphConvolution(10 -> 10)
  (Conv2D): Conv2d(1, 8, kernel_size=(3, 3), stride=(1, 1), padding=(1, 1))
  (linear1): Linear(in_features=66240, out_features=1024, bias=True)
  (linear2): Linear(in_features=1024, out_features=512, bias=True)
  (linear3): Linear(in_features=512, out_features=276, bias=True)
)
```

图 4-3 模型框架展示

```
epoch: 0 train Loss 0.03436302813333309 val Loss: 0.0004361569881439209
time for 10 epoches: 35.28
epoch: 1 train Loss 0.00266237115494967 val Loss: 0.00027541888994164765
Validation loss decreased (inf --> 0.00027542).  Saving model ...
epoch: 2 train Loss 0.0010542031579403087 val Loss: 0.0001942173548741266
Validation loss decreased (0.00027542 --> 0.00019422).  Saving model ...
epoch: 3 train Loss 0.0005995872922921403 val Loss: 0.000104731552710291
Validation loss decreased (0.00019422 --> 0.00010473).  Saving model ...
epoch: 4 train Loss 0.0004457537441105101 val Loss: 6.278781074797735e-05
Validation loss decreased (0.00010473 --> 0.00006279).  Saving model ...
epoch: 5 train Loss 0.00039795269220767 val Loss: 6.268938886933029e-05
Validation loss decreased (0.00006279 --> 0.00006269).  Saving model ...
epoch: 6 train Loss 0.0003311421680865028 val Loss: 5.952196806902066e-05
Validation loss decreased (0.00006269 --> 0.00005952).  Saving model ...
epoch: 7 train Loss 0.00029743200796093013 val Loss: 4.327629358158447e-05
Validation loss decreased (0.00005952 --> 0.00004328).  Saving model ...
epoch: 8 train Loss 0.00032384127928620024 val Loss: 5.116574538988061e-05
EarlyStopping counter: 1 out of 100 4.327629358158447e-05
epoch: 9 train Loss 0.0003559318194616466 val Loss: 0.0001417857565684244
EarlyStopping counter: 2 out of 100 4.327629358158447e-05
epoch: 10 train Loss 0.00032755220473195697 val Loss: 3.759633909794502e-05
Validation loss decreased (0.00004328 --> 0.00003760).  Saving model ...
time for 10 epoches: 323.92
```

图 4-4　损失函数值和验证损失函数值展示

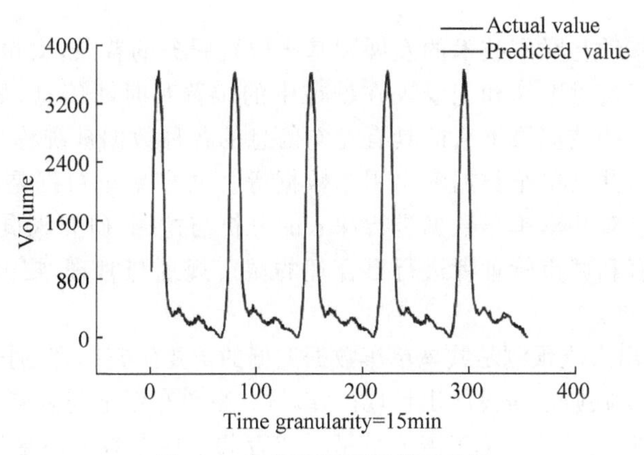

图 4-5　真实值和预测值对比图

完整的代码可通过本书提供的获取方式进行获取。

4.6　本章小结

本章首先介绍了人工智能、机器学习、深度学习、强化学习在轨道交通领域的主流研究方向，并以利用轨道交通刷卡数据进行短时客流预测为研究案例，详细介绍了地铁卡数据的获取手段及开源数据集、卡数据预处理过程，以及短时客流预测模型的完整建模过程，本章随附每一部分的完整代码及数据，读者可获取完整项目代码及数据进行实战演练。

第5章

基于深度学习的共享单车轨迹数据案例实战

5.1 研究背景

近年来,随着移动互联网技术的发展和基于位置服务的普及,大量的传感器被布置在城市的各个角落,以实时感知和记录人在城市中的位置和时间信息,如GPS全球定位系统、手机基站等。这些被记录下来的具有时空信息的各种数据被统称为城市时空大数据,包括人的轨迹数据、共享单车数据和出租车数据等。共享单车数据是城市时空大数据的重要组成部分,通过对共享单车数据进行深入的分析与挖掘,研究人员可以发现有价值的知识,从而帮助政府和城市管理者进行更合理的城市规划与管理,提升城市运行效率,实现城市的可持续发展。

城市共享单车出入流预测是共享单车数据挖掘的重要研究内容,通过对本问题的研究,可以从一定程度上反映城市居民的出行规律,缓解共享单车在不同区域供需不平衡的问题,提前发现未来某一时段内共享单车需求量暴增或者共享单车数量不足的问题,以做好单车调度、单车分配等任务,缓解城市中的"最后一千米问题",极大地方便个人生活。同时,对不同城市区域居民的出行习惯和出行规律进行分析,辅助城市管理者进行城市规划。

本章利用深度学习和迁移学习方法,以基于深度域适应网络的共享单车出入流知识迁移与预测为应用背景,对现有的公开共享单车数据进行深入分析,学习共享单车复杂的时空分布,进行知识迁移,并进行预测。以"数据获取—数据预处理—应用实战"为主线,带领初学者完整实现一套标准的深度学习建模流程。

5.2 研究现状

共享单车正在给城市的交通结构带来巨大的变革,自2016年以来,中国市场上涌现出大量的共享单车产品，如摩拜单车、ofo小黄车和小蓝单车等。目前，我国共享单车市场有着庞大的市场需求，利用数据挖掘技术对共享单车的骑行规律进行建模，有巨大的应用前景和社会意义。本章主要讨论共享单车数据挖掘的两个主要研究方向，其一是共享单车出入流预测，即利用城市中不同区域的历史共享单车数据预测未来一段时间内的共享单车出入流数据，现有的出入流预测方法一般通过深度学习等技术构建模型，并使用天气等外部数据辅助预测。其二是共享单车调度优化研究，例如，采用传统的遗传算法、蚁群算法等对单车调度路径优化、引入新兴的强化学习技术对共享单车的调度路线进行优化等。下面对两个研究方向进行详细简介。

5.2.1　共享单车出入流预测研究

共享单车出入流预测与前述人工智能在轨道交通运营管理的主流研究方向章节中(第4章)城市轨道交通短时进站流预测部分类似，故本节只做简要概述。

如果仅关注某一特定位置在一段时间内的相关共享单车测量数据，那么可以将其建模成时间序列数据，如某条道路上的共享单车流量数据。在传统的研究上，研究者们大都使用基于统计的方法，如ARIMA、SVR与贝叶斯网络等。但是这些基于统计的方法学习到的特征比较浅，由于它们有限的学习能力，无法学习到复杂的时空依赖。

随着深度学习技术的进步，深度学习技术被广泛应用到共享单车出入流预测上。一类方法通过将整个城市看作图像，并应用卷积神经网络(CNN)捕获空间特征，进行区域级的共享单车出入流预测。由于时间特征对共享单车预测研究十分重要，又引入循环神经网络(RNN)，并结合CNN同时学习时空特征，引入了如ConvLSTM等模型，并进一步扩展出SeqST-GAN等方法。但是，随着研究的深入，研究学者们发现目前的算法将整个城市看作一张图片，然后使用卷积神经网络(CNN)对其进行处理，但是这种方式不能完整地反映空间关系。例如，城市中的两个区域相隔比较远，但是它们却有着相似的空间模式，而传统的卷积神经网络(CNN)无法捕获这种空间特征。为了捕获这种全局的空间特征，对这种非欧式数据进行建模，研究者们又提出了另一类研究方法，即基于网神经网络(GNN)的共享单车出入流预测方法，通过引入随机游走(Random Walk)、图卷积神经网络(GCN)等方法，并结合RNN与最近很火的Transformer等方法，提出了很多方法，如AEST等。同时，也可以将图像的每一个区域看作节点，将DCRNN、STGCN和GMAN等方法应用于共享单车出入流预测。

随着数据种类的增加，很多研究者引入了迁移学习、联合训练模型和多任务学习模型对共享单车的出入流预测进行了研究。来自北京大学等单位的研究者们提出了名为RegionTrans的迁移学习方法，首先利用现有数据计算目标域中的每个区域和源域直接的相似性，然后将这些相似性加入到基于深度学习的预测模型中作为约束，将数据丰富的城市数据知识迁移到数据稀疏的城市中。笔者提出了一种统一的端到端的时空域适应网络ST-DAAN，从数据分布的角度，借助深度域适应网络DAN与最大均值差异MMD，将丰富的源域知识迁移到目标域中，以辅助数据稀疏的城市进行共享单车的出入流预测。同时，为了考虑出入流预测与起点-目的地(OD)预测的相关性，笔者又提出了MT-ASTN模型，利用基于对抗学习的多任务学习方法，学习两个任务的公有特征，同时辅助共享单车出入流预测与OD预测。

5.2.2 共享单车调度优化研究

共享单车的调度优化研究能为城市管理者与共享单车运营商管理共享单车提供参考与理论支撑,其受多维因素影响,如天气、节假日等。现对国内外共享单车调度优化研究进行简要综述。

国外对共享单车的调度优化研究比较早,在早期的研究中,研究者们主要使用基于规则的算法进行共享单车的调度优化。研究者们一开始通过建立总调度距离最短模型和分支切割算法对调度车辆唯一情况下的调度问题进行求解;紧接着,另一部分研究者研究了共享单车调度路线的确定、迁移或自行车放置路线问题,通过将目标函数定义为调度总距离及被租赁点拒绝的使用者数量进行优化;随后,有研究者引入数据挖掘方法,利用聚类分析,对单车的租赁点进行聚类,对不同租赁点之间的线路分布进行建模;同时,又有研究者引入系统动力学模型解决共享单车系统的动态平衡问题,求解不同状态下系统的最佳调度方案;考虑到调度成本问题,研究者们提出了基于调度成本最小化的单车二次配送的动态模型,模型得出了客户满意度最高的最优调度路径;为了对不同站点不同车辆进行统一规划,提出了混合整数规划模型,为大规模公共自行车系统的调度和再分配问题提供了一种新思路;还有一部分研究者们借助机器学习方法,将能考虑到的影响共享单车调度因素作为特征输入到机器学习模型中,优化共享单车调度;随着强化学习的火爆,现在的研究者们引入强化学习对共享单车的调度路线进行优化,以减少成本。但是国外对调度问题的研究主要基于有桩共享单车,涉及无桩共享单车的调度研究较少。

国内的学者对共享单车的调度优化也有很多重要的研究。起初,研究者们利用遗传算法和禁忌搜索法,通过将运营成本与服务质量作为约束,对需求不断变化的供需单车调度问题进行求解;后来,有研究者发现共享单车的供需关系在时空上都存在不均衡问题,使用蚁群算法对单车调度路径优化问题进行求解;还有研究者通过归纳分析借还车数据,建立BP神经网络预测借还车的分布情况,通过定义调度时间窗内站点的饱和度分析最优调度方案;另一部分研究者利用聚类等数据挖掘方法分析居民使用共享单车的出行规律,对时空特征建模,为共享单车调度提供参考。

5.3 数据获取手段及开源数据集简介

共享单车领域的数据集主要包含纽约有桩共享单车数据集、芝加哥共享单车数据集、摩拜单车数据集等。本章的案例主要以基于经纬度的共享单车的出入流预测为主,因此,此处会着重对纽约有桩共享单车数据集和芝加哥共享单车数据集的获取手段以及相关的数据集信息进行简介,同时也会对摩拜单车数据集进行简要介绍。

1. 纽约有桩共享单车数据集 CitiBike

CitiBike是纽约有桩共享单车的轨迹数据,包含2013年6月～2021年7月(截至笔者撰写本节前)全纽约市范围内城市有桩共享单车的数据,本节以2015年1月～

2015 年 12 的数据为例，总的来说，CitiBike 在纽约建立了超过 600 个自行车站点，并投放了 10 000 辆左右的自行车，数据集中的每条轨迹数据包含 11 个字段：行程时间、行程开始日期/时间、行程结束日期/时间、起始站点编号、起始站点名称、起始站点经度、起始站点纬度、终止站点编号、终止站点名称、终止站点经度、终止站点纬度、自行车编号、用户类型、生日、性别。官网目前可直接下载 2015 年 1 月 1 日～2015 年 12 月 31 日的数据，该数据集超过九百万条。CitiBike 官网（https://www.citibikenyc.com/system-data）提供了其他年份的全量数据可供下载，且提供了详细的数据集说明。本节以热力图的形式可视化了整个纽约共享单车数据集 2015 年某个时刻的签入签出数据。CitiBike 签出可视化如图 5-1 所示。

CitiBike 签入可视化如图 5-2 所示。

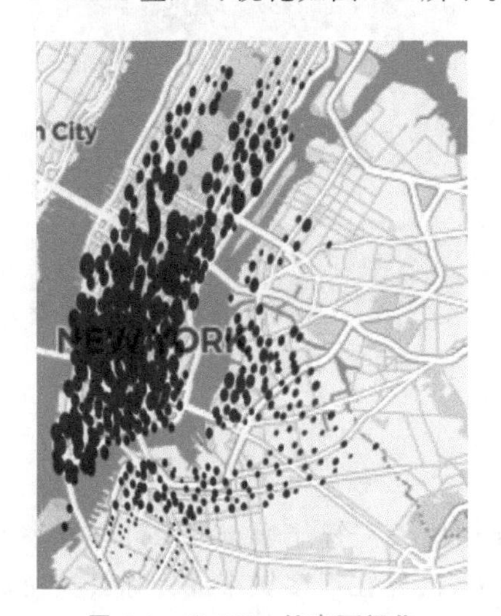

图 5-1　CitiBike 签出可视化

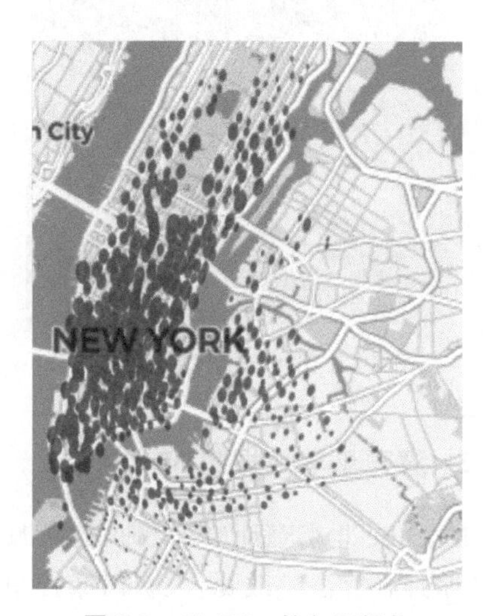

图 5-2　CitiBike 签入可视化

2. 芝加哥共享单车数据集 DivvyBike

DivvyBike 是基于经纬度的芝加哥公开共享单车数据集，由芝加哥自行车共享系统 Divvy 进行数据采集，包含 2013 年 1 月～2021 年 7 月全芝加哥市范围内城市共享单车的数据，本节以 2015 年的共享单车数据为例。总的来说，DivvyBike 建立了 580 个站点，并投放了 5800 辆自行车。从 2015 年 1 月至 2015 年 12 月，DivvyBike 拥有超过 6 百万条自行车行程数据，其中每条行程数据包含以下字段：行程开始时间、行程结束时间、起始站点编号、起始站点名称、起始站点经度、起始站点纬度、终止站点编号、终止站点名称、终止站点经度、终止站点纬度、自行车编号、用户类型、生日和性别。用户可通过 Divvy Data 官网（https://www.divvybikes.com/system-data）下载全量数据，同时官网也提供相应的数据说明和数据使用条例。本节以热力图的形式可视化了整个芝加哥共享单车数据集 2015 年某个时刻的签入签出数据。DivvyBike 签出可视化如图 5-3 所示。

DivvyBike 签入可视化如图 5-4 所示。

图 5-3 DivvyBike 签出可视化

图 5-4 DivvyBike 签入可视化

3. 摩拜单车数据集 MoBike

MoBike 北京摩拜单车数据集来源于 2017 年中国人工智能学会与摩拜联合举办的 2017 摩拜杯算法挑战赛，大赛以摩拜单车推出以来，已经在很多城市成为除公共交通以外的居民出行方式的首选为背景，主要目标是利用机器学习等技术预测用户的出行目的地等。MoBike 数据集没有固定的站点，在北京投放了超过 40 万辆共享单车，其中每条数据包含 7 个字段：订单编号、用户编号、车辆编号、车辆类型、骑行起始时间、骑行起始区块位置、骑行目的地区块位置。地理位置信息，如骑行起始区块位置和骑行目的地区块位置信息，通过 Geohash 加密，可以通过开源的方法获得详细的经纬度数据。

完整的数据集可通过本书前言提供的获取方式进行获取。

5.4 数据预处理及可视化

本节所使用的代码主要基于经纬度的共享单车数据集，如 CitiBike、DivvyBike 等。首先，对数据集进行简单的分析及预处理，并进行可视化。然后，进一步讲述如何根据经纬度，对整个城市进行网格划分，将整个城市看作一张“图片”，从原始 GPS 轨迹数据提取城市不同区域的出入流时空信息。

以 2015 年 1 月 CitiBike 数据为例，首先利用 Python 3 和 Pandas 对数据进行读取，并输出前 5 条示例数据，代码如下。

```
import pandas as pd
df = pd.read_csv('./Dataset/NYC_Citybike/2015/201501 - citibike - tripdata.csv', sep = ',')
print(df.head())
```

2015 年 1 月 CitiBike 示例如图 5-5 所示。

	tripduration	starttime	stoptime	start station id	start station name	start station latitude	start station longitude	end station id	end station name	end station latitude	end station longitude	bikeid	usertype	birth year	gender
0	1346	1/1/2015 0:01	1/1/2015 0:24	455	1 Ave & E 44 St	40.750020	-73.969053	265	Stanton St & Chrystie St	40.722293	-73.991475	18660	Subscriber	1960.0	2
1	363	1/1/2015 0:02	1/1/2015 0:08	434	9 Ave & W 18 St	40.743174	-74.003664	482	W 15 St & 7 Ave	40.739355	-73.999318	16085	Subscriber	1963.0	1
2	346	1/1/2015 0:04	1/1/2015 0:10	491	E 24 St & Park Ave S	40.740964	-73.986022	505	6 Ave & W 33 St	40.749013	-73.988484	20845	Subscriber	1974.0	1
3	182	1/1/2015 0:04	1/1/2015 0:07	384	Fulton St & Waverly Ave	40.683178	-73.965964	399	Lafayette Ave & St James Pl	40.688515	-73.964763	19610	Subscriber	1969.0	1
4	969	1/1/2015 0:05	1/1/2015 0:21	474	5 Ave & E 29 St	40.745168	-73.986831	432	E 7 St & Avenue A	40.726218	-73.983799	20197	Subscriber	1977.0	1

图 5-5　2015 年 1 月 CitiBike 示例

接着，由于字段太多，可以稍加处理只取所需信息字段，并更改字段名，使其更为直观，代码如下。

```
df_columns = [
    'starttime', 'stoptime',
    'start station longitude', 'start station latitude',
    'end station longitude', 'end station latitude'
]
new_col_name = [
    'pick_up_time', 'drop_off_time',
    'pick_up_lon', 'pick_up_lat',
    'drop_off_lon', 'drop_off_lat'
]
df = df.loc[:, df_columns]
df.columns = new_col_name
print(df.head())
```

所需字段信息示例如图 5-6 所示。

	pick_up_time	drop_off_time	pick_up_lon	pick_up_lat	drop_off_lon	drop_off_lat
0	1/1/2015 0:01	1/1/2015 0:24	-73.969053	40.750020	-73.991475	40.722293
1	1/1/2015 0:02	1/1/2015 0:08	-74.003664	40.743174	-73.999318	40.739355
2	1/1/2015 0:04	1/1/2015 0:10	-73.986022	40.740964	-73.988484	40.749013
3	1/1/2015 0:04	1/1/2015 0:07	-73.965964	40.683178	-73.964763	40.688515
4	1/1/2015 0:05	1/1/2015 0:21	-73.986831	40.745168	-73.983799	40.726218

图 5-6　所需字段信息示例

然后利用 Matplotlib 包，统计并可视化共享单车于不同经纬度的使用频率，本节以乘客的上车点为例，经纬度间隔设置为 0.002 代码如下。

```
import matplotlib.pyplot as plt
plt.hist(df['pick_up_lat'], bins = list(np.arange(40.67,40.78,0.002)))
plt.title('Latitude Hist Map')
plt.plot()
plt.hist(df['pick_up_lon'], bins = list(np.arange( - 74.02, - 73.95,0.002)))
plt.title('Pick Up Longitude Hist Map')
plt.plot()
```

共享单车上车点于不同经度使用频率分布如图 5-7 所示。

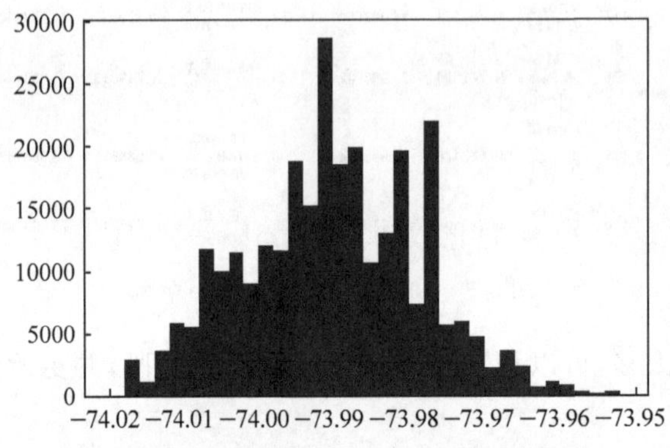

图 5-7　共享单车上车点于不同经度使用频率分布

共享单车上车点于不同纬度使用频率分布如图 5-8 所示。

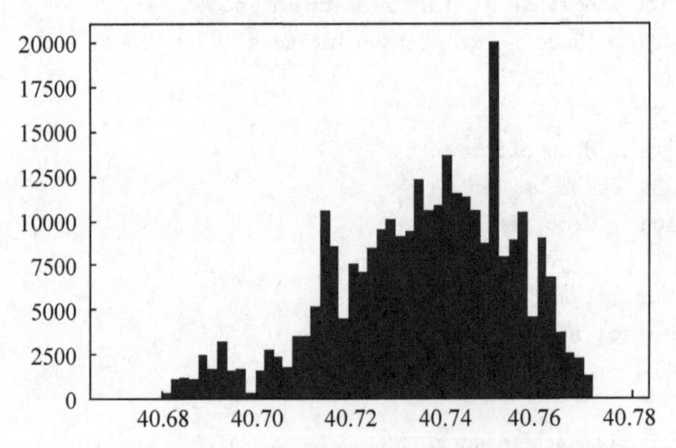

图 5-8　共享单车上车点于不同纬度使用频率分布

分析图 5-7 和图 5-8 可以发现，人们在市中心的活动频率比较高，符合真实世界的规律。

最后，取样一部分数据，分析数据的空间分布，并利用散点图进行可视化，代码如下。

```
sample_index = random.sample(list(range(len(df_main))),int(len(df_main)/30))
df_sample = df.iloc[sample_index,:]
plt.figure(figsize = (10,10))  #画图的大小
plt.scatter(df_sample['pick_up_lon'], df_sample['pick_up_lat'],alpha = 0.3,s = 0.2)
plt.plot()
```

2015 年 1 月 CitiBike 采样数据空间分布(横轴：经度,纵轴：纬度)如图 5-9 所示。结合纽约市地图,可以发现,大部分使用共享单车的乘客集中在纽约市中心,符合客观规律。本节只给出简单可视化,若读者有兴趣将结果可视化于地图上以获取更清晰的效果,可参考 OpenStreetMap 操作手册。

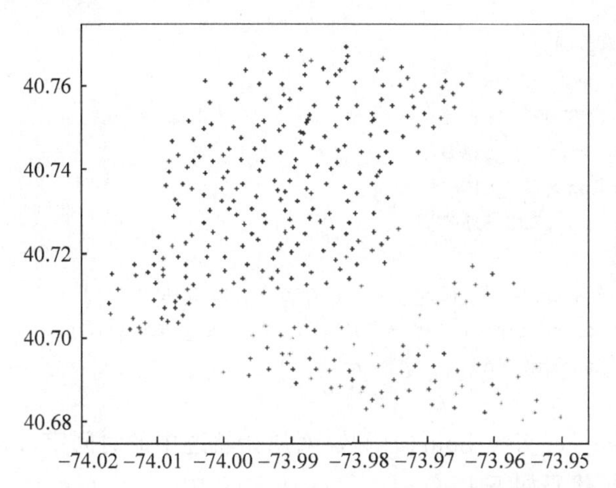

图 5-9 2015 年 1 月 CitiBike 采样数据空间分布(横轴：经度,纵轴：纬度)

通过上述分析,能够大致了解共享单车数据的时空分布与特性。本章的主要研究对象是共享单车的出入流数据,首先,将整个城市看作一张"图像",对其进行网格划分,每个网格可以类比于图像中的像素,然后将每个网格的出流、入流看作"图像"的通道。在正式讲述代码前,先给出几个必要的定义来帮助读者更好地理解上述概念。

定义 1(子区域)：基于经纬度,将城市分成 $m \times n$ 个网格,每个网格为一个子区域且大小相等,用 $R = r_{1,1}, \cdots, r_{i,j}, \cdots, r_{(m,n)}$ 来表示这些子区域,其中,$r_{i,j}$ 代表第 i 行、第 j 列的子区域。

定义 2(出入流"图像")：设 $\mathcal{P}$ 是共享单车轨迹的集合,给定一个子区域 $r_{i,j}$,其相应的入流与出流定义如下：

$$x_{\text{in},i,j}^{t} = \sum_{T_r \in \mathcal{P}} |l > 1 \mid g_{l-1} \notin r_{i,j} \wedge g_l \in r_{i,j}|$$

$$x_{\text{out},i,j}^{t} = \sum_{T_r \in \mathcal{P}} |l > 1 \mid g_l \in r_{i,j} \wedge g_{l+1} \notin r_{i,j}|$$

其中,$T_r: g_1 \rightarrow g_2 \rightarrow \cdots \rightarrow g_{T_r}$ 是 $\mathcal{P}$ 中在时间间隔 t 的一段子轨迹,$g_l \in r_{i,j}$ 表示 g_l 位于区域 $r_{i,j}$ 中,$|\cdot|$ 代表集合的势。将在时间间隔 t 的入流和出流定义为人流张量(Tensor) $\mathcal{X}^t \in \mathcal{R}^{m \times n \times 2}$,其中,$\mathcal{X}_{i,j,0}^{t} = x_{\text{in},i,j}^{t}$,$\mathcal{X}_{i,j,1}^{t} = x_{\text{out},i,j}^{t}$。

现从代码角度讲述如何将基于 GPS 的原始轨迹数据进行区域划分并建模成上述出入流"图像"数据。

首先,导入所需要的包,定义函数 geo_to_grid(),将城市划分成网格,geo_to_grid()函数返回子区域的编号,代码如下。

```
import numpy as np
import pandas as pd
```

```
import os
import multiprocessing as mul
import time


def geo_to_grid(geo):
    lat, lng = geo[0], geo[1]
    if (lat > LAT_STOP
            or lat < LAT_START
            or lng > LNG_STOP
            or lng < LNG_START):
        return -1
    lng_ind = int(np.floor((lng - LNG_START) / LNG_INTERVAL))
    lat_ind = int(np.floor((lat - LAT_START) / LAT_INTERVAL))
    return lng_ind, lat_ind
```

然后,定义 bike_get_day_hour()函数,对原始轨迹中的时间字段进行解析,获取当前记录的日期和时间,代码如下。

```
def bike_get_day_hour(x):
    time_list = x.split(' ')
    date_str = time_list[0]
    date_list = date_str.split('/')
    time_str = time_list[1]
    day = int(date_list[1])
    hour = int(time_str.split(':')[0])
    return day, hour
```

结合上述数据分析与预先定义的 geo_to_grid()与 bike_get_day_hour()函数,对原始轨迹数据进行解析,以 1 小时为时间间隔,将城市划分成子区域,并获取数据集中不同日期的不同时间段各个子区域的出入流数据,并存储到预先定义好的 flow_array 矩阵中,最后将处理好的数据按月存储到本地当前目录下,代码如下。

```
def bike_stat(date_str):
    tl = []
    tl.append(time.time())
    df = pd.read_csv(data_path + '{}-citibike-tripdata.csv'.format(date_str), sep=',')
    tl.append(time.time())
    print('%s Data loaded in %.2fsec' % (date_str, (tl[-1]-tl[-2])))

    df_columns = [
        'starttime', 'stoptime',
        'start station longitude', 'start station latitude',
        'end station longitude', 'end station latitude'
    ]
```

```
    new_col_name = [
        'pick_up_time', 'drop_off_time',
        'pick_up_lon', 'pick_up_lat',
        'drop_off_lon', 'drop_off_lat'
    ]

    df = df.loc[:,
df_columns]
    df.columns = new_col_name
    df_main = df[
        (LNG_START < df.pick_up_lon) & (df.pick_up_lon < LNG_STOP)
        & (LAT_START < df.pick_up_lat) & (df.pick_up_lat < LAT_STOP)
        & (LNG_START < df.drop_off_lon) & (df.drop_off_lon < LNG_STOP)
        & (LAT_START < df.drop_off_lat) & (df.drop_off_lat < LAT_STOP)
        ]

    df_main.pick_up_time = df_main.pick_up_time.apply(str)
    df_main.drop_off_time = df_main.drop_off_time.apply(str)
    with mul.Pool(48) as pool:
        pick_up_array = np.array(list(pool.map(bike_get_day_hour, df_main.pick_up_
time)))
        drop_off_array = np.array(list(pool.map(bike_get_day_hour, df_main.drop_off_
time)))
        start_grid_array = np.array(list(pool.map(geo_to_grid, df_main.loc[:, ["pick_up
_lat", "pick_up_lon"]].values)))
        end_grid_array = np.array(list(pool.map(geo_to_grid, df_main.loc[:, ["drop_off_
lat", "drop_off_lon"]].values)))
    tl.append(time.time())
    print('Get %s Using %.2f min' % (date_str, (tl[-1]-tl[-2])/60))
    df_main['start_x'] = start_grid_array[:, 0]
    df_main['start_y'] = start_grid_array[:, 1]
    df_main['end_x'] = end_grid_array[:, 0]
    df_main['end_y'] = end_grid_array[:, 1]
    df_main['start_day'] = pick_up_array[:, 0]
    df_main['start_hour'] = pick_up_array[:, 1]
    df_main['end_day'] = drop_off_array[:, 0]
    df_main['end_hour'] = drop_off_array[:, 1]

    start_g = df_main.groupby(['start_day','start_hour', 'start_x', 'start_y'])
    end_g = df_main.groupby(['end_day', 'end_hour', 'end_x', 'end_y'])
    start_count = start_g.agg('count').reset_index()
    end_count = end_g.agg('count').reset_index()
    print(date_str, 'have {} days which contains {} hours'.format(max(df_main.start_day),
max(df_main.start_hour) + 1))
    flow_array = np.zeros((max(df_main.start_day), max(df_main.start_hour) + 1,
INTERVAL_NUM, INTERVAL_NUM, 2))
    for row in start_count.iterrows():
        x_vle = row[1]['start_x']
```

```
        y_vle = row[1]['start_y']
        day = row[1]['start_day'] - 1
        hour = row[1]['start_hour']
        times = row[1]['end_day']
        try:
            flow_array[day, hour, x_vle, y_vle, 0] = times
        except:
            print(row[1])
    for row in end_count.iterrows():
        x_vle = row[1]['end_x']
        y_vle = row[1]['end_y']
        day = row[1]['end_day'] - 1
        hour = row[1]['end_hour']
        times = row[1]['start_day']
        try:
            flow_array[day, hour, x_vle, y_vle, 1] = times
        except:
            print(row[1])
    flow_array.tofile('./' + 'bike_%s' % date_str)
    print('%s Finished %.2f min' % (date_str, (tl[-1] - tl[-2]) / 60))
    print('*' * 100)
```

上述代码首先读取 CitiBike 原始轨迹数据，提取原始所需信息，如时间、经纬度等，并设置经纬度过滤条件，即所在城市的经纬度范围，将在所需经纬度之外的数据点作为异常点删除，然后对城市进行网格划分，并获取相应轨迹数据的起始点网格编号、终止点网格编号、日期、时间等信息，根据上述出入流公式，计算每个网格代表的子区域的出入流，并存储到矩阵对应的位置，最后将矩阵本地化存储于当前目录，代码如下。

```
def bike_count():
    global INTERVAL_NUM, LNG_START, LNG_STOP, LNG_INTERVAL
    global LAT_START, LAT_STOP, LAT_INTERVAL
    global data_path, bike_path
    data_path = './DataSet/'
    bike_path = './DataSet/'
    #bike lng/lat
    INTERVAL_NUM = 32
    LNG_START = -74.02
    LNG_STOP = -73.95
    LNG_INTERVAL = abs(LNG_STOP - LNG_START) / INTERVAL_NUM
    LAT_START = 40.67
    LAT_STOP = 40.77
    LAT_INTERVAL = abs(LAT_STOP - LAT_START) / INTERVAL_NUM
    for year in range(2015, 2016):
        for mon in range(1, 13):
            if mon < 10:
                date_str = str(year) + '0' + str(mon)
            else:
```

```
            date_str = str(year) + str(mon)
        file_str = bike_path + 'bike_%s' % date_str
        if os.path.exists(file_str):
            print('bike_%s' % date_str + 'Exist!!!')
        else:
            bike_stat(date_str)


if __name__ == '__main__':
    bike_count()
```

最后，定义 bike_count()函数，给定经纬度范围、网格数量，假设数据存储于./DataSet/目录中，对2015年1月～2015年12月的纽约共享单车数据集CitiBike进行处理，并按月存储到本地。出入流数据按月本地存储结果示例如图5-10所示。

bike_201501	bike_201502	bike_201503
bike_201504	bike_201505	bike_201506
bike_201507	bike_201508	bike_201509
bike_201510	bike_201511	bike_201512

图5-10 出入流数据按月本地存储结果示例

5.5 基于PyTorch的共享单车数据建模

5.5.1 问题陈述及模型框架

本节将基于公开的共享单车CitiBike数据集与纽约出租车数据集NYCTaxi，构建一个简单的基于迁移学习的深度学习模型，进行实战应用与详解。在真实应用中，由于各种原因，如数据采集机制落后、数据隐私保护等，笔者在某些城市能获取到的共享单车数据可能十分有限，而城市中的某些时空数据又十分丰富，如出租车数据等。出租车数据与共享单车数据存在时空相关性，可以借助出租车数据蕴含的知识辅助共享单车进行预测，本节利用迁移学习中深度域适应网络的思想，利用最大均值差异(Maximum Mean Discrepancy, MMD)，建立一个深度时空域适应网络，从数据分布的角度，借助数据丰富的源域城市知识辅助数据稀疏的目标域城市，进行共享单车的出入流预测。因深度域适应网络、最大均值差异等方法不是本书的重点，且可以通过各种方式查询到大量资料，故此处不再赘述。

深度时空域适应网络模型框架如图5-11所示，给定一个数据充足的源域和一个数据稀疏的目标域，首先采用堆叠的3D卷积(Conv3D)网络将原始的时空共享单车数据映射到一个公共嵌入空间中，然后使用全连接网络(FC)学习每个域特有的特征，并将这些特征嵌入到希尔伯特可再生核空间中，利用最大均值差异MMD作为约束，减少域间差异，从而达到知识迁移的目的，最终，借助一层全连接网络进行预测。在本节中，假设纽约出租车数据NYCTaxi丰富，纽约共享单车CitiBike数据稀疏，故将NYCTaxi作为源域，CitiBike作为目标域，具体来说，需要将所有经过数据预处理的NYCTaxi训练数据输入模型，而随机采样一部分 CitiBike 数据用于训练。

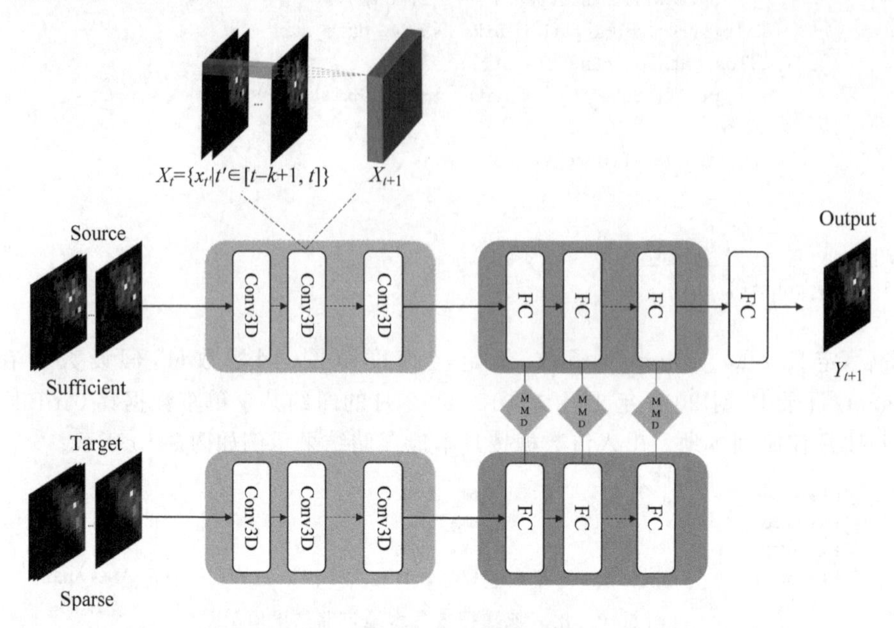

图 5-11　深度时空域适应网络模型框架

5.5.2　数据准备

本章使用 2015 年全年的 CitiBike 和 NYCTaxi 数据，以 1 小时为时间粒度，按照上述数据预处理生成区域级的出入流数据，使用过去 3 个时间步预测未来 1 个时间步的数据，对于源域，选择前 300 天的数据为训练集，对于目标域在前 300 天中随机选取 64 个时间片的数据进行训练，此后 32 天的数据作为验证集，最后 32 天的数据为测试集。

首先，整合 12 个月的数据，制作所需的数据集，并进行归一化，改写 torch. utils. data. Dataset 中的__getitem__()函数和__len__()函数来载入自己的数据集。并在创建完 Dataset 类之后，与 DataLoader 一起使用，以在模型训练时不断为模型提供数据。关于改写 Dataset 类，前述章节已有表述，本章不再赘述。

源域数据集 NYCTaxi 制作细节如下，目标域数据集制作只需更改数据存储目录 data_path，如 data_path='. /CitiBike'，并将 np. fromfile()函数中 taxi 更改为 bike，代码如下。

```
import torch
import numpy as np

def make_dataset(data_duration = 3, label_duration = 1, data_path = './NYCTaxi'):
    flow_data_list = []
    x_data_list = []
    y_data_list = []
    for mon in range(1, 13):
        if mon < 10:
```

```
            date_str = str(2015) + '0' + str(mon)
        else:
            date_str = str(2015) + str(mon)
        flow_data_list.append(np.fromfile(data_path + '/taxi_%s' % date_str))

    raw_flow_data = np.concatenate(flow_data_list, axis=0).reshape((-1, 32, 32, 2))
    raw = (raw_flow_data - raw_flow_data.min()) / (raw_flow_data.max() - raw_flow_
data.min()) #归一化
    print('Flow data read over!!!')
    for i in range(data_duration, len(raw)):
        x_data = raw[i-data_duration:i]
        x_data = x_data.reshape(1, -1, raw.shape[1], raw.shape[2], 2)
        #print(x_data.shape)
        x_data_list.append(x_data)

        y_data = raw[i:i+label_duration]
        y_data = y_data.reshape(1, -1, raw.shape[1], raw.shape[2], 2)
        y_data_list.append(y_data)
    x_data_list = np.concatenate(x_data_list, axis=0)
    y_data_list = np.concatenate(y_data_list, axis=0)
    return x_data_list, y_data_list
```

改写源域的 Dataset 类，代码如下。

```
from torch.utils.data import Dataset

class NYCTaxiDataset(Dataset):
    def __init__(self, mode=None, split=None, data_path='./CitiBike'):
        people_data_x, people_data_y = make_dataset(data_path=data_path)
        people_data_x = people_data_x.transpose(0, 4, 1, 2, 3)
        people_data_y = people_data_y.transpose(0, 4, 1, 2, 3)
        self.mode = mode
        self.split = split

        if self.split is None:
            self.split = [300 * 24, 32 * 24, 32 * 24]

        if self.mode == 'train':
            self.x_data = people_data_x[0:self.split[0]]
            self.y_data = people_data_y[0:self.split[0]]
        elif self.mode == 'validate':
            self.x_data = people_data_x[self.split[0]:self.split[0] + self.split[1]]
            self.y_data = people_data_y[self.split[0]:self.split[0] + self.split[1]]
        elif self.mode == 'test':
            self.x_data = people_data_x[self.split[0] + self.split[1]:]
            self.y_data = people_data_y[self.split[0] + self.split[1]:]
```

```
    def __len__(self):
        return len(self.x_data)

    def __getitem__(self, item):
        self.sample_x = self.x_data[item]
        self.sample_y = self.y_data[item]
        return self.sample_x, self.sample_y
```

在本节中，假设目标域数据稀疏，所以随机在训练集中取64个时间片段的数据进行训练，随机选取，代码如下。

```
sample_list = []
count = 0
while count < 64:
    temInt = np.random.randint(0, 300 * 24)
    if temInt not in sample_list:
        sample_list.append(int(temInt))
        count += 1
sample_list.sort()
```

则改写目标域Dataset类的代码如下。

```
class CitiBikeDataset(Dataset):
    def __init__(self, mode = None, split = None):
        people_data_x, people_data_y = make_dataset(data_path = './DivvyBike')
        people_data_x = people_data_x.transpose(0, 4, 1, 2, 3)
        people_data_y = people_data_y.transpose(0, 4, 1, 2, 3)
        self.mode = mode
        self.split = split

        if self.split is None:
            self.split = [300 * 24, 32 * 24, 32 * 24]

        if self.mode == 'train':
            self.x_data = []
            self.y_data = []
            for i in sample_list:
                self.x_data.append(people_data_x[0:self.split[0]][i:i + 1])
                self.y_data.append(people_data_y[0:self.split[0]][i:i + 1])
            self.x_data = np.concatenate(self.x_data, 0)
            self.y_data = np.concatenate(self.y_data, 0)

        elif self.mode == 'validate':
            self.x_data = people_data_x[self.split[0]:self.split[0] + self.split[1]]
```

```
            self.y_data = people_data_y[self.split[0]:self.split[0] + self.split[1]]
        elif self.mode == 'test':
            self.x_data = people_data_x[self.split[0] + self.split[1]:]
            self.y_data = people_data_y[self.split[0] + self.split[1]:]

    def __len__(self):
        return len(self.x_data)

    def __getitem__(self, item):
        self.sample_x = self.x_data[item]
        self.sample_y = self.y_data[item]
        return self.sample_x, self.sample_y
```

构建完上述 Dataset 数据集，本章所需的源域和目标域 DataLoader 构建代码如下。

```
from torch.utils.data import DataLoader
src_train_dataset = CitiBikeDataset(mode = 'train')
src_train_dataloader = DataLoader(dataset = src_train_dataset, batch_size = 32, shuffle =
True)

tgt_train_dataset = DivvyBikeDataset(mode = 'train')
tgt_train_dataloader = DataLoader(dataset = tgt_train_dataset, batch_size = 32, shuffle =
False)

tgt_validate_dataset = DivvyBikeDataset(mode = 'validate')
tgt_validate_dataloader = DataLoader(dataset = tgt_validate_dataset, batch_size = 32,
shuffle = False)

tgt_test_dataset = DivvyBikeDataset(mode = 'test')
tgt_test_dataloader = DataLoader(dataset = tgt_test_dataset, batch_size = 32, shuffle =
False)
```

5.5.3 模型构建

模型构建方面，本节主要构建三个网络 SharedNet、MMDNet 与 PredictNet。

首先，建立 SharedNet，使用堆叠的 3D 卷积层学习原始出入流“图像”序列的数据表示，3D 卷积可以用于同时捕获空间与时间相关性。因此可以利用 3D 卷积层对出入流“图像”序列数据进行表示学习，以编码时空依赖，所有的 3D 卷积层由两个域的数据共享，从而将源域和目标域嵌入到一个共同的潜在表示空间中，本节在 SharedNet 中使用五层 3D 卷积层，可视实际情况加减层数，代码如下。

```
import torch
import torch.nn as nn


class SharedNet(nn.Module):
```

```
    def __init__(self):
        super(SharedNet, self).__init__()
        self.conv3d_1 = nn.Conv3d(in_channels = 2, out_channels = 16, kernel_size = 3,
stride = 1, padding = 1)
        self.relu_1 = nn.ReLU()

        self.conv3d_2 = nn.Conv3d(in_channels = 16, out_channels = 32, kernel_size = 3,
stride = 1, padding = 1)
        self.relu_2 = nn.ReLU()

        self.conv3d_3 = nn.Conv3d(in_channels = 32, out_channels = 64, kernel_size = 3,
stride = 1, padding = (0, 1, 1))
        self.relu_3 = nn.ReLU()

        self.conv3d_4 = nn.Conv3d(in_channels = 64, out_channels = 32, kernel_size = 3,
stride = 1, padding = 1)
        self.relu_4 = nn.ReLU()

        self.conv3d_5 = nn.Conv3d(in_channels = 32, out_channels = 2, kernel_size = (1, 3,
3), stride = 1, padding = (0, 1, 1))
        self.relu_5 = nn.ReLU()

    def forward(self, x):
        x = self.relu_1(self.conv3d_1(x))
        x = self.relu_2(self.conv3d_2(x))
        x = self.relu_3(self.conv3d_3(x))
        x = self.relu_4(self.conv3d_4(x))
        x = self.relu_5(self.conv3d_5(x))
        return x
```

为了迁移两个域之间的知识，笔者借助深度自适应网络(DAN)的思想，将由3D卷积层学到的源域与目标域的特征输入到本节建立的深度自适应网络MMDNet中，MMDNet由堆叠的全连接网络组成，目的在于学习每个域的特征，同时，使用最大均值差异(MMD)作为约束进行知识迁移，为了学习两个域之间的可迁移特征，MMDNet将每个域的数据表示嵌入到可再生希尔伯特空间中，然后将最大均值差异(MMD)作为约束，通过梯度下降与反向传播算法，将在可再生希尔伯特空间中源域与目标域的分布距离拉近，达到知识迁移的目的。本节使用一层全连接网络作为展示，读者可视情况加减，代码如下。

```
class MMDNet(nn.Module):
    def __init__(self):
        super(MMDNet, self).__init__()
        self.fc1 = nn.Linear(in_features = 32 * 32 * 2, out_features = 128)
        self.relu1 = nn.ReLU()

    def forward(self, x):
```

```
        x = x.view(x.shape[0], -1)
        x = self.relu1(self.fc1(x))
        return x
```

其中,最大均值差异(MMD)代码如下。

```
def DAN(source, target, kernel_mul = 2.0, kernel_num = 5, fix_sigma = None):
    batch_size = int(source.size()[0])
    kernels = guassian_kernel(source, target,
        kernel_mul = kernel_mul, kernel_num = kernel_num, fix_sigma = fix_sigma)

    loss1 = 0
    for s1 in range(batch_size):
        for s2 in range(s1 + 1, batch_size):
            t1, t2 = s1 + batch_size, s2 + batch_size
            loss1 += kernels[s1, s2] + kernels[t1, t2]
    loss1 = loss1 / float(batch_size * (batch_size - 1) / 2)

    loss2 = 0
    for s1 in range(batch_size):
        for s2 in range(batch_size):
            t1, t2 = s1 + batch_size, s2 + batch_size
            loss2 -= kernels[s1, t2] + kernels[s2, t1]
    loss2 = loss2 / float(batch_size * batch_size)
    return loss1 + loss2
```

最后,将源域特征输入 PredictNet 进行预测,PredictNet 由一层全连接网络组成,读者可视情况进行层数加减,代码如下。

```
class PredictNet(nn.Module):
    def __init__(self):
        super(PredictNet, self).__init__()
        self.fc1 = nn.Linear(in_features = 128, out_features = 32 * 32 * 2)
        self.relu1 = nn.ReLU()

    def forward(self, x):
        x = self.relu1(self.fc1(x))
        x = x.view(x.shape[0], 2, 1, 32, 32)
        return x
```

5.5.4 模型训练及测试

模型搭建完成后,本节将介绍如何训练神经网络,并对模型进行验证,以保存相对最优模型。首先,设定超参数,如学习率等,将 Epoch 总数设置为 200；对每一个 Epoch,在训练集上,按批次将数据输入网络学习特征,并进行预测,将预测的结果与真实值进行比较,利用设计好的损失函数与梯度下降方法优化模型；然后,每隔几个 Epoch 对模型进行验证,如果结果比上次更好,则保存更好的模型。最后,用保存的模型对测试集进行测试,并记录结果。本节将均方根误差 RMSE 和最大均值差异加权求和作为损失函数,使用 Adam 优化器对模型进行优化。为了不与前述章节重复,本节仅使用 RMSE 作为模型的评价指标,但也可使用 MAE 与 WMAPE 作为评价指标,同时,为方便理解,本节也不设模型终止内容,读者可自行查阅前述章节,代码如下。

```
import numpy as np
import time
import torch
import torch.nn as nn
import torch.optim as optim

batch_size = 32

#使用 GPU 或 CPU
device = torch.device('cuda' if torch.cuda.is_available() else 'cpu')

len_src_train = len(src_train_dataloader)
len_tgt_train = len(tgt_train_dataloader)

lr = 0.00001
l2_decay = 5e-4
num_epoches = 200

src_loss_list = []
total_loss_list = []
tgt_val_loss_list = []

seed = 32
np.random.seed(seed=seed)
torch.manual_seed(seed)
if device == 'cuda':
    torch.cuda.manual_seed(seed)

task_criterion = nn.MSELoss()

BaseNet = SharedNet().to(device)
TransferNet = MMDNet().to(device)
TaskNet = PredictNet().to(device)

for param in BaseNet.parameters():
    param.requires_grad = False

optimizer = optim.Adam([
    {'params': BaseNet.parameters()},
    {'params': TransferNet.parameters()},
    {'params': TaskNet.parameters()}], lr=lr, weight_decay=l2_decay)
best_rmse = 100000

for epoch in range(num_epoches):
```

```
    t0 = time.time()
    BaseNet.train()
    TransferNet.train()
    TaskNet.train()

    src_train_aver_rmse = 0
    mmd_loss = 0

    iter_src = iter(src_train_dataloader)
    iter_tgt = iter(tgt_train_dataloader)

    num_iter = len_src_train
    #模型训练
    for i in range(0, num_iter):
        src_data_x, src_data_y = next(iter_src)
        tgt_data_x, tgt_data_y = next(iter_tgt)

        if (i + 1) % len_tgt_train == 0:
            iter_tgt = iter(tgt_train_dataloader)

        src_data_x = src_data_x.float().to(device)
        src_data_y = src_data_y.float().to(device)
        tgt_data_x = tgt_data_x.float().to(device)
        tgt_data_y = tgt_data_y.float().to(device)

        optimizer.zero_grad()

        inputs = torch.cat((src_data_x, tgt_data_x), dim = 0)
        features = BaseNet(inputs)
        features = TransferNet(features)
        outputs = TaskNet(features)

        #print(outputs.shape, src_data_y.shape, inputs.size(0)/2)

        task_loss = torch.sqrt(task_criterion(outputs.narrow(0, 0, int(inputs.size(0) /
2)), src_data_y))

        transfer_loss = DAN(features.narrow(0, 0, int(features.size(0) / 2)),
                            features.narrow(0, int(features.size(0) / 2), int(features.
size(0) / 2)))

        total_loss = 0.1 * transfer_loss + task_loss

        src_train_aver_rmse += total_loss.item()
        mmd_loss += transfer_loss.item()
        total_loss.backward()
        optimizer.step()
    src_train_aver_rmse /= len_src_train
```

```
        mmd_loss /= len_src_train
        #模型验证
        if (epoch + 1) % 5 == 0 or epoch == 0:
            BaseNet.eval()
            TransferNet.eval()
            TaskNet.eval()
            tgt_validate_aver_rmse = 0
            len_tgt_validate = len(tgt_validate_dataloader)
            for i, (tgt_data_x, tgt_data_y) in enumerate(tgt_validate_dataloader):
                tgt_data_x, tgt_data_y = tgt_data_x.float().to(device), tgt_data_y.float
().to(device)
                features = TransferNet(BaseNet(tgt_data_x))
                tgt_output = TaskNet(features)
                tgt_loss = torch.sqrt(task_criterion(tgt_output, tgt_data_y))
                tgt_validate_aver_rmse += tgt_loss.item()
            tgt_validate_aver_rmse /= len_tgt_validate
            if tgt_validate_aver_rmse < best_rmse:
                best_rmse = tgt_validate_aver_rmse
                torch.save(BaseNet.state_dict(), 'best_BaseNet_transfer_model.pkl')
                torch.save(TransferNet.state_dict(), 'best_TransferNet_model.pkl')
                torch.save(TaskNet.state_dict(), 'best_TaskNet_model.pkl')
        t1 = time.time()
        print('Epoch: [{}/{}], Source train loss: {}, MMD loss: {}, tgt_best_validate_loss: {},
Cost {}min.'.format(epoch + 1, num_epoches, src_train_aver_rmse, mmd_loss, best_rmse, (t1
 - t0) / 60))
```

模型测试部分代码与上述代码中模型验证部分类似，但稍有不同。测试过程首先需要利用 torch.load()函数将保存于本地的最佳模型重新导入，然后利用 load_state_dict()函数将保存的参数字典加载到模型中，此时，模型中的参数即为训练过程中训练好的参数。代码过程可以参考前述章节模型加载部分与上述模型验证部分代码，本节不再赘述。

5.5.5 结果展示

SharedNet 模型示例如图 5-12 所示。

```
SharedNet(
  (conv3d_1): Conv3d(2, 16, kernel_size=(3, 3, 3), stride=(1, 1, 1), padding=(1, 1, 1))
  (relu_1): ReLU()
  (conv3d_2): Conv3d(16, 32, kernel_size=(3, 3, 3), stride=(1, 1, 1), padding=(1, 1, 1))
  (relu_2): ReLU()
  (conv3d_3): Conv3d(32, 64, kernel_size=(3, 3, 3), stride=(1, 1, 1), padding=(0, 1, 1))
  (relu_3): ReLU()
  (conv3d_4): Conv3d(64, 32, kernel_size=(3, 3, 3), stride=(1, 1, 1), padding=(1, 1, 1))
  (relu_4): ReLU()
  (conv3d_5): Conv3d(32, 2, kernel_size=(1, 3, 3), stride=(1, 1, 1), padding=(0, 1, 1))
  (relu_5): ReLU()
)
```

图 5-12 SharedNet 模型示例

MMDNet 模型示例如图 5-13 所示。

```
MMDNet(
  (fc1): Linear(in_features=2048, out_features=128, bias=True)
  (relu1): ReLU()
)
```

图 5-13　MMDNet 模型示例

PredictNet 模型示例如图 5-14 所示。

```
PredictNet(
  (fc1): Linear(in_features=128, out_features=2048, bias=True)
  (relu1): ReLU()
)
```

图 5-14　PredictNet 模型示例

模型训练过程展示示例如图 5-15 所示。

```
Epoch: [1/200], Source train loss: 0.19903759216820752, MMD loss: 1.5250267894179732,
tgt_best_validate_loss: 0.036864012479782104, Cost 0.2752910017967224min.
Epoch: [2/200], Source train loss: 0.14947643200004543, MMD loss: 1.0328753568508007,
tgt_best_validate_loss: 0.036864012479782104, Cost 0.26984686851501466min.
Epoch: [3/200], Source train loss: 0.11820515093428118, MMD loss: 0.7233671170693857,
tgt_best_validate_loss: 0.036864012479782104, Cost 0.2812255581219991min.
Epoch: [4/200], Source train loss: 0.09960045900057864, MMD loss: 0.5405430175639965,
tgt_best_validate_loss: 0.036864012479782104, Cost 0.28381844361623126min.
Epoch: [5/200], Source train loss: 0.08962199381656116, MMD loss: 0.4438382696222376,
tgt_best_validate_loss: 0.035327720393737154, Cost 0.2979815642038981min.
Epoch: [6/200], Source train loss: 0.08198306323201568, MMD loss: 0.3705919142122622,
tgt_best_validate_loss: 0.035327720393737154, Cost 0.3461944778760274min.
Epoch: [7/200], Source train loss: 0.07650970833169089, MMD loss: 0.31895606606094923,
tgt_best_validate_loss: 0.035327720393737154, Cost 0.3792957623799642min.
Epoch: [8/200], Source train loss: 0.07162327740203452, MMD loss: 0.2731713365625452,
tgt_best_validate_loss: 0.035327720393737154, Cost 0.3475567102432251min.
```

图 5-15　模型训练过程展示示例

本案例仅进行简要的展示，供读者参考，模型并未进行细致的调参，也并未进行模型结果的调试，仅凭笔者经验构建本模型，读者可在此模型基础上进行细致的调参，并借鉴相关资料进行模型结构调整，以提高模型性能表现。

完整的代码可通过本书提供的获取方式进行获取。

5.6　本章小结

本章首先介绍了人工智能在共享单车大数据上应用的重要性与必要性，介绍了几个主流研究方向，并以基于深度域适应网络的共享单车出入流迁移学习为研究案例，详细介绍了共享单车数据的获取手段及开源数据集、数据预处理过程以及深度模型的建立、训练和测试过程。通过对本章的学习，初学者可以对共享单车出入流预测有一个直观的了解。

第 6 章

基于深度学习的出租车轨迹数据案例实战

6.1 研究背景

随着各种软硬件平台的升级，海量的交通大数据被记录下来，其中，出租车轨迹数据就是城市中比较典型的、规模庞大的一类交通大数据。对于政府来说，通过轨迹数据分析，可以很好地了解居民的出行行为，降低城市交通管理成本，制定合理的城市发展策略。对于滴滴、优步这样的商业组织，出行轨迹数据分析有利于理解用户的行为，满足他们的需求，提高商业竞争力，基于轨迹的个性化服务对提升用户满意度非常重要。商业机构提供的一些以轨迹数据为基础的服务给日常生活带来了很多便利。例如，滴滴等大型叫车服务平台的智能派单功能，实时预测车辆分布情况以便于派单调度；地图软件的实时交通监测服务，确保在发生交通拥堵时可以提前规划最佳路线从而节省出行时间。

近几年来，一些基于深度学习的算法开始在出租车轨迹数据的应用领域崭露头角，在本章中，先简单介绍一些相关的热点研究方向，再介绍一些常用的出租车轨迹数据集，最后通过一些数据处理和深度学习模型的实战案例来让读者对该领域有更直观的了解。

6.2 研究现状

本节主要介绍了人工智能在出租车短时流量/需求、出行时间估计、组合派单优化领域的主要研究现状，下面分别展开详述。

6.2.1 基于深度学习的短时流量/载客需求/OD需求预测

出租车流量预测一般指预测出租车在每个区域的流入和流出量(inflow/outflow)。

出租车的载客需求预测一般指预测其在不同区域的上客及下客数量(pick up/drop off)。这两种预测本质上可以看作同一类型的问题,都是预测在一段时间内不同区域的出租车数量。除了预测每个时间段每个空间区域的流量和载客需求,了解每次出行的来源地和目的地的乘客需求,即OD需求预测也很重要。因为不同时段两个区域之间的需求量不仅反映了乘客需求的强度,而且蕴藏着一些独特的出行模式。

近年来,各种网约车平台日益普及,极大地方便了城市居民的打车出行。但是以滴滴出行为首的出租车服务平台仍然存在着一些低效经营的问题,例如,乘客等候时间较长及空载次数较多等。主要是由于出租车需求预测不准确导致供需不匹配,导致大量出租车聚集在一些繁忙地区,造成供过于求,而在其他偏远地区,出租车的分布极为稀疏。为了解决这一问题,近几年深度学习的方法开始尝试运用于预测未来的出租车需求,在提前预知出租车需求的前提下,网约车平台将更容易提前把出租车分配到各个区域以满足不同区域在不同时段的出行需求。目前基于深度学习的出租车的短时流量/载客需求/OD需求预测问题已有工作中主要有两大类建模方案。

第一种是通过卷积神经网络(CNN)从二维时空交通数据中获取空间相关性。在一些针对城市交通流量/载客需求预测的代表性工作中,常用的做法是根据经度和纬度将一个城市划分为$I \times J$的网格地图,其中一个网格代表一个地区。然后,利用CNN提取不同区域间的空间相关性,再整合一些时间序列深度学习模型,例如RNN系列模型等,进行流量/需求的预测。经典的模型方法例如ST-ResNet,将按照粒度时间特性归纳为三大类,分别为时间临近性、周期性和趋势性。然后利用CNN和残差单元学习对不同时间粒度的数据的空间依赖性进行学习。虽然它使用历史时间步的交通信息进行预测,但没有明确地建模时间序列相关性,这在一定程度上导致了性能低于后来的方法。后来提出的DMVST-Net和STDN模型都考虑了空间关系和时间序列关系,并使用LSTM建模时序的相关性。DMVST-Net更多地关注局部空间相关性,并考虑时间模式以及相似区域之间的语义相关性;STDN使用流量信息来描述区域之间的空间动态相关性,并且在LSTM中引入注意机制,进一步跟踪动态空间相关性和动态时间周期性。尽管这些方法不断改进性能,规则的网格区域及其成对关系只能被表示为欧几里得结构由二维矩阵或图像表示,然而基于CNN的空间学习模型难以对更复杂且不规则的非欧式空间中的交通网络结构进行学习,因为CNN只关注了空间临近的特征,而忽略了一些空间距离相对遥远但是具备强相关性的空间依赖特征。对于OD需求的预测问题,也往往是建模出$N \times N$规格的OD矩阵,其中,N代表的是区域数量,矩阵中的值代表的是区域到区域之间的交通流量。相似地,对于OD矩阵,卷积神经网络仍然可以学习其空间依赖。经典的模型例如CSTN中,采用了CNN同时从O点视角和D点视角捕捉局部空间依赖,又采用了LSTM对时变的OD矩阵以及天气状况进行建模。

第二种是通过图卷积神经网络(GCN)从非欧式空间中提取空间相关性信息。其中一个针对出租车载客需求预测的典型工作是ST-MGCN,这个模型中先将整体城市区域网格化,再用图结构对不同网格区域间的三种相关性进行了建模,包括邻域图、编码空间邻近性、区域功能相似图,它对区域周围兴趣点(POI)的相似性进行编码,交通连通性图,编码了遥远地区之间的连通性。再通过多重图神经网络分别捕捉几种不同的图结构中的空间信息，最后再将这些空间信息用注意力模型集成并输入一种门控循环神经网络捕捉时序上的依赖。这种方法相较之前基于规则网格划分的模型 ST-ReNet、DMVST-Net 等在性能上有了明显提高，其最大的优势就是通过非欧几里得空间图结构的建模丰富了空间信息，从而学习到了更高级的时空表示。对于 OD 需求预测的一个经典工作是 GEML，首先也是将选定的城市区域网格化，再将地理邻域（地理上相邻的）和语义领域（通过 OD 流连接起来的）进行 Graph Embedding 操作从而得到空间表征，再通过 LSTM 对时序信息进行建模，并且提出了一种多任务学习框架，同时对区域的流出流入流量及 OD 需求进行预测。

6.2.2 基于深度学习的轨迹出行时间估计

出行时间估计（Travel Time Estimation，TTE）任务是给定路线和出发时间，估计相应的出行时间，在导航、路线规划和叫车服务等智能交通系统中发挥着重要作用。TTE 是许多移动地图应用中不可缺少的导航服务功能，例如百度地图、高德地图等。它们都在界面上提供了一个用户友好的功能，根据选择的路线和出发时间估计旅行时间，这极大地帮助了司机提前了解交通状况，明智地计划他们的行程。所以开发一个能够提供准确和可靠的出行时间估计 TTE 模块是非常重要的。目前，基于深度学习的出行时间估计方法主要分为两大类。

一是通过 GPS 轨迹点进行出行时间估计，这样的典型工作例如 DeepTTE 模型，这是第一个集成时空多源信息的深度学习模型，先将轨迹的 GPS 序列映射到更高维的空间中，再通过 CNN 提取高维空间特征，LSTM 捕捉时序依赖，并且还考虑了司机的 ID、出行日期是否为工作日等额外信息。另一项工作 DeepTravel 模型中则是将所在城市空间范围通过经纬度划分成一个网格图，与载客需求预测问题类似，每个网格中的数值表示交通状况，这样可以通过 CNN 捕捉城市网格图的空间依赖并得到每个网格对应的高维特征，再将轨迹经过的网格对应的高维特征依次通过 LSTM 网络进行建模，对全轨迹和每一段轨迹都进行时间估计。

二是通过匹配路网进行出行时间估计，这样的方法比基于 GPS 轨迹点方法更加精确，能够精确到具体的路段上，更加符合地图导航软件的功能，但是需要经过地图匹配算法对 GPS 轨迹点进行路网匹配。并且路网属于非欧式空间结构，其空间信息需要通过 GCN 模型来学习。典型的工作例如 ConSTGAT 模型，这是百度地图的最新解决方案，通过提出一种时空图注意力机制捕捉路网上交通状态的 Embedding，同时将轨迹经过路段所对应的 Embedding 合并起来通过卷积神经网络捕捉其上下文信息，再将轨迹上下文信息与交通状态信息融合估计完整轨迹的出行时间以及每条路段的通行时间。

6.2.3 基于深度强化学习的出租车派单优化

近年来，Uber、Lyft 和滴滴等“按需”交通服务提供了一种更高效的叫车方式，改善了传统出租车行业的低效运营模式。这些在线服务收集司机信息和乘客的订单,并依靠一个集中的决策平台来匹配司机和订单。从传统出租车的"司机-选择-下单模式"转向集中的"平台-分配-下单-司机模式",平台的效率得到了显著提升,过去滴滴依靠的是一种简单的在线订单调度策略。平台的决策中心首先收集所有可获得的司机和活动订单,然后基于组合优化算法进行匹配。在滴滴最新的工作中,深度强化学习开始被引入出租车派单系统的决策优化中。这里的主要思想是将订单分派表述为一个大规模的顺序决策问题,每个决策对应的是司机是否匹配订单的行为,这将使平台的长期预期收益最大化。该算法除了关注当前的状况例如尽量减少接单距离,还考虑了订单调度决策对未来的影响,以便在时空上平衡需求和供应分配,经过滴滴平台的测试,深度强化学习方法显著优于传统方法。

6.3 数据获取手段及开源数据集简介

纽约市出租车载客订单数据:该数据集开放了2013年和2014年的纽约市每天的出租车订单数据;包含的特征有行程的ID、上车的日期和时间、停表的日期和时间、车辆中的乘客数量、上车的经度和纬度、下车的经度和纬度和行程持续时间。

北京市出租车流量数据:该数据集开放了北京的出租车GPS数据和气象数据,其时间间隔为四个时间段:2013年7月1日～2013年10月30日,2014年3月1日～2014年6月30日,2015年3月1日～2015年6月30日,2015年11月1日～2016年4月10日。可在本章节的数据及代码部分获取。

芝加哥市出租车载客数据:该数据集包含芝加哥市2013年至今的出租车载客行驶记录,数据特征包括出租车ID、行程开始时间、行程结束时间、行程里程数、上下车乘客数、车辆起点和终点的经纬度。

成都出租车轨迹通行时间数据:该数据集由14 864个出租车在2014年8月的9 737 557条轨迹组成。字段包括星期ID、时间ID、驾驶员ID、GPS坐标列表,这里为不规则采样,平均19.5秒采样一次,列表开始和结尾分别为行程的起点和终点。

波尔图出租车轨迹通行时间数据:该数据集包含波尔图市区时间跨度为2013年1月7日～2014年6月30日的1 710 670条出租车轨迹,每个数据样本表示一个完整的轨迹,字段包括:每个轨迹的ID;叫车类型;乘客ID;站台ID;出租车司机ID;行程开始时间;GPS坐标列表,每15秒采样一次,列表开始和结尾分别为行程的起点和终点。

完整的数据集可通过本书前言提供的获取方式进行获取。

6.4 数据预处理

在出租车流量/载客需求预测的相关研究中,首先需要根据经纬度将一个城市区域划分为 $I \times J$ 网格地图,其中一个网格表示一个区域,如图6-1(a)所示。网格 (i,j) 位于第 i

行和第 j 列。将时刻 t 的流入流量(inflow)和流出流量(outflow)叠在一起看成一个 $2\times I\times J$ 的张量,类似于两通道的图像,例如,网格 (i,j) 的像素值(P1,P2)分别代表了该地区在时刻 t 的流入和流出流量值。如图 6-1(b)所示展示了一个城市区域的流入流量示意图。这样的建模方法使得城市空间流量可以被类似于像素序列图像的形式表示,满足了卷积神经网络的输入格式需求。

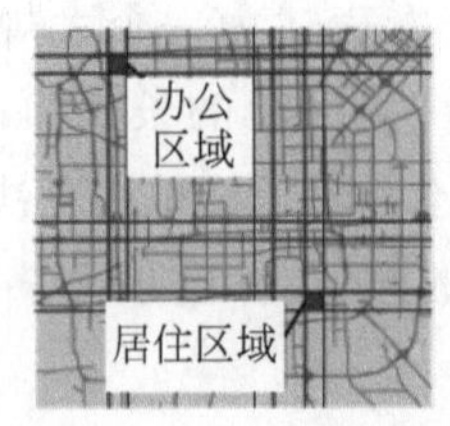

(a) 基于网格的地图分割

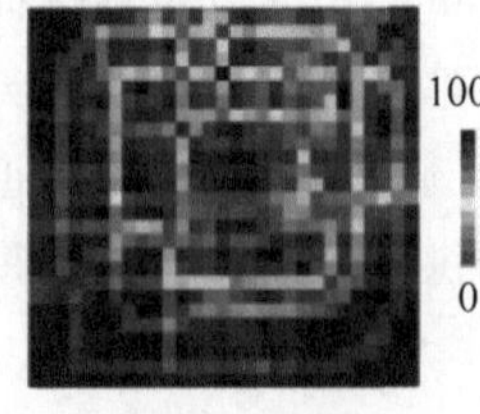

(b) 流入矩阵

图 6-1 基于网格图的城市区域流量建模

这里通过纽约出租车上下客需求的样例数据(已经去除不需要用到的字段,并且按照时间戳顺序升序排列好的 CSV 文件)进行数据处理实战。样例数据条目为纽约市出租车载客样例数据,如表 6-1 所示。

表 6-1 纽约市出租车载客样例数据

	Pickup_datetime	Dropoff_datetime	Pickup_longitude	Pickup_latitude	Dropoff_longitude	Dropoff_latitude
1	2013/1/1 0:00	2013/1/1 0:05	−73.955925	40.781887	−73.963181	40.777832
2	2013/1/1 0:00	2013/1/1 0:00	−73.975723	40.781693	−73.969147	40.760975
3	2013/1/1 0:00	2013/1/1 0:16	−74.000526	40.737343	−73.977226	40.783607
4	2013/1/1 0:00	2013/1/1 0:05	−73.984871	40.753723	−73.983849	40.754467
5	2013/1/1 0:00	2013/1/1 0:08	−73.981575	40.767632	−73.977737	40.757927

首先导入一些必要的工具包以及定义经纬度范围和划分网格规格,代码如下。

```
import csv
import time
import pandas as pd
import numpy as np
LON_MAX = -73.88
LON_MIN = -74.05
LAT_MAX = 40.830
LAT_MIN = 40.628
LAT_SIZE = 20
LON_SIZE = 10
```

接下来需要对数据进行清洗,去除在选定的经纬度范围之外的点,代码如下。

```
data = pd.read_csv(r'D:/tripData2013/trip_data_1/sample.csv')
data = data[(data['pickup_longitude']> LON_MIN) & (data['pickup_longitude']< LON_MAX) &
(data['pickup_latitude']> LAT_MIN) & (data['pickup_latitude']< LAT_MAX) & (data['dropoff_
longitude']> LON_MIN) & (data['dropoff_longitude']< LON_MAX) & (data['dropoff_latitude']>
LAT_MIN) & (data['dropoff_latitude']< LAT_MAX)]
data.to_csv(r'D:/tripData2013/trip_data_1/sample_clean.csv', index = False)
```

定义时间戳差分函数,代码如下。

```
def timesInterv(old, current):
    if old.tm_hour == current.tm_hour:
        return current.tm_min - old.tm_min
    else:
        return current.tm_min + 60 - old.tm_min
```

读取表格数据,并将数据按照半小时为基本时间片划分开,代码如下。

```
csv_file = csv.reader(open(r'D:/tripData2013/trip_data_1/sample_clean.csv'))
old = None                  #上一条数据的时间戳
first = True                #第一个时间戳标志
current = None              #当前数据的时间戳
one_slot = []               #用来存放一个时间片的数据
slots_data = []             #用来存放多个时间片的数据

for item in csv_file:
    try:                    #用来跳过表头信息不报错
        t = time.strptime(item[0], "%Y/%m/%d %H:%M")  #读取时间戳
    except:
        continue

    if first == True:
        old = t
        current = t
        first = False

    if timesInterv(current, t) > 29:  #以30分钟为基本单元划分时间片
        slots_data.append(one_slot)
        current = t
        one_slot = []
        one_slot.append(item)
        old = t
    else:
        one_slot.append(item)
```

再定义划分网格并计算网格矩阵的函数,该函数的基本功能为计算每一个点所对应的网格索引,并在对应的网格中累加统计值,代码如下。

```
def DataToPic(item, pic):
    o_lat = int((float(item[3]) - LAT_MIN) / (LAT_MAX - LAT_MIN) * LAT_SIZE)
```

```
        o_lon = int((float(item[2]) - LON_MIN) / (LON_MAX - LON_MIN) * LON_SIZE)
        pic[0][o_lat][o_lon] += 1

        d_lat = int((float(item[5]) - LAT_MIN) / (LAT_MAX - LAT_MIN) * LAT_SIZE)
        d_lon = int((float(item[4]) - LON_MIN) / (LON_MAX - LON_MIN) * LON_SIZE)
        pic[1][d_lat][d_lon] += 1
        return pic
```

最后是将所有时间片的网格矩阵生成出来并放置于列表中,代码如下。

```
grid_maps = []
for slot_data in one_slot:
    pic = np.zeros((2, LAT_SIZE, LON_SIZE))
    for day_data in slot_data:
        pic = DataToPic(day_data, pic)
    grid_maps.append(pic)
```

还可以对得到的网格图进行可视化,选择第一个时间片的网格矩阵,导入 Seaborn 包,可视化纽约出租车上下客需求。可视化纽约出租车 20×10 的网格图,如图 6-2 所示。其实现代码如下。

```
import seaborn as sns
sns.heatmap(grid_maps[0][0], square = True, xticklabels = False, yticklabels = False,
cmap = 'rainbow', linewidths = 0.05, linecolor = 'black')
sns.heatmap(grid_maps[0][1], square = True, xticklabels = False, yticklabels = False,
cmap = 'rainbow', linewidths = 0.05, linecolor = 'black')
```

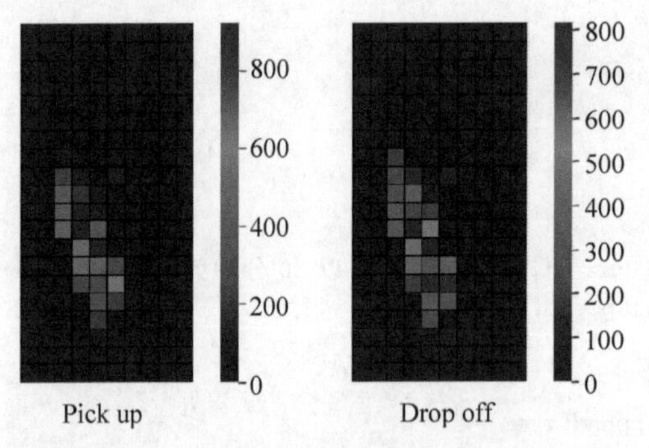

图 6-2 可视化纽约出租车 20×10 的网格图

6.5 基于 PyTorch 的出租车轨迹数据建模

6.5.1 问题陈述及模型框架

首先简要介绍一下 ST-ResNet 模型框架,该网络可以用来同时预测城市中每个区域的流入和流出客流量。其主要贡献在于使用残差神经网络框架来对城市区域交通流量的时间临近性、周期和趋势特性建模(closeness, period, trend)。论文中针对每种时间粒度的属性,都设计了一个残差卷积单元的分支,每个残差卷积单元对交通流的空间特性进行建模,ST-ResNet 的末端整合三个残差神经网络分支的输出,为不同的分支和区域分配不同的权重。将整合结果进一步结合外部因素(external),如天气和一周中的哪一天,来预测每个地区的最终流量。ST-ResNet 的主干部分如图 6-3 所示。

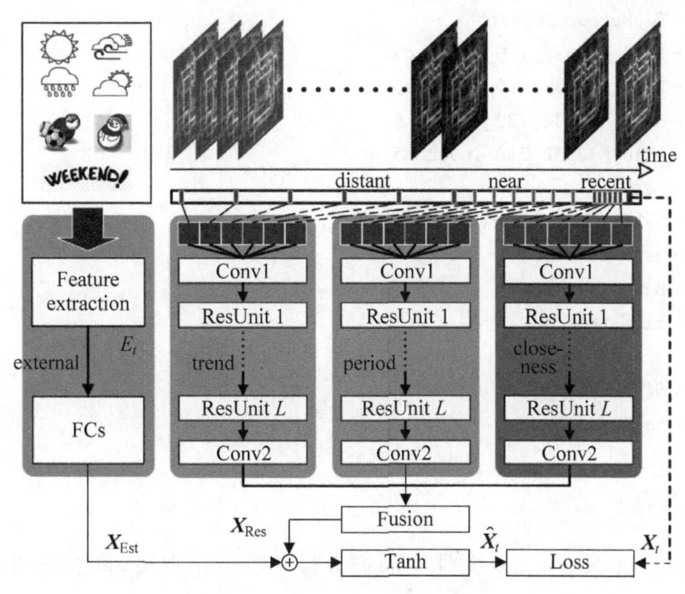

图 6-3　ST-ResNet 的主干部分

该网络结构主要由 4 部分组成,分别提取时间邻近性、周期性、趋势性以及外部因素的影响。首先将一个城市在每个时间间隔内的流入流和流出流分别转换为一个双通道的类图像矩阵,然后将时间轴划分为三个片段,表示最近的时间、稍远的时间和遥远的时间(文章中这块就是考虑了邻近时间段,前一天相同时间段,上一周相同时间段)。每一个片段分别被输入到三个残差卷积网络分支中用来提取时间邻近性、周期性、趋势性。前三个部分与卷积神经网络共享相同的网络结构,然后是残差单元序列。这种结构捕捉了空间上附近和远处区域之间的空间依赖关系。除了交通流量本身的特征外,还有很多外部因素可以对交通流量/需求产生显著影响,因此,ST-ResNet 模型还从外部数据集中提取了一些特征,例如,天气条件和节假日事件,并将它们输入一个两层全连接的神经网络。在主干网络的末端,前三部分的输出与外部因素的输出进行融合,然后利用激活函数 tanh 映射到[-1, 1]区间内作为输出。

接下来以 ST-ResNet 论文中采用的北京出租车数据为例,描述数据处理以及深度模型搭建的流程。本节代码的目录框架如下所示,其中,data 文件夹主要用于存放 2013—2016 年的北京出租车流入流出流量数据以及节假日、天气等数据。data_process 文件夹主要提供了数据预处理代码,MaxMin_Norm. py 是对于数据规范化的处理,timestamp. py 是对于时间戳数据的处理,data_constructor. py 是对于时空流量矩阵的构造方法代码，data_load.py是对于各种类型数据的加载读取并将数据划分为训练集、验证集和测试集并且保存用于神经网络模型训练的数据格式。model文件夹主要提供了时空残差网络(STResNet)的模型架构，main_run.py文件用于启动模型的训练、验证及测试。下面将从数据处理到模型构建的过程对各部分主要代码依次进行详细介绍。

```
-- data
---------- BJ_Holiday.txt
---------- BJ_Meteorology.h5
---------- BJ13_M32x32_T30_InOut.h5
---------- BJ14_M32x32_T30_InOut.h5
---------- BJ15_M32x32_T30_InOut.h5
---------- BJ16_M32x32_T30_InOut.h5
-- data_process
---------- data_constructor.py
---------- data_load.py
---------- MaxMin_Norm.py
---------- timestamp.py
-- model
---------- STResNet.py
---------- main_run.py
```

6.5.2 数据准备

首先是MaxMin_Norm.py文件中的最大最小归一化方法，将数据归到[-1, 1]这样一个大小固定的区间内，有效防止了异常大值和异常小值对神经网络模型训练的影响，最大最小归一化的代码如下。

```python
class MinMaxNormalization(object):
    """
        MinMax Normalization --> [-1, 1]
        x = (x - min) / (max - min).
        x = x * 2 - 1
    """

    def __init__(self):
        pass

    def fit(self, X):
        self._min = X.min()
        self._max = X.max()
        print("min:", self._min, "max:", self._max)

    def transform(self, X):
        X = 1. * (X - self._min) / (self._max - self._min)
        X = X * 2. - 1.
        return X
```

```
    def fit_transform(self, X):
        self.fit(X)
        return self.transform(X)

    def inverse_transform(self, X):
        X = (X + 1.) / 2.
        X = 1. * X * (self._max - self._min) + self._min
        return X
```

接下来是 timestamp.py 文件中处理原始数据时间戳的代码，首先将原始数据中字符串形式的日期转换成计算机可识别的时间戳形式，代码如下。

```
import pandas as pd
from datetime import datetime

def string2timestamp(strings, T = 48):
    timestamps = []

    time_per_slot = 24.0 / T
    num_per_T = T // 24
    for t in strings:
        year, month, day, slot = int(t[:4]), int(t[4:6]), int(t[6:8]),
        int(t[8:]) - 1
        timestamps.append(pd.Timestamp(datetime(year, month, day,
                                       hour = int(slot * time_per_slot),
                                       minute = (slot % num_per_T)
                                        * int(60.0 * time_per_slot))))
    return timestamps
```

完成对时间戳数据的处理后，就要开始构建与时间戳对应的数据集，即由邻近性特征、周期性特征、趋势性特征和预测时间步所对应的真实值组成。data_constructor.py 文件中构建数据集的预处理代码如下。

```
import numpy as np
import pandas as pd
from timestamp import string2timestamp  # 导入先前定义的时间戳处理函数

class Dataset_constructor(object):
    def __init__(self, data, timestamps, T = 48, CheckComplete = True):
        super(Dataset_constructor, self).__init__()
        assert len(data) == len(timestamps)
        self.data = data                    # 输入的时空序列数据
        self.timestamps = timestamps        # 形如[b'2013070101', b'2013070102', … ]的列表
```

```
        self.T = T
        self.pd_timestamps = string2timestamp(timestamps, T=self.T)  #时间戳转换
        self.make_index()  #将时间戳做成一个字典,也就是给每个时间戳一个序号

    def make_index(self):
        self.get_index = dict()
        for i, ts in enumerate(self.pd_timestamps):
            self.get_index[ts] = i

    def get_matrix(self, timestamp):                #给定时间戳返回对应的数据
        return self.data[self.get_index[timestamp]]

    def check_timestamp(self, depends):             #检查某个特定时间戳是否存在
        for d in depends:
            if d not in self.get_index.keys():
                return False
        return True

    #创建数据集函数,设置参数为临近性,周期性,趋势性输入的长度以及趋势性(一周7天)
    #和周期性(1天)数据的采样间隔

    def create_dataset(self, c_length=3, t_length=3, t_inter=7, p_length=3,
                    p_inter=1):
        #按照30分钟为基本单元划分时间片,设置时间偏移为30
        offset_frame = pd.DateOffset(minutes=24 * 60 // self.T)
        #为临近性,周期性,趋势性,标签和时间戳数据都各准备一个存储数据的空列表

        C_list = []
        P_list = []
        T_list = []
        Y_list = []
        timestamps_Y = []
        #按照三种时间粒度数据的时间间隔设置在数据集中的取样间隔
        #time_range:[range(1, 4), [48, 96, 144], [336, 672, 1008]]
        time_range = [range(1, c_length + 1), \
                    [p_inter * self.T * j for j in range(1, p_length + 1)], \
                    [t_inter * self.T * j for j in range(1, t_length + 1)]]
        #时间间隔的下边界
        bound = max(self.T * t_inter * t_length, self.T * p_inter * p_length, c_
length)
        #需要始终满足时间间隔下界小于给定时间戳序列的总数
        while bound < len(self.pd_timestamps):
            Flag = True
            for branch in time_range:
                if Flag is False:
                    break
                #检查某时间戳对应的周期性,趋势性时间戳是否存在,若不存在则将Flag置
                #为False并跳出循环
```

```
            Flag = self.check_timestamp([self.pd_timestamps[i] - j * \
                                        offset_frame for j in branch])
        if Flag is False:
            bound += 1
            continue
        x_c = [self.get_matrix(self.pd_timestamps[bound] - j * \
                        offset_frame) for j in time_range[0]]
#取当前时刻的前3个时间片的数据构成"邻近性"模块中一个输入序列
#例如当前时刻为[Timestamp('2013-07-01 00:00:00')],则取:[Timestamp('2013-06-30
#23:30:00'),Timestamp('2013-06-30 23:00:00'), Timestamp('2013-06-30 22:30:00')]
#三个时刻所对应的流入/流出流量为一个序列
        x_p = [self.get_matrix(self.pd_timestamps[bound] - j * \
                offset_frame) for j in time_range[1]]
#取当前时刻前 1*p_inter, 2*p_inter, …, p_length*p_inter
#天对应时刻的流量作为一个序列,例如按默认值为取前1、2、3天同一时刻的OD流
        x_t = [self.get_matrix(self.pd_timestamps[bound] - j * \
                offset_frame) for j in time_range[2]]
#取当前时刻前 t_inter, 2*t_inter, …, t_length*t_inter
#天对应时刻的流量作为一个序列,例如按默认值为取前7、14、21天同一时刻的OD流
        #得到对应时间戳的真实标签数据
        y = self.get_matrix(self.pd_timestamps[bound])
        #将邻近性,周期性,趋势性和标签数据分别存入列表中
        if c_length > 0:
            C_list.append(np.vstack(x_c))
        if p_length > 0:
            P_list.append(np.vstack(x_p))
        if t_length > 0:
            T_list.append(np.vstack(x_t))
        Y_list.append(y)
        timestamps_Y.append(self.timestamps[bound])
        bound += 1
    XC = np.asarray(C_list)     #代表邻近性特征的数据 [?,6,32,32]
    XP = np.asarray(P_list)     #代表周期性的特征数据 隔天
    XT = np.asarray(T_list)     #代表趋势性特征的数据 隔周
    Y = np.asarray(Y_list)      #预测对应的标签数据[?,2,32,32]
    return XC, XP, XT, Y, timestamps_Y
```

当有与构建数据集相关以及数据预处理的模块都准备好了之后，接下来就要读入真实数据集进行处理。此处读入了与原文相同的北京市出租车数据。北京市出租车原始数据是一系列的 H5 格式的文件。H5 是一种层次化的数据集，一个文件下面可以包含多个文件夹(group)和多个文件(dataset)。H5 文件的读取方式如下。

```
import h5py
with h5py.File('data/TaxiBJ/BJ13_M32x32_T30_InOut.h5',"r") as f:
    for key in f.keys():  #查看每个文件的文件夹名和数据属性
        print(f[key], key, f[key].name)
#显示:
```

```
#< HDF5 dataset "data" : shape(4780, 2, 32, 32), type"< f8"> data /data
#< HDF5 dataset "date" : shape(4780,), type"|S10"> date /date

with h5py.File('data/ TaxiBJ/ BJ_Meteorology.h5',"r") as f:
for key in f.keys():
    print(f[key], key, f[key].name)
#显示:
#< HDF5 dataset "Temperature": shape(59006,), type"< f8"> Temperature/Temperature
#< HDF5 dataset "Weather": shape(59006, 17), type"< f8"> Weather /Weather
#< HDF5 dataset "WindSpeed": shape(59006,), type"< f8"> WindSpeed /WindSpeed
#< HDF5 dataset "date": shape(59006,), type"< S10"> date /date
```

笔者分别读取了 2013 年的出租车流量数据以及天气数据，并展示了文件中包含的数据属性。在这里尤其是天气数据需要从原始的 H5 文件中分割不同标题的数据并分别读取。在读取完北京出租车流量数据以及节假日、天气等特征数据后，还要移除一部分脏数据(按照半小时为基本单元，一天 24 小时被划分成 48 个时间片，所以需要删除一天不足 48 个时间片的部分)，对于这部分原始数据文件的具体读取和处理流程在书中略过，具体的操作可以参考本章节的完整代码。接下来展示的是 data_load.py 文件中加载及保存数据集的流程，具体代码如下。

```
def load_dataset(T = 48, flow_channel = 2, c_length = None,
                 p_length = None, t_length = None, test_len = None, val_len = None,
                 meta_data = True, meteorol_data = True, holiday_data = True):
    assert (len_closeness + len_period + len_trend > 0)
    #读取 2013—2016 年的北京出租车流量数据
    data_all = []
    timestamps_all = list()
    for year in range(13, 17):
        fname = os.path.join(DATAPATH, 'BJ{}_M32x32_T30_InOut.h5'.format(year))
        print("file name: ", fname)
        stat(fname)
        data, timestamps = load_stdata(fname)  #读取日期数据
        #删除不足 48 个时间片的天数据
        data, timestamps = remove_incomplete_days(data, timestamps, T)
        data = data[:, :
flow_channel]
        data[data <
0] = 0.
        data_all.append(data)
        timestamps_all.append(timestamps)

    #对数据集进行最大最小归一化操作
    data_train = np.vstack(copy(data_all))[:-(test_len + val_len)]
    scale = MinMaxNormalization()
    #为防止数据泄漏,仅在训练数据上做规范化变化,再将得到的转换器应用于全部数据集
    scale.fit(data_train)
```

```
data_scale = [scale.transform(d) for d in data_all]
scale_pkl = open(os.path.join(DATAPATH, CACHEPATH, 'preprocessing.pkl'), 'wb')
for item in [scale]:
    pickle.dump(item, scale_pkl)  #保存特征缩放模型[-1,1]
scale_pkl.close()

XC, XP, XT = [], [], []  #存放三种时间粒度的流量网格图的列表
Y = []                   #存放标签流量网格图的列表
timestamps_Y = []        #存放与标签对应的时间戳的列表
for data, timestamps in zip(data_scale, timestamps_all):
    data_func = Dataset_constructor(data, timestamps, T, CheckComplete = False)
    c_item, p_item, t_item, y_item, time_item = data_func.create_dataset(
        c_length = c_length, p_length = p_length, t_length = t_length)
    XC.append(c_item)
    XP.append(p_item)
    XT.append(t_item)
    Y.append(t_item)
    timestamps_Y += time_item
meta_feature = []
if meta_data:
    #读取时间编码特征
    time_feature = timestamp2vec(timestamps_Y)  #array: [?,8]
    meta_feature.append(time_feature)
if holiday_data:
    #读取节假日特征数据
    holiday_feature = load_holiday(timestamps_Y)
    meta_feature.append(holiday_feature)
if meteorol_data:
    #读取气象特征数据
    meteorol_feature = load_meteorol(timestamps_Y)
    meta_feature.append(meteorol_feature)

meta_feature = np.hstack(meta_feature) if len(meta_feature) > 0
else np.asarray(meta_feature)
metadata_dim = meta_feature.shape[1] if len(meta_feature.shape) > 1 else None
if metadata_dim < 1:
    metadata_dim = None
if meta_data and holiday_data and meteorol_data:
    print('time feature:', time_feature.shape, 'holiday feature:',
          holiday_feature.shape, 'meteorol feature: ',
          meteorol_feature.shape, 'mete feature: ', meta_feature.shape)

#获取到全部的三种时间粒度及标签的数据
XC = np.vstack(XC)       #shape = [15072,6,32,32]
XP = np.vstack(XP)       #shape = [15072,2,32,32]
XT = np.vstack(XT)       #shape = [15072,2,32,32]
Y = np.vstack(Y)         #shape = [15072,2,32,32]
```

```
    #切分训练集/验证集/测试集
    len_test_val = test_len + val_len
    XC_train, XP_train, XT_train, Y_train = XC[: - len_test_val], XP[: - len_test_val], 
XT[: - len_test_val], Y[: - len_test_val]
    XC_val, XP_val, XT_val, Y_val = XC[ - len_test_val: - test_len], XP[ - len_test_val: 
 - test_len], XT[ - len_test_val: - test_len], Y[ - len_test_val: - test_len]
    XC_test, XP_test, XT_test, Y_test = XC[ - test_len:], XP[ - test_len:], XT[ - test_
len:], Y[ - test_len:]

    #天气节假日等额外数据同步进行训练/验证/测试数据的切分
    if metadata_dim is not None:
        meta_feature_train = meta_feature[: - len_test_val]
    meta_feature_val = meta_feature[ - len_test_val: - test_len]
    meta_feature_test = meta_feature[ - test_len:]
    #分别保存三种时间粒度,标签以及额外数据的训练数据,验证数据和测试数据
    np.save('data/c_train.npy', XC_train)
    np.save('data/p_train.npy', XP_train)
    np.save('data/t_train.npy', XT_train)
    np.save('data/e_train.npy', meta_feature_train)
    np.save('data/train_y.npy', Y_train)
    np.save('data/c_val.npy', XC_val)
    np.save('data/p_val.npy', XP_val)
    np.save('data/t_val.npy', XT_val)
    np.save('data/e_val.npy', meta_feature_val)
    np.save('data/val_y.npy', Y_val)
    np.save('data/c_test.npy', XC_test)
    np.save('data/p_test.npy', XP_test)
    np.save('data/t_test.npy', XT_test)
    np.save('data/e_test.npy', meta_feature_test)
    np.save('data//test_y.npy', Y_test)
```

6.5.3 模型构建

接着梳理 ST-ResNet 的定义代码，导入一些编写神经网络必要的包，代码如下。

```
import torch
import torch.nn as nn
import torch.nn.functional as F
import numpy as np
import logging
import os
import torch.optim as optim
import time
```

定义一个残差卷积网络层基本单元，一个残差单元中有两层 CNN 和两层 BN 操作，每次数据输入卷积神经网络层之前都经过一个 BN 层和 ReLU 激活函数，其中输入是一个四维张量，代码如下。

```
class ResUnit(nn.Module):
    def __init__(self, in_channels, out_channels, lng, lat):
        #模型的输入是一个四维张量 (B, C, lng, lat)
        super(ResUnit, self).__init__()
        self.bn1 = nn.BatchNorm2d(in_channels)
        self.conv1 = nn.Conv2d(in_channels, out_channels, 3, 1, 1)
        self.bn2 = nn.BatchNorm2d(out_channels)
        self.conv2 = nn.Conv2d(out_channels, out_channels, 3, 1, 1)
        #分别定义两个批归一化层和卷积层
    def forward(self, x):
        z = F.relu(self.bn1(x))
        z = self.conv1(z)
        z = F.relu(self.bn2(z))
        z = self.conv2(z)
        out = z + x  #经过两层卷积神经网络之后与输入网络的原始特征直接相加
return out
```

由于 ST-ResNet 骨干网络拥有三种时间粒度的分支网络结构，且每个分支网络的结构相同，所以可以先统一定义分支网络的结构，代码如下。

```
class Branch_net(nn.Module):
    def __init__(self, num_res_unit, input_lenght, flow_channel,
                 grid_heigh, grid_width):
        super(Branch_net, self).__init__()
        self.num_res_unit = num_res_unit
        self.input_lenght = input_lenght
        self.flow_channel = flow_channel
        self.grid_heigh = grid_heigh
        self.grid_width = grid_width
        #每个分支网络的首部都是用一个卷积网络将输入的特征维度从低维映射到高维
        self.branch_net = nn.ModuleList([nn.Conv2d(self.input_lenght *
            self.flow_channel, 64, kernel_size = 3, stride = 1, padding = 1)])
        #接下来依次添加多个残差卷积单元
        for i in range(self.num_res_unit):
            self.branch_net.append(ResUnit(64, 64, self.grid_heigh,\
                                           self.grid_width))
        #每个分支网络的尾部都是用一个卷积网络将输入的特征维度从高维映射到原本的维度
        self.branch_net.append(nn.Conv2d(64, self.flow_channel, kernel_size = 3,\
                                         stride = 1, padding = 1))
    #分支网络的前向传播
    def forward(self, x):
        for layer in self.branch_net:
            x = layer(x)
        return x
```

接下来定义 ST-ResNet 的整体网络架构。主干网络部分为融合三种时间粒度的卷积残差神经网络(临近性，周期性，趋势性)，还要合并额外的特征，代码如下。

```
class STResNet(nn.Module):
    def __init__(self,
                 lr = 0.0001,            #模型学习率
                 epoch = 50,             #训练轮次数
                 batch_size = 32,        #批训练 batch 大小
                 c_length = 3,           #邻近性时间流量特征序列默认长度
                 p_length = 1,           #周期性时间流量特征序列默认长度
                 t_length = 1,           #趋势性时间流量特征序列默认长度
                 external_dim = 28,      #外部特征的维度
                 grid_heigh = 32,        #网格图的高度
                 grid_width = 32,        #网格图的宽度
                 flow_channel = 2,       #流量种类(inflow/outflow)
                 num_res_unit = 2,       #设定残差卷积单元的数量
                 data_min = -10000,      #输入数据的最小值默认值
                 data_max = 10000):      #输入数据的最大值默认值
        super(STResNet, self).__init__()
        self.epoch = epoch
        self.lr = lr
        self.batch_size = batch_size
        self.c_length = c_length
        self.p_length = p_length
        self.t_length = t_length
        self.external_dim = external_dim
        self.grid_heigh = grid_heigh
        self.grid_width = grid_width
        self.flow_channel = flow_channel
        self.num_res_unit = num_res_unit
        self.logger = logging.getLogger(__name__)
        self.data_min = data_min
        self.data_max = data_max
        self.gpu_available = torch.cuda.is_available()
        if self.gpu_available:           #如果 GPU 存在,则调用
            self.gpu = torch.device("cuda:0")
        self.backbone_net()
        self.save_path = "L%d_C%d_P%d_T%d/" % (self.num_res_unit,
                                         self.c_length, self.p_length, self.t_length)
        self.best_mse = 10000

    def backbone_net(self):              #创建 ST-ResNet 的主干网络
        #创建邻近性分支网络
        self.c_net = Branch_net(self.num_res_unit, self.c_length,
                                self.flow_channel, self.grid_heigh, self.grid_width)
        #创建周期性分支网络
        self.p_net = Branch_net(self.num_res_unit, self.p_length,
                                self.flow_channel, self.grid_heigh, self.grid_width)
        #创建趋势性分支网络
        self.t_net = Branch_net(self.num_res_unit, self.t_length,
```

```
                                        self.flow_channel, self.grid_heigh, self.grid_width)
        #外部特征映射网络,将外部特征映射成固定维数的特征向量
        self.ext_net = nn.Sequential(
            nn.Linear(self.external_dim, 10),
            nn.ReLU(inplace = True),
            nn.Linear(10, self.flow_channel * self.grid_heigh * self.grid_width))
        #定义用于三个分支网络输出融合的三个融合矩阵参数
        self.w_c = nn.Parameter(torch.randn((self.flow_channel,
                                self.grid_heigh, self.grid_width)), requires_grad = True)
        self.w_p = nn.Parameter(torch.randn((self.flow_channel,
                                self.grid_heigh, self.grid_width)), requires_grad = True)
        self.w_t = nn.Parameter(torch.randn((self.flow_channel,
                                self.grid_heigh, self.grid_width)), requires_grad = True)
    #整个网络中的前向传播
    def forward(self, xc, xp, xt, ext):
        #得到邻近性网络的输出
        xc = self.c_net(xc)
        #得到周期性网络的输出
        xp = self.p_net(xp)
        #得到趋势性网络的输出
        xt = self.t_net(xt)
        #得到额外特征映射网络的输出
        ext_out = self.ext_net(ext).view([-1, self.flow_channel,
                                          self.grid_heigh, self.grid_width])
        #三种时间特征及外部特征的融合
        res = self.w_c.unsqueeze(0) * xc + self.w_p.unsqueeze(0) * xp + \
            self.w_t.unsqueeze(0) * xt
        out = torch.tanh(res + ext_out)
        return out

    #模型的训练启动部分
    def train_model(self, train_loader, val_loader):
        optimizer = optim.Adam(self.parameters(),lr = self.lr)
        loss_func = nn.MSELoss()  #定义模型的优化器和损失函数
        early_stop_threshold = 10 #设定提前停止阈值
        epoch_count = 0
        start_time = time.time()
        for ep in range(self.epoch):
            loss_list = []
            self.train()          #启动模型训练
            for i, (xc, xp, xt, xe, y) in enumerate(train_loader):
                if self.gpu_available:
                    xc = xc.to(self.gpu)
                    xp = xp.to(self.gpu)
                    xt = xt.to(self.gpu)
```

```
                xe = xe.to(self.gpu)
                y = y.to(self.gpu)
            ypred = self.forward(xc, xp, xt, xe)
            loss = loss_func(ypred, y)
            optimizer.zero_grad()
            loss.backward()
            optimizer.step()
        #模型验证部分,根据验证集上的损失保存最优模型
        for i, (xc, xp, xt, xe, y) in enumerate(val_loader):
            if self.gpu_available:
                xc = xc.to(self.gpu)
                xp = xp.to(self.gpu)
                xt = xt.to(self.gpu)
                xe = xe.to(self.gpu)
                y = y.to(self.gpu)
            ypred = self.forward(xc, xp, xt, xe)
            val_loss = loss_func(ypred, y)
            loss_list.append(loss.item())
        end_time = time.time()
        val_mse = np.mean(loss_list)
        print("[%.2fs] ep %d val mse %.4f" %\
            (end_time - start_time, ep, val_mse))
        if val_mse < self.best_mse:  #保存当前更优模型参数
            self.save_model("best_model")
            self.best_mse = val_mse
            epoch_count = 0
        else:
            epoch_count = epoch_count + 1
            if epoch_count >= early_stop_threshold:
                break  #当超过提前停止阈值时整个循环结束

#模型的评估测试集启动部分
def test_model(self, test_loader):
    self.eval()  #启动模型评估(固定 BN 层参数)
    for i, (xc, xp, xt, xe, y) in enumerate(test_loader):
        if self.gpu_available:
            xc = xc.to(self.gpu)
            xp = xp.to(self.gpu)
            xt = xt.to(self.gpu)
            xe = xe.to(self.gpu)
            y = y.to(self.gpu)
            with torch.no_grad():
                ypred = self.forward(xc, xp, xt, xe)
        #采用 RMSE 和 MAE 作为模型评估的指标
        rmse = ((ypred - y) ** 2).mean().pow(1/2)
        mae = ((ypred - y).abs()).mean()
        #将 RMSE 和 MAE 恢复到规范化之前的尺度
        rmse = rmse * (self.data_max - self.data_min)
```

```
        mae = mae * (self.data_max - self.data_min)
        return rmse, mae

    #模型保存代码
    def save_model(self, name):
        if not os.path.exists(self.save_path):
            os.makedirs(self.save_path)
        torch.save(self.state_dict(), self.save_path + name + ".pkl")

    #读取已保存的模型
    def load_model(self, name):
        if not name.endswith(".pkl"):
            name += ".pkl"
        self.load_state_dict(torch.load(self.save_path + name))
```

6.5.4 模型训练及测试

定义好全部网络模型之后,最后一步为启动模型的训练和评估。首先需要导入一些必要的包和先前已经定义好的数据读取模块及网络模块,代码如下。

```
import os, sys
import logging
from torch.utils.data import TensorDataset, DataLoader
sys.path.append('../data_process/')
from model.STResNet import STResNet                    #导入定义好的网络模型
import torch
import numpy as np
os.environ['CUDA_VISIBLE_DEVICES'] = '7'
gpu_available = torch.cuda.is_available()
if gpu_available:                                       #指定程序运行设备
    gpu = torch.device("cuda:0")
```

在 run_mian.py 文件中的网络的运行部分代码如下。

```
if __name__ == '__main__':
    logging.basicConfig(level = logging.DEBUG,format = '%(levelname)s - %(message)s')
    #为模型中所有超参数赋值
    epochs = 50                                         #训练的轮次数
    batch_size = 32                                     #训练批次大小
    T = 48                                              #一天内的时间片段划分
    c_length = 3                                        #临近性序列长度
    p_length = 1                                        #周期性序列长度
    t_length = 1                                        #趋势性序列长度
    grid_height, grid_width = 32, 32                    #网格图的规格
    flow_channel = 2                                    #流量类别数
    lr = 0.0002                                         #学习率
    external_dim = 28                                   #额外特征维度
    num_res_unit = 4                                    #卷积残差单元个数
```

```
#读取训练,验证和测试数据(分别需读入临近性、周期性、趋势性、额外特征数据以及标签数据)
c_train = np.load('../data_process/data/c_train.npy')
p_train = np.load('../data_process/data/p_train.npy')
t_train = np.load('../data_process/data/t_train.npy')
e_train = np.load('../data_process/data/e_train.npy')
train_y = np.load('../data_process/data/train_y.npy')

c_val = np.load('../data_process/data/c_val.npy')
p_val = np.load('../data_process/data/p_val.npy')
t_val = np.load('../data_process/data/t_val.npy')
e_val = np.load('../data_process/data/e_val.npy')
val_y = np.load('../data_process/data/val_y.npy')

c_test = np.load('../data_process/data/c_test.npy')
p_test = np.load('../data_process/data/p_test.npy')
t_test = np.load('../data_process/data/t_test.npy')
e_test = np.load('../data_process/data/e_test.npy')
test_y = np.load('../data_process/data/test_y.npy')
#读取已保存的归一化数据转换器
with open ('../data_process/data/preprocessing.pkl', 'rb') as f:
      scale = pickle.load(f)
    #将训练集/验证集/测试集都整理成pytorch的输入格式
    train_set = TensorDataset(torch.Tensor(c_train),\
       torch.Tensor(p_train),torch.Tensor(t_train), \
       torch.Tensor(e_train), torch.Tensor(train_y))
    val_set = TensorDataset(torch.Tensor(c_val),\
       torch.Tensor(p_val),torch.Tensor(t_val), \
       torch.Tensor(e_val), torch.Tensor(val_y))
test_set = TensorDataset(torch.Tensor(c_test),\
   torch.Tensor(p_test),torch.Tensor(t_test), \
   torch.Tensor(e_test), torch.Tensor(test_y))
#装载训练集/验证集/测试集数据
    train_loader = DataLoader(train_set, batch_size=batch_size, shuffle = True)
    val_loader = DataLoader(val_set, batch_size=batch_size, shuffle = False)
test_loader = DataLoader(test_set, batch_size=batch_size, shuffle = False)
#定义模型
net = STResNet(lr = lr, epoch = epochs,
    batch_size = batch_size, c_length = c_length, p_length = p_length,
    t_length = t_length, external_dim = external_dim,
    grid_heigh = grid_height, grid_width = grid_width,
    flow_channel = flow_channel, num_res_unit = num_res_unit,
    data_min = scale._min, data_max = scale._max)
if gpu_available:
    net = net.to(gpu)
#训练模型
net.train_model(train_loader, val_loader )
net.load_model("best_model")                    #读取最优模型
rmse, mae = net.test_model(test_loader)  #用验证集上最好的模型进行测试评估
```

6.5.5　结果展示

接下来对模型进行训练，每在训练集上训练一个 Epoch 都在验证集上做一次评估，每次输出在验证集上的 MSE 损失函数的值，要注意的是，这里的损失函数是在已经规范化的数据上进行计算的，训练结果展示如图 6-4 所示。完整的代码可通过本书提供的获取方式进行获取。

```
[958.45s] ep 0 val mse 0.0124
[1912.24s] ep 1 val mse 0.0081
[2876.33s] ep 2 val mse 0.0073
[3821.31s] ep 3 val mse 0.0052
[4786.69s] ep 4 val mse 0.0046
[5671.66s] ep 5 val mse 0.0038
[6560.21s] ep 6 val mse 0.0035
[7449.55s] ep 7 val mse 0.0031
[8338.69s] ep 8 val mse 0.0027
[9233.60s] ep 9 val mse 0.0026
[10123.39s] ep 10 val mse 0.0025
```

图 6-4　训练结果展示

最终取在验证集上表现最好的模型在测试集上进行评估，需要将数据恢复到归一化之前的尺度，然后计算出测试集上相应的性能评估指标 RMSE＝18.3597 以及 MAE＝10.6497。

为了能够直观展现算法模型的预测表现，笔者选取了测试集中第一个时间片的出租车 inflow/outflow 为例，分别可视化了真实值、预测值和绝对误差空间分布的网格热力图。北京出租车流量网格热点图可视化如图 6-5 所示，可以发现模型已经可以较为准确地预测出租车的整体流量态势。

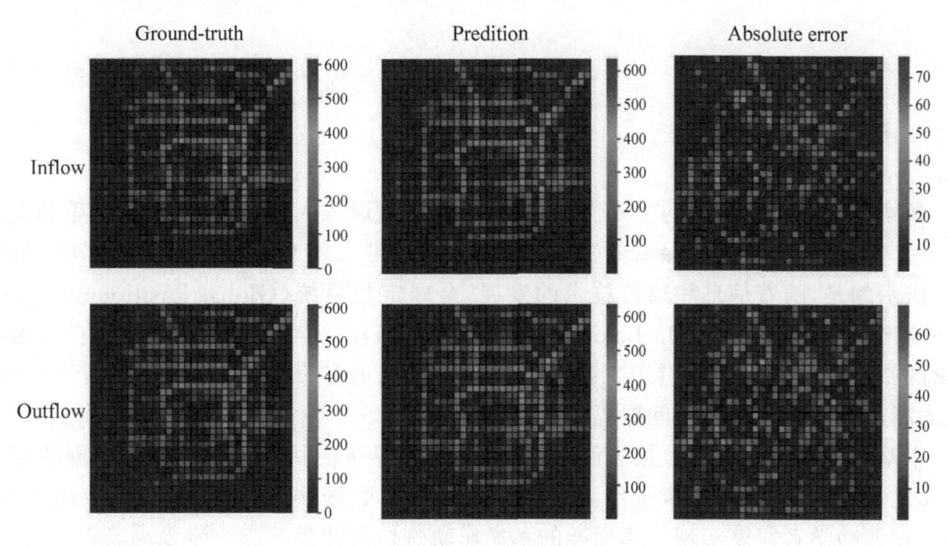

图 6-5　北京出租车流量网格热点图可视化

6.6　本章小结

本章首先论述了出租车轨迹数据对未来智慧城市和交通建设的重大意义，提供了一些常用数据集的开源地址，并且简要梳理了目前出租车轨迹数据几个重要的研究方向，最后通过一个实战案例加深读者对于经典模型 ST-ResNet 的理解，初步对出租车流量/载客需求预测这个研究方向有了直观的了解。

第7章

基于深度学习的私家车轨迹数据案例实战

7.1 研究背景

私家车作为人们出行的主要交通工具,已经逐渐融入人们日常的生活、娱乐和交流等活动中。近些年私家车的保有量急剧增加,给城市带来停车困难、交通拥堵等一系列问题。庆幸的是,随着信息和通信技术的发展,全球定位系统(Global Positioning System,GPS)和车载自诊断系统(On-Board Diagnostics,OBD)等传感器设备的广泛应用,为收集海量的私家车轨迹数据提供了支持。通过对收集到的私家车轨迹数据集进行分析和挖掘,为城市环境中的一系列问题提供解决方案。

本章将以私家车轨迹数据为例,详细介绍人工智能在私家车轨迹数据挖掘的应用现状,在此基础上,以私家车流量预测为应用背景,以"数据获取-数据预处理-应用实战"为主线,带领初学者完整实现一套标准的私家车轨迹数据建模与车流量预测流程。

7.2 研究现状

本章主要探讨人工智能在私家车轨迹数据挖掘的主流研究方向,目前关于私家车轨迹数据挖掘的相关研究工作较少,根据现有文献主要分为三个大的研究方向:轨迹预处理、出行模式分析和基于车辆轨迹的应用,如表7-1所示。

表7-1 人工智能在私家车轨迹数据挖掘的主流研究方向

主流研究方向	子方向
轨迹预处理	轨迹填充、轨迹压缩
出行模式分析	规律出行模式分析、语义出行模式分析、人类移动性分析
基于车辆轨迹的应用	时空流量预测、轨迹预测、社交关系推断

轨迹预处理包括轨迹填充和轨迹压缩两个子方向。出行模式分析即对大量私家车的长期轨迹数据进行分析，挖掘出个人出行模式以及对个人出行规律性进行量化度量，分析包括规律出行模式分析、语义出行模型分析和人类移动性分析三个子方向。基于车辆轨迹的应用包括时空流量预测、轨迹预测和社交关系推断三个子方向。目前，基于车辆轨迹的应用方向的相关文献数量最多。

7.2.1　轨迹预处理

车辆轨迹收集通常会面临诸如轨迹数据不准确和不完整之类的挑战，这主要是由于全球导航卫星系统(Global Navigation Satellite System, GNSS)中断造成的轨迹缺失。为解决轨迹的缺失问题，学者们通常采用轨迹填充/插值技术作为GNSS中断导致轨迹稀疏的主要解决方案。而车辆定位服务和通信技术的进步产生了大量的时空轨迹数据，这导致了数据在车辆轨迹数据中心进行存储、查询和通信的危机。因此，越来越多的学者开始关注轨迹压缩/简化任务，这类任务通常是实时的，即将原始轨迹在线压缩，有助于节约轨迹的存储空间和提高即时查询轨迹的效率。

7.2.2　出行模式分析

私家车出行模式是指私家车主的移动性遵循一些规律并展现频繁的重复出行行为。私家车用户通常是指车主及其家人，因此一辆私家车的移动性能够反映车主(或其家人)的长期出行行为。此外，私家车轨迹数据展现了明显的停留行为，用户在到达目的地后开始停车，其中大部分的目的地是用户的频繁访问地点，停车后的等待时间由用户此次活动需要花费的时间决定，活动结束后用户返回车中并开启下一次出行。由于私家车轨迹数据展现的这种独特的停留现象，其特别适合用来挖掘个人的出行模式，尤其是规律出行行为分析。

私家车用户的轨迹的相似性可以反映其出行行为的规律性，有学者构造轨迹相似性矩阵度量轨迹之间的时空距离，从而判定用户是否为规律出行者。有些学者从私家车的轨迹数据中提出停留信息，通过聚类识别出用户经常去的地方(Frequent Visit Place, FVP)，挖掘用户的出行模式。有些学者通过对私家车用户的移动和停留的频率、时间、时长和距离等实证评估，探讨私家车出行特征，基于提取到的出行特征设计算法识别出规律出行者。

7.2.3　时空流量预测

私家车时空流量预测作为智能交通领域的研究热点，旨在利用现有的车流量预测未来的车流量，具体可应用到智慧停车、风险预警和城市吸引力区域挖掘等领域。私家车的时空流量的定义较为宽泛，本节将给定时空环境下的私家车数量预测任务归纳为时空流量预测，研究方法主要分为两类：基于概率密度估计的方法和基于深度神经网络的方法。

基于概率密度估计的方法：受地理学第一定律的启发，有学者利用核密度估计(Kernel Density Estimation，KDE)方法并将私家车轨迹数据扩展到三个维度以捕获私家车密度分布，从而提出了一种基于 3D-KDE 的预测模型来预测动态时空城市聚集效应。

基于深度神经网络的方法：起初研究人员将时空流量建模为视频数据，基于时空卷积神经网络(3D Convolutional Neural Networks，3D CNN)算法将私家车流量的时空预测转换为视频预测，将连续多天的私家车轨迹数据时序化为以“时”为单位的密度矩阵，并通过 3D CNN 算法将密度矩阵的预测转换为视频预测，从而降低了模型训练的代价，并且以具体的私家车数量来呈现私家车流量预测的结果。由于图神经网络(Graph Neural Network，GNN)能够较好地捕获私家车流量在城市空间的非欧几里得关联，越来越多的研究人员将 GNN 应用到时空流量预测中，通过多视角时空图建模私家车出行和城市区域之间的动态关联，采用基于 GNN 的一系列变体预测私家车流量。

7.2.4 轨迹预测

私家车轨迹预测是指根据私家车用户的历史轨迹等出行特征预测未来时间段内用户的移动性信息(如时间地点和时长)。轨迹预测对于广告投放、个性化导航等基于位置的服务具有重要指导意义。根据现有文献，私家车轨迹预测分为出行轨迹预测和停留点预测两个子方向。

出行轨迹预测：大部分学者通过先提取私家车出行的特征，再采用机器学习的方法预测出行轨迹。例如，采用支持向量机回归来实现车辆定位和轨迹预测；提取的道路内部特征和道路间特征，利用长短期记忆网络(LSTM)在先前的轨迹路径上建立时间相关性并生成未来的轨迹。

停留点预测：停留时长是理解私家车用户停留行为和出行动机的重要指标之一，但用户的行为受多因素影响，且停留时长具有较强的随机性，如何有效利用私家车轨迹数据预测用户的停留时长仍然是一个有挑战的问题。有学者针对私家车用户的停留行为数据的空间相似性、时间周期性和时空相关的特性，提出了结合基于梯度提升回归树的用户停留时长预测模型。停留点与私家车用户的出行行为紧密联系在一起，通过轨迹序列数据对用户出行行为进行建模，对其停留点做出预测是当前的一个研究热点。私家车作为个人出行的交通工具，其轨迹信息记录着用户的日常出行活动，与其他公共交通工具如公交车、出租车相比，其序列化的出行轨迹可以代表单个用户长期完整的出行记录。这一特点使得私家车连续的轨迹序列可以用于研究单个用户的出行行为，更进一步还能对用户偏好及未来出行行为做出预测。

7.2.5 社交关系推断

除了满足基本的交通需求外，私家车还有望为人们提供各种基于位置的服务和应用。但是，这些可能造成严重的隐私风险。有些学者专注研究最敏感的信息之一，即社交关系，提出一种社交关系推理模型，旨在从车辆轨迹数据中推断出社交关系，为人类移动性数据的隐私保护提供了新的视角。

7.3　数据获取手段及开源数据集简介

本节首先介绍私家车轨迹数据的获取手段，主要通过两种方式获取：GPS/OBD组合导航系统和汽车电子标识。然后介绍私家车轨迹的开源数据集。完整的数据集可通过本书前言提供的获取方式进行获取。

1. GPS/OBD组合导航系统

私家车轨迹数据集可以通过车载GPS和OBD位置终端设备采集获取，GPS提供私家车的经纬度数据，OBD感应私家车自身的传感器数据。车载OBD位置终端设备由三大模块构成：GPS位置定位模块、OBD车辆检测模块和GPRS通信模块。GPS位置定位模块内含GPS跟踪器，采集私家车位置信息数据即GPS轨迹数据，包含私家车位置(经纬度)和当前时间以及GPS信号强弱等级。OBD模块采集私家车行驶状态信息，包括私家车点熄火时间、当前行驶里程、行程油耗、行驶时长、速度、方向等数据。还有其他与行程相关的数据由GPS和OBD模块共同收集，包括具体车辆类型相关的故障检测等信息。最后，收集到的数据通过GPRS通信模块，再利用无线蜂窝网络和有线网络传输至云端服务器。

2. 汽车电子标识

汽车电子标识(Electronic Registration Identification，ERI)，也称汽车电子身份证，将车牌号码等信息存储在射频标签中，能够自动、非接触、不停车地完成车辆的识别和监控，是基于物联网的无源射频识别(Radio Frequency Identification，RFID)在智慧交通领域的延伸。2017年12月，中国发布了ERI国家标准，该标准于2018年7月正式实施，这说明ERI在中国具有广泛的应用前景。重庆是中国最早的ERI试点城市，所有车辆均配备RFID标签，迄今已积累了大量ERI数据。已有文献提出了从重庆市大量的ERI数据中提取私家车轨迹数据的方法。

目前，国内的私家车开源数据集由湖南大学的王东教授和肖竹教授的团队共享在GitHub上，该数据是由王东教授团队的麦谷科技—湖南大学车联网联合实验室采集得到的。为保护用户的隐私，在上传采集到的数据时，分配国际移动设备识别码(International Mobile Equipment Identity，IMEI)给用户的GPS/OBD设备，作为每辆车的脱敏身份标志号。私家车轨迹数据集主要包括两个重要组成部分，分别为私家车行程事件表和私家车历史轨迹表。行程事件记录了私家车的一段出行行程的具体信息，采集了起始和终止的时间、地点等字段。经纬度的坐标体系为WGS84 GPS世界标准坐标。私家车行程事件点的字段和说明如表7-2所示。

历史轨迹主要记录了私家车出行的瞬时时间和地点等信息，采集了车辆的定位坐标、定位时间、速度、方向等字段。私家车的历史轨迹数据的字段和说明如表7-3所示。

表 7-2 私家车行程事件表字段定义

字段定义	类　型	字节数	长度	小数位	默认值	字段说明
EventTypeID	numeric	9	9	0		事件类型 ID
ObjectID	numeric	9	18	0		目标 ID
StartTime	datetime	8	23	3		起始时间
StratLon	numeric	9	18	6		起始经度
StartLat	numeric	9	18	6		起始纬度
StopTime	datetime	8	23	3		终止时间
StopLon	numeric	9	18	6		终止经度
StopLat	numeric	9	18	6		终止纬度
OverSpeedCount	int	4	10	0	((0))	超速次数
CelerateCount	int	4	10	0	((0))	急加速次数
DecelerateCount	int	4	10	0	((0))	急减速次数
TravelMileage	numeric	9	18	3	('0,0')	行程里程
TravelOil	numeric	9	18	3	('0,0')	行程油耗

表 7-3 私家车历史轨迹表字段定义

字段定义	类　型	字节数	长度	小数位	默认值	字段说明
ObjectID	numeric	9	18	0		目标 ID
Lon	numeric	9	18	6		经度
Lat	numeric	9	18	6		纬度
Speed	numeric	5	9	2		速度
Direct	int	4	10	0		方向
theDay	datetime	8	23	3	(getdate())	记录时间

7.4 数据预处理

私家车轨迹数据在获取后，存在一系列数据的质量问题，如数据缺失、冗余，在对移动轨迹数据分析和挖掘前，根据不同的应用场景和研究目标，对原始数据进行有效的预处理。本书主要介绍私家车的行程数据的预处理方法，选取了 7 个主要的字段：ObjectID、StartTime、StartLon、StartLat、StopTime、StopLon、StopLat。

由于车辆在实时动态获取数据，并且交通状态、道路网络等行驶环境复杂，例如，车辆行驶到高大建筑物附近存在遮挡或者有较强电磁波干扰的地方又或者定位装置出现故障未及时排查，都会导致定位装置产生与真实值存在偏差的位置数据。本节介绍私家车轨迹数据预处理的方法和代码，具体为清除主要字段缺失的数据、清除行程起始时间相等的数据和清除起终点距离小于 3m 的数据。首先，剔除主要字段为 0 的数据。其次，私家车出行小于 1 分钟的行程记录标记为无效记录，将被删除。最后，删除私家车起始位置较近的行程记录，通过 Haversine 距离计算载客点之间的距离，设置距离阈值为 3m，起始位置小于 3m 的订单将被删除。私家车轨迹数据预处理函数的示例代码如下。

```
"""
数据预处理:清除为 0 的数据,清除行程起始时间相等的数据,清除起始地点小于 3m 的数据
"""
import numpy as np

def haversine(lon1, lat1, lon2, lat2):
    """
    将十进制转换为弧度
    """
    def rad(d):
        return d * math.pi / 180.0

    lon1, lat1, lon2, lat2 = map(rad, [lon1, lat1, lon2, lat2])
    #haversine 公式
    dlon = lon2 - lon1
    dlat = lat2 - lat1
    a = sin(dlat / 2) ** 2 + cos(lat1) * cos(lat2) * sin(dlon / 2) ** 2
    c = 2 * asin(sqrt(a))
    r = 6371                                   #地球平均半径,单位为千米
    return c * r * 1000.0 / 1000.0             #返回距离为米


def dataClean(trips, dataType):
    print("清除前:", trips.shape)
    abnormal = []
    for dataIndex in ['StartLon', 'StartLat', 'StopLon', 'StopLat']:
        a = np.array(trips[(trips[dataIndex] == 0)].index)
        for i in a:
            if i and i not in abnormal:
                print("数据为 0 的行:", i)
                trips = trips.drop(index = i)
                abnormal.append(i)
    for j in trips.index:
        duration = (StartTime - StopTime)
    lon1, lat1 = float(trips['StartLon'].loc[j]), float(trips['StartLat'].loc[j])
    lon2, lat2 = float(trips['StopLon'].loc[j]), float(trips['StopLat'].loc[j])
    distance = haversine(lon1, lat1, lon2, lat2)
    if duration < 2:
        if j and j not in abnormal:
            abnormal.append(j)
            trips = trips.drop(index = j)
        print("行程起始时间间隔少于 1min 的数据:", j)
    if distance < 3:
        if j and j not in abnormal:
            abnormal.append(j)
            trips = trips.drop(index = j)
        print("行程起始距离少于 3m 的行:", j)

    print("清洗后:", trips.shape)
    return trips
```

7.5 基于 PyTorch 的私家车轨迹数据建模

7.5.1 问题陈述及模型框架

本节将基于获取的私家车流量的时间序列 CSV 文件,以开源的深度学习预测模型为例,进行 PyTorch 框架在私家车流量预测应用案例中的实战教学。本节基于私家车轨迹数据将城市划分成多个子区域,统计每个子区域的历史私家车流量,以物理-虚拟协作图网络(Physical-Virtual Collaboration Graph Network, PVCGN)模型为例对未来连续几个时间段的私家车流入量和流出量进行预测。首先简要介绍 PVCGN 模型。PVCGN 模型的核心组件为协作门控循环网络(Collaborative Gated Recurrent Module, CGRM),基于历史数据构建多视角图结构,将这些多图合并到图卷积门控循环单元(Graph Convolution Gated Recurrent Unit, GC-GRU)中,以进行时空表示学习,如图 7-1 所示。

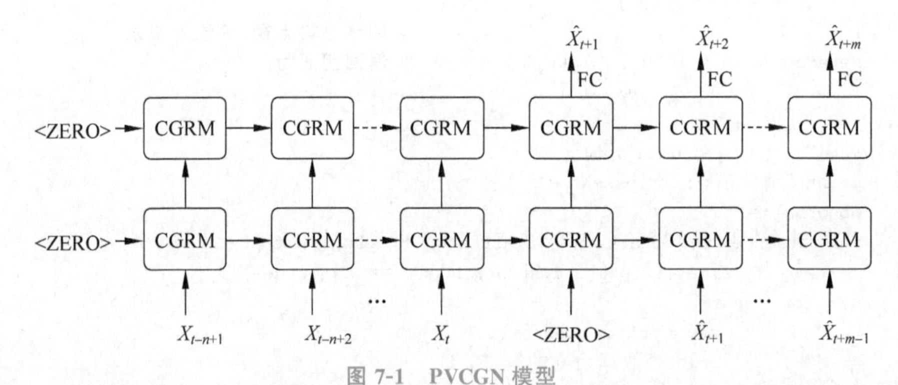

图 7-1 PVCGN 模型

此外,全连接门控循环单元(Fully-Connected Gated Recurrent Unit, FC-GRU)也被应用于捕获全局的流量演变趋势。CGRM 模型联合 GC-GRU 和 FC-GRU 预测未来的流量,如图 7-2 所示。

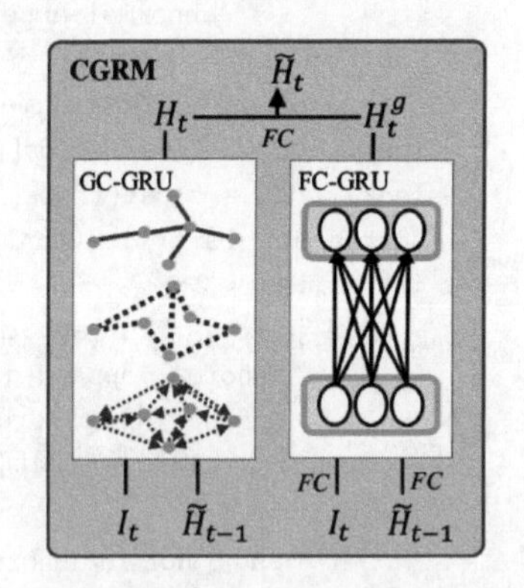

图 7-2 联合 GC-GRU 和 FC-GRU

7.5.2 数据准备

本节使用湖南大学开源的深圳市私家车轨迹数据,时间跨度为 2018/9/1～2018/9/15,共有 211 000 条数据。数据集包含 7 个字段,分别是车辆脱敏后的唯一编号、出发时间、出发点经度、出发点纬度、到达时间、到达点经度、到达点纬度。每条数据表示了一辆私家车的行程信息,数据示例如表 7-4 所示。

数据的具体字段说明如表 7-5 所示。

表 7-4 实验数据字段

ObjectID	StartTime	StartLon	StartLat	StopTime	StopLon	StopLat
179731	2020/9/1 5:31:29	114.120011	22.604789	2020/9/1 07:12:27	113.389968	22.584429
554717	2020/9/1 7:02:01	113.842311	22.768341	2020/9/1 07:20:55	113.875088	22.758159
555866	2020/9/1 6:58:15	114.230293	22.711187	2020/9/1 07:23:30	114.081093	22.559587
179752	2020/9/1 6:47:28	114.14767	22.666124	2020/9/1 07:32:54	114.12556	22.543013
…	…	…	…	…	…	…

表 7-5 实验数据字段说明

字　段	说　明
ObjectID	为保护车主隐私不直接使用车牌号,而是为每辆私家车设置唯一的车辆编号
StartTime、StopTime	格式为 yyyy/mm/dd　hh:mm:ss
StartLon、StartLat	出发点经度、纬度均使用标准格式,精确度为 1e-6
StopLon、StopLat	到达点经度、纬度均使用标准格式,精确度为 1e-6

7.5.3 数据建模

1. 轨迹聚类

本实战为一个简单的有监督学习任务。首先采用 K 均值聚类算法(K-means Clustering Algorithm,K-means)对私家车轨迹数据聚类,聚类的目的是对私家车用户常去的地点打标签,划分出私家车用户常去的地点群,从而将城市划分成多个子区域。城市区域的空间划分可以通过多种方式实现,为简化流程,在本书中采用直观的聚类算法,旨在获得城市区域的标签。

由于聚类算法的随机性,在选取数据时需要将出发地点和到达地点的数据一起聚类。为了后续构建相似图、关联图以及距离图,在计算时需要输出聚类中心的经纬度以及其所属的类簇。将 K 值设置为 80,代码如下。

```
frames = [start_, stop_]
result = pd.concat(frames, ignore_index = True)          #拼接数据
X = np.array(df_table[['latitude', 'longitude']])        #聚类对象
estimator = Kmeans(n_clusters = k, random_state = 9)     #构造聚类器
estimator.fit(X)
y_pred = estimator.labels_                               #获取聚类标签
centroids = estimator.cluster_centers_                   #获取聚类中心
plt.scatter(X[:, 0], X[:, 1], c = y_pred, marker = '.')
```

利用 Pandas 包的 read_csv()函数从 CSV 文件中导入数据,再使用 concat()函数将出发地点、到达地点数据拼接到一起。使用 sklearn.cluster 模块下的 K-means 函数构造

estimator 聚类器，并利用 estimator 的 labels_和 cluster_centers_属性来获取聚类标签与聚类中心。使用 matplotlib. pyplot 模块下的 scatter()函数将聚类结果绘制成散点图，颜色相同的点属于同一个簇，聚类结果如表 7-6 所示。

表 7-6 聚类结果

ObjectID	Date-Time	Lat	Lon	Sub-Class
100748930	2018/9/01 00:00:35	22.697187	114.221813	4
565864	2018/9/01 00:00:57	22.531409	114.020844	22
100748924	2018/9/01 00:01:04	22.695313	114.21968	4
100761902	2018/9/01 00:01:24	22.668742	114.198569	48
100762048	2018/9/01 00:01:45	22.590649	114.11752	67
…	…	…	…	…

每个类簇所包含的样本点数如表 7-7 所示。

表 7-7 每个类簇所包含的样本点数

Sub-Class	样本点个数	Sub-Class	样本点个数
0	7170	5	12 711
1	9060	6	8234
2	3679	7	11 109
3	8752	8	10 683
4	7989	…	…

聚类中心点的结果如表 7-8 所示。

表 7-8 聚类中心点的结果

Lat	Lon	Sub-Class
22.5498432	114.0842492	0
22.68732244	113.9813409	1
22.73265875	114.4175355	2
22.73596831	113.7909996	3
22.70485335	114.2251515	4
…	…	…

2. 车流量的时空分布统计

笔者设计了统计算法统计聚类得到的地点群的车流量，共划分了 80 个子区域。根据数据集在时间上的分布规律，将时间片设置为 1 小时，则一天被划分为 24 个时间片。统计算法将每一条出发记录记为一次车辆流出，将每一条到达记录记为一次私家车流入。若在一个时间片内，m 簇包含 n 条出发或到达记录，则表示此时段内 m 区域的流出或流出量为 n。本节所设计的统计算法在每次循环迭代中使用了 count 函数，提取了私家车流量在时间与空间上的分布，代码如下。

```
for row in range(1, 211000):                            #开始遍历
    etime = datetime(*xldate_as_tuple(sheet1.cell_value(row, 6),0)).strftime('%Y/%m/%d %H:%M:%S')
    end = datetime.strptime(etime, '%Y/%m/%d %H:%M:%S')
      if end > start:                                    #时间节点为1h
        sheet2.write(row_write, 0, t1, style)
        t1 = start
        start = start + timedelta(hours = 1)
        for i in set(infos):                             #统计每个数值出现的次数
            sheet2.write(row_write, int(i) + 1, infos.count(i))
        infos.clear()
        row_write = row_write + 1
    infos.append(sheet1.cell_value(row, 9))              #列表尾部添加新元素
```

为了便于统计，首先将聚类之后的数据集按照时间顺序排序。借助 time 模块的 strftime 函数来格式化日期，并得到可读字符串，再使用 strptime 函数将其解析为时间元组，实现了时间的相加运算。开始遍历数据集，以 1 小时为单位，初始化列表 infos，并使用 append 函数存储 1 小时内所有数据的聚类标签。对于 infos 中的每个数值，使用 count 函数统计每个数值的个数。当一轮循环结束时，再使用 clear 功能清空 infos，完成统计。统计的每小时 80 个区域的私家车流入量结果如表 7-9 所示。

表 7-9　每小时 80 个区域的私家车流入量

区域编号	日期时间	0	1	2	3	4	…
2018-09-01	00:00:00	4	7	0	2	2	…
2018-09-01	01:00:00	1	9	2	4	7	…
2018-09-01	02:00:00	1	4	0	2	0	…
2018-09-01	03:00:00	0	3	1	1	4	…
2018-09-01	04:00:00	0	0	0	1	2	…
…	…	…	…	…	…	…	
2018-09-15	22:00:00	6	8	4	12	20	…
2018-09-15	23:00:00	9	8	6	7	5	…

统计的每小时 80 个区域的私家车流出量结果如表 7-10 所示。

表 7-10　每小时 80 个区域的私家车流出量

区域编号	日期时间	0	1	2	3	4	…
2018-09-01	00:00:00	1	5	1	2	6	…
2018-09-01	01:00:00	2	2	0	1	5	…
2018-09-01	02:00:00	1	6	1	2	0	…
2018-09-01	03:00:00	1	3	1	1	1	…
2018-09-01	04:00:00	2	3	0	4	3	…
…	…	…	…	…	…	…	
2018-09-15	22:00:00	11	6	2	6	17	…
2018-09-15	23:00:00	5	9	6	5	4	…

在 2018 年 9 月 1 日～2018 年 9 月 15 日期间，80 个区域总共有 210 942 次车辆流入、210 980 次车辆流出，平均流入量为 14 062 次/天、平均流出量为 14 065 次/天。本节分别统计了单日流入量与单日流出量，并绘制成柱状图。2018 年 9 月 1～15 日私家车的单日流入量如图 7-3 所示。

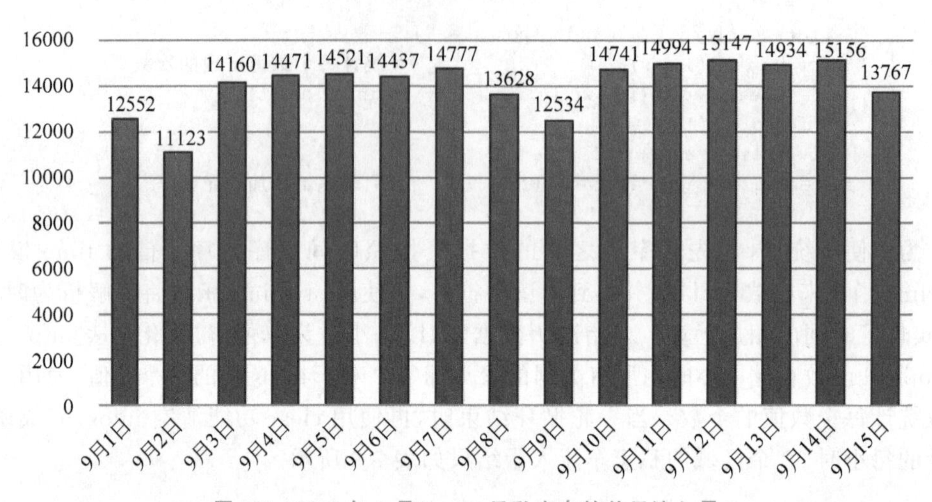

图 7-3　2018 年 9 月 1～15 日私家车的单日流入量

2018 年 9 月 1～15 日私家车的单日流出量如图 7-4 所示。

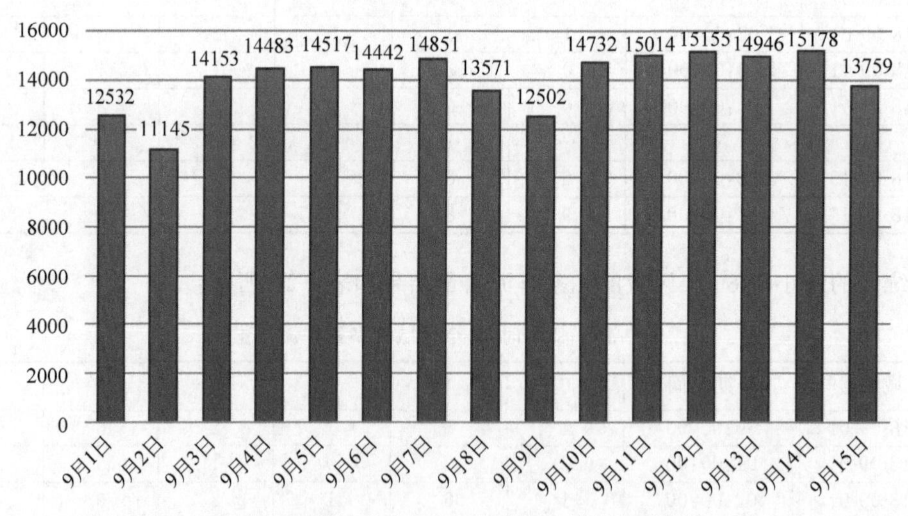

图 7-4　2018 年 9 月 1～15 日私家车的单日流出量

从上述两图中可以看出，工作日的车流量较为稳定并整体高于休息日的车流量，符合城市居民的出行规律。

本节选用了 9 月 1～5 日的数据，继续统计不同时间段的私家车流量。2018 年 9 月 1～5 日不同时间段的私家车单日流入量如图 7-5 所示。

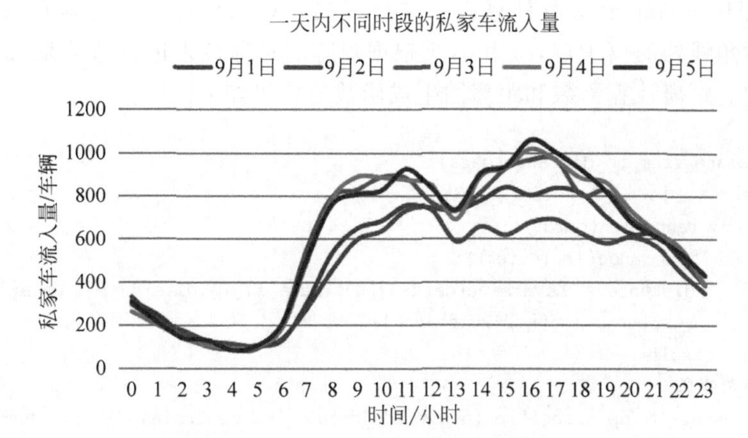

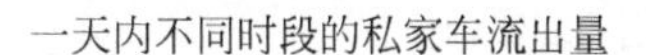
图 7-5　2018 年 9 月 1～5 日不同时间段的私家车单日流入量

2018 年 9 月 1～5 日不同时间段的私家车单日流出量如图 7-6 所示。

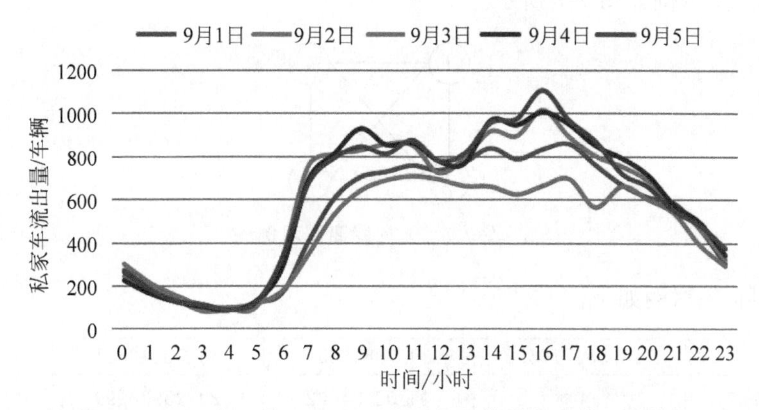

图 7-6　2018 年 9 月 1～5 日不同时间段的私家车单日流出量

由上面两图可以看出，0：00～6：00 的车流量呈下降趋势，私家车出行量较少，并于 4：00～6：00 达到车流量分布的波谷。6：00～10：00 的车流量有显著的上升趋势，其中，8：00～10：00 是一天当中的早高峰时段，城市居民的出行主要以工作、上学为目的。10：00～12：00 的车流量较为稳定，呈现小幅度的上下波动。12：00～14：00 为居民午休时间，这一时段的车流量有小幅度的下降。14：00～16：00 的车流量的上升趋势较为平缓，并于 16：00～18：00 达到一天的峰值，此时段是晚高峰时段，大部分居民的出行是以下班、放学、聚餐和购物等活动为目的。18：00 以后的私家车出行随着时间的流逝而呈现出整体下降的趋势。

3. 多视角时空图的构建

本节设计算法构造距离图、相似图和关联图，利用多图来提取不同区域之间的多视角时空关联。每个图有相同的 80 个节点，分别代表 80 个聚类中心，每一种图的边有不同的定义。首先，构建距离矩阵 P，$P(i,j)$表示聚类中心 i 到聚类中心 j 的实际距离，即利用经纬度值与 Haversine 公式所计算出的球面距离。算法仅计算了主对角线以上的矩阵值，并设置对角线处的值 $P(i,i)$ 为 0，再根据矩阵的对称性来进行值填充，避免了重复计算、节省时间。距离计算函数和距离图生成函数的代码如下。

```
def calculate_from_to_distance(data):
    result = []
    for i in range(len(data )):
        for j in range(len(data )):
            distance = haversine(data[i][0], data[i][1],data[j][0], data[j][1])
            result.append([i,j,distance])
    return result
#计算距离矩阵
distance_matrix = np.zeros([len(centroids_data), len(centroids_data)], dtype = float)

for i in range(len(result)):
    distance_matrix[int(result[i][0]), int(result[i][1])] = result[i][2]
```

无向距离图示例如图 7-7 所示。

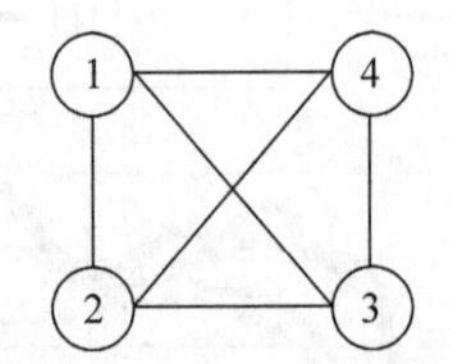

图 7-7　无向距离图示例

距离矩阵 P 示例如下。

0	18.58127959	39.78848359	36.52410521	…
18.58127959	0	45.02534002	20.25930999	…
39.78848359	45.02534002	0	64.25592039	…
36.52410521	20.25930999	64.25592039	0	…
…	…	…	…	…

构建相似矩阵 S，首先计算 $P(i, j)$的平均值($0 \leqslant i, j \leqslant 79$)，即节点之间实际距离的平均值 distance_mean。若 $P(i, j)$的值大于 distance_mean，则设置 $S(i,j)$的值为 1，否则 $S(i, j)$为 0，代码如下。

```
#计算平均距离
distance_mean = result.iloc[:, 2].mean()
a = sin(dlat / 2) ** 2 + cos(lat1) * cos(lat2) * sin(dlon / 2) ** 2

#计算相似矩阵
matrix_0_1 = np.zeros([len(centroids_data), len(centroids_data)], dtype = int)
result = np.array(result)
```

```
for i in range(len(result)):
    if (result[i][2] >= distance_mean):
        matrix_0_1[int(result[i][0]), int(result[i][1])] = 1

matrix_0_1_df = pd.DataFrame(matrix_0_1)
```

无向相似图示例如图 7-8 所示。

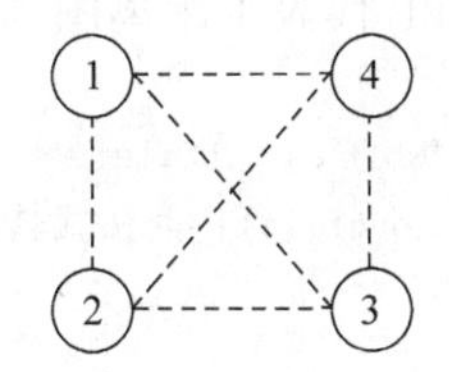

图 7-8　无向相似图示例

相似矩阵 S 示例如下。

0	0	1	0	…
0	0	0	0	…
1	0	0	0	…
0	0	0	0	…
…	…	…	…	…

接着构建关联矩阵 C,$C(i, j)$表示在整个数据集中从聚类中心 i 到聚类中心 j 的车辆总数,描述了两个区域之间的动态交互。$C(i, i)$需要进行计算,因为部分私家车会在同一个区域内进出。定义二维数组 trans_matrix[i][j]进行累加统计,具体代码如下。

```
#大小为 80 * 80 null list
trans_matrix = [[0 for i in range(80)] for j in range(80)]

#按照 matrix 中转移前后的类别对应的坐标遍历
for i in range(len(matrix)):
    trans_matrix[matrix[i][0] - 1][matrix[i][1] - 1] += 1
```

有向关联图示例如图 7-9 所示。

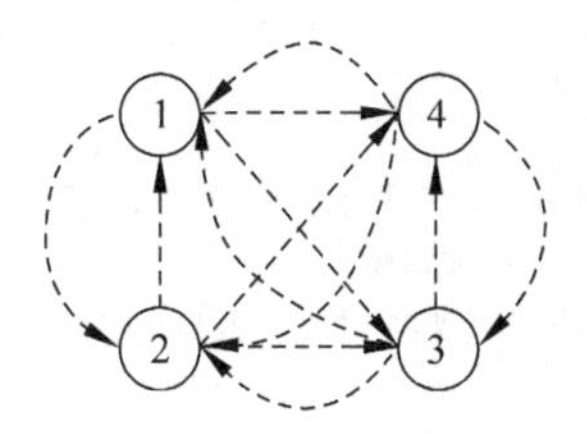

图 7-9　有向关联图示例

关联矩阵 C 示例如下。

6177	2	28	25	…
6	2584	0	17	…
30	1	6226	4	…
31	11	3	5455	…
…	…	…	…	…

使用 Pickle 包中的 dump 函数,将矩阵 P、S、C 分别封装为 graph_sz_conn. pkl、graph_sz_sml. pkl、graph_sz_cor. pkl,代表了距离图、相似图和关联图,代码如下。

```
with op"n("physical_graph."kl', 'wb') as outfile:
    pickle.dump(distance_matrix, outfile)  #格式转换
```

4. 数据格式转换

预测模型的输入共包含 3 个 pkl 文件,即训练集、验证集和测试集,均存储了私家车流入流出数据。本节将私家车流量数据(2018/9/1～2018/9/15)划分为 3 个部分,分别是训练集(2018/9/1～2018/9/10)、验证集(2018/9/11～2018/9/12)和测试集(2018/9/13～2018/9/15)。参考模型的输入数据格式,设计算法将 3 组数据集分别存储到 train. pkl、val. pkl 和 test. pkl 中,每个 pkl 文件均为含有 4 个多维数组的字典。以 train. pkl 为例,共设有 233 组时间片,每组包含 4 个时间片,本节拟使用前 4 个时间片(1h×4=4h)的私家车流量(80 个区域的私家车流入与流出)来预测后 4 个时间片的私家车流量,也就是使用 x_train 来预测 y_train,例如,0∶00～04∶00→04∶00～08∶00,代码如下。

```
#x与y始终相隔4个时间片,从sheet1的单元格中提取inflow与outflow
x[i][0][m][0] = sheet1.cell_value(i + 1, col)
y[i][0][m][0] = sheet1.cell_value(i + 5, col)

#xtime与ytime始终相隔4个时间片
xtime[i][0] = datetime(*xldate_as_tuple(sheet1.cell_value(i+1, 0), 0)).strftime('%Y
-%m-%d %H:%M:%S')
ytime[i][0] = datetime(*xldate_as_tuple(sheet1.cell_value(i+5, 0), 0)).strftime('%Y
-%m-%d %H:%M:%S')

#定义字典data
data = {'x': x, 'xtime': xtime, 'y': y, 'ytime': ytime}
with open("train.pkl", 'wb') as outfile:
    pickle.dump(data, outfile)  #将字典转换为pkl文件
```

pkl 文件的字段说明如表 7-11 所示。

pkl 文件的参数说明如表 7-12 所示。

pkl 文件的具体信息如表 7-13 所示。

表 7-11　pkl 文件的字段说明

ndarray	内容说明	数组格式
x	前 n 个时间片的 N 个区域的车流量(流入/流出)	$[T, n, N, D]$
y	后 m 个时间片的 N 个区域的车流量(流入/流出)	$[T, m, N, D]$
xtime	时间戳	$[T, n]$
ytime	时间戳	$[T, n]$

表 7-12　pkl 文件的参数说明

T	时间片(1h)的组数
N	区域的数量，$N=80$
n	输入序列的长度，$n=4$
m	输出序列的长度，$m=4$
D	每个区域的数据维度，$D=2$(流入与流出)

表 7-13　pkl 文件的具体信息

train. pkl		val. pkl		test. pkl	
ndarray	数组大小	ndarray	数组大小	ndarray	数组大小
x_train	[233, 4, 80, 2]	x_val	[41, 4, 80, 2]	x_test	[65, 4, 80, 2]
y_train	[233, 4, 80, 2]	y_val	[41, 4, 80, 2]	y_test	[65, 4, 80, 2]
xtime_train	[233, 4]	xtime_val	[41, 4]	xtime_test	[65, 4]
ytime_train	[233, 4]	ytime_val	[41, 4]	ytime_test	[65, 4]

5. PVCGN 模型

PVCGN 模型使用 CGRM 模块与 Seq2Seq 框架来构建 PVCGN 模型，以预测未来各时段各区域的私家车流量。PVCGN 包含一个编码器和一个解码器，两者分别包含两个 CGRM 模块。在编码器中，为了积累相关历史信息，将流量数据输入到底层 CGRM 模块中。并将其输出的隐藏状态输入到上层的 CGRM 模块中以进行高层次的特征学习。在解码器中，初次迭代时将输入数据设置为 0，使用编码器的最终隐藏状态来初始化解码器的隐藏状态。再将上层 CGRM 模块的输出隐藏状态输入到全连接层中，从而预测未来的车流量。在接下来的迭代中，底层的 CGRM 模块将上一次迭代所得的预测值作为输入，上层的 CGRM 模块继续利用全连接层进行预测。

7.5.4　模型训练及结果展示

将封装好的 6 个 pkl 文件输入到 PVCGN 深度学习模型中，使用 model. train()语句来启用 Batch Normalization 和 Dropout 并开始训练。为了方便模型的加载同时节约时间，使用 PyTorch 中的 state_dict 字典对象和 save()函数来保存每轮训练后的模型参数。测试部分使用 model. eval()语句从训练模式切换到测试模式，并使用 with torch. no_grad()语句停止梯度更新，以起到加速和节省显存的作用。PVCGN 离线训练和测试的代码 ggnn_train. py 在 GitHub 上已经开源，代码如下。

```
import random
import argparse
import time
import yaml
import numpy as np
import torch
import os
from torch import nn
from torch.nn.utils import clip_grad_norm_
from torch import optim
from torch.optim.lr_scheduler import MultiStepLR
from torch.nn.init import xavier_uniform_
from lib import utils
from lib import metrics
from lib.utils import collate_wrapper
from ggnn.multigraph import Net
import torch.backends.cudnn as cudnn
try:
    from yaml import CLoader as Loader, CDumper as Dumper
except ImportError:
    from yaml import Loader, Dumper
seed = 1234
random.seed(seed)
np.random.seed(seed)
torch.manual_seed(seed)

#GPU 加速
device = torch.device('cuda' if torch.cuda.is_available() else 'cpu')
cuda = True
cudnn.benchmark = True

#读取配置文件
def read_cfg_file(filename):
    with open(filename, 'r') as ymlfile:
        cfg = yaml.load(ymlfile, Loader = Loader)
    return cfg
torch.cuda.empty_cache()

#返回(horizon_i, batch_size, num_nodes, output_dim)列表
def run_model(model, d_i, edge_index, edge_attr, device, output_dim):
    model.eval()
    y_pred_list = []
    for _, (x, y, xtime, ytime) in enumerate(d_i):
        y = y[..., :output_dim]
        sequences, y = collate_wrapper(x = x, y = y, edge_index = edge_index,
                                       edge_attr = edge_attr, device = device)
        #(T, N, num_nodes, num_out_channels)
        with torch.no_grad():
```

```
            y_pred = model(sequences)
            y_pred_list.append(y_pred.cpu().numpy())
    return y_pred_list
```

定义模型评估模块，本节使用了均方根误差(Root Mean Square Error，RMSE)、平均绝对误差(Mean Absolute Error，MAE)和平均绝对百分比误差(Mean Absolute Percentage Error，MAPE)来评估模型。这3个指标都描述了预测值与真实值之间的误差程度，值越小说明模型的精确度越高。模型性能评估过程代码如下。

```
def evaluate(model, dataset, dataset_type, edge_index, edge_attr, device, output_dim,
             logger, detail = True, cfg = None, format_result = False):
    if detail:
        logger.info('Evaluation_{}_Begin:'.format(dataset_type))
    scaler = dataset['scaler']
    y_preds = run_model(
        model,
        d_i = dataset['{}_loader'.format(dataset_type)].get_iterator(),
        edge_index = edge_index,
        edge_attr = edge_attr,
        device = device,
        output_dim = output_dim)

    y_preds = np.concatenate(y_preds, axis = 0)
    mae_list = []
    mape_list = []
    rmse_list = []
    mae_sum = 0
    mape_sum = 0
    rmse_sum = 0
    horizon = cfg['model']['horizon']

    for horizon_i in range(horizon):
        y_truth = scaler.inverse_transform(
            dataset['y_{}'.format(dataset_type)][:, horizon_i, :, :output_dim])

        y_pred = scaler.inverse_transform(
            y_preds[:y_truth.shape[0], horizon_i, :, :output_dim])
        mae = metrics.masked_mae_np(y_pred, y_truth, null_val = 0, mode = 'dcrnn')
        mape = metrics.masked_mape_np(y_pred, y_truth, null_val = 0)
        rmse = metrics.masked_rmse_np(y_pred, y_truth, null_val = 0)
        mae_sum += mae
        mape_sum += mape
        rmse_sum += rmse
        mae_list.append(mae)
        mape_list.append(mape)
        rmse_list.append(rmse)
```

```
        msg = "Horizon {:02d}, MAE: {:.2f}, MAPE: {:.4f}, RMSE: {:.2f}"
        if detail:
            logger.info(msg.format(horizon_i + 1, mae, mape, rmse))
    if detail:
        logger.info('Evaluation_{}_End:'.format(dataset_type))
    if format_result:
        for i in range(len(mape_list)):
            print('{:.2f}'.format(mae_list[i]))
            print('{:.2f}%'.format(mape_list[i] * 100))
            print('{:.2f}'.format(rmse_list[i]))
            print()
    else:
        return mae_sum/horizon, mape_sum/horizon, rmse_sum/horizon
#初始化权重
def init_weights(m):
    if type(m) == nn.Linear:
        xavier_uniform_(m.weight.data)
        xavier_uniform_(m.bias.data)
```

读取7.5.3节处理完成的深圳市私家车轨迹数据的邻接矩阵和历史流入流出数据，代码如下。

```
def main(args):
    cfg = read_cfg_file(args.config_filename)
    log_dir = _get_log_dir(cfg)
    log_level = cfg.get('log_level', 'INFO')
    logger = utils.get_logger(log_dir, __name__, 'info.log', level=log_level)
    #同一数据集中的所有edge_index都相同
    logger.info(cfg)
    batch_size = cfg['data']['batch_size']
    test_batch_size = cfg['data']['test_batch_size']
    sz = cfg['data'].get('name', 'notsz') == 'sz'
    adj_mx_list = []
    graph_pkl_filename = cfg['data']['graph_pkl_filename']
    if not isinstance(graph_pkl_filename, list):
        graph_pkl_filename = [graph_pkl_filename]
    src = []
    dst = []
    for g in graph_pkl_filename:
        if sz:
            adj_mx = utils.load_graph_data_sz(g)
        else:
            _, _, adj_mx = utils.load_graph_data(g)

        for i in range(len(adj_mx)):
            adj_mx[i, i] = 0
        adj_mx_list.append(adj_mx)
```

```
    adj_mx = np.stack(adj_mx_list, axis = - 1)
    if cfg['model'].get('norm', False):
        print('row normalization')
        adj_mx = adj_mx / (adj_mx.sum(axis = 0) + 1e - 18)
    src, dst = adj_mx.sum(axis = - 1).nonzero()
    edge_index = torch.tensor([src, dst], dtype = torch.long, device = device)
    edge_attr = torch.tensor(adj_mx[adj_mx.sum(axis = - 1) != 0],
                             dtype = torch.float,
                             device = device)
    output_dim = cfg['model']['output_dim']
    for i in range(adj_mx.shape[ - 1]):
        logger.info(adj_mx[ ...,
i])
    # 输入深圳的数据集
    if sz:
        dataset = utils.load_dataset_sz( ** cfg['data'], scaler_axis = (0, 1, 2, 3))
    else:
        dataset = utils.load_dataset( ** cfg['data'])
    for k, v in dataset.items():
        if hasattr(v, 'shape'):
            logger.info((k, v.shape))

    scaler = dataset['scaler']
    scaler_torch = utils.StandardScaler_Torch(scaler.mean, scaler.std, device = device)
    logger.info('scaler.mean:{}, scaler.std:{}'.format(scaler.mean, scaler.std))
    model = Net(cfg).to(device)
    criterion = nn.L1Loss(reduction = 'mean')
    optimizer = optim.Adam(model.parameters(), # Adam 优化
                           lr = cfg['train']['base_lr'],
                           eps = cfg['train']['epsilon'])
    scheduler = StepLR2(optimizer = optimizer,
                        milestones = cfg['train']['steps'],
                        gamma = cfg['train']['lr_decay_ratio'],
                        min_lr = cfg['train']['min_learning_rate'])
    max_grad_norm = cfg['train']['max_grad_norm']
    train_patience = cfg['train']['patience']
    val_steady_count = 0
    last_val_mae = 1e - 6
    horizon = cfg['model']['horizon']

    for epoch in range(cfg['train']['epochs']):
        total_loss = 0
        i = 0
        begin_time = time.perf_counter()
        train_iterator = dataset['train_loader'].get_iterator()
        model.train()
        for _, (x, y, xtime, ytime) in enumerate(train_iterator):
            optimizer.zero_grad()
```

```
                y = y[:, :
horizon, :, :
output_dim]
                sequences, y = collate_wrapper(x = x, y = y, edge_index = edge_index, edge_
attr = edge_attr, device = device)
                y_pred = model(sequences)
                y_pred = scaler_torch.inverse_transform(y_pred)
                y = scaler_torch.inverse_transform(y)
                loss = criterion(y_pred, y)
                loss.backward()
                clip_grad_norm_(model.parameters(), max_grad_norm)
                optimizer.step()
                total_loss += loss.item()
                i += 1

        val_result = evaluate(model = model, dataset = dataset, dataset_type = 'val', edge_
index = edge_index, edge_attr = edge_attr, device = device, output_dim = output_dim, logger
= logger, detail = False, cfg = cfg)
        val_mae, _, _ = val_result
        time_elapsed = time.perf_counter() - begin_time

        logger.info(('Epoch:{}, train_mae:{:.2f}, val_mae:{},'
                     'r_loss = {:.
2f},lr = {}, time_elapsed:{}').format(epoch,
                         total_loss / i, val_mae, 0, str(scheduler.get_lr()),
                         time_elapsed))
        if last_val_mae > val_mae:
            logger.info('val_mae decreased from {:.2f} to {:.2f}'.format(
                last_val_mae, val_mae))
            last_val_mae = val_mae
            val_steady_count = 0
        else:
            val_steady_count += 1
        #每个 epoch 后,对测试数据集进行评估
        if (epoch + 1) % cfg['train']['test_every_n_epochs'] == 0:
            evaluate(model = model, dataset = dataset, dataset_type = 'test', edge_index =
edge_index, edge_attr = edge_attr, device = device, output_dim = output_dim, logger =
logger, cfg = cfg)
        #读入设置的超参数
        if (epoch + 1) % cfg['train']['save_every_n_epochs'] == 0:
            save_dir = log_dir
            if not os.path.exists(save_dir):
                os.mkdir(save_dir)
            config_path = os.path.join(save_dir,
                                       'config-{}.yaml'.format(epoch + 1))
            epoch_path = os.path.join(save_dir, 'epoch-{}.pt'.format(epoch + 1))
            torch.save(model.state_dict(), epoch_path)
            with open(config_path, 'w') as f:
```

```
        from copy import deepcopy
        save_cfg = deepcopy(cfg)
        save_cfg['model']['save_path'] = epoch_path
        f.write(yaml.dump(save_cfg, Dumper = Dumper))
```

定义 forward()函数实现前向传播,编码器与解码器的迭代过程代码如下。

```
def forward(self, sequences):                                   #前向传播,根据序列计算输出
    #编码器
    edge_index = sequences[0].edge_index.detach()   #存储节点之间的边
    edge_attr = sequences[0].edge_attr.detach()     #存储边的特征
    outputs, encoder_hiddens = self.encode(sequences, edge_index = edge_index, edge_attr
= edge_attr)
    #对输入序列编码,得到隐藏状态

    #解码器
    predictions = []
    decoder_hiddens = encoder_hiddens                            #直接复制状态完成初始化
    #得到标量值为 0 的张量
    GO = torch.zeros(decoder_hiddens[0].size()[0],
                      self.num_output_dim,
                      dtype = encoder_hiddens[0].dtype,
                      device = encoder_hiddens[0].device)
    decoder_input = GO
```

预测模型的主函数代码如下。

```
if __name__ == "__main__":
    parser = argparse.ArgumentParser()
    parser.add_argument('--config_filename', default = None, type = str,
                        help = 'Configuration filename for restoring the model.')
    args = parser.parse_args()
    main(args)
```

实验评估使用 scaler 下的 inverse_transform 函数将标准化的数据还原,得到原始数据。再使用自定义的函数计算各评估参数的数值,代码如下。

```
y_truth = scaler.inverse_transform(dataset['y_{}'.format(dataset_type)][:, horizon_i, :,
:output_dim])
y_pred = scaler.inverse_transform(y_preds[:y_truth.shape[0], horizon_i, :, :output_
dim])
mae = metrics.masked_mae_np(y_pred, y_truth, null_val = 0, mode = 'dcrnn')
mape = metrics.masked_mape_np(y_pred, y_truth, null_val = 0)
rmse = metrics.masked_rmse_np(y_pred, y_truth, null_val = 0)
```

在预测部分,本章使用的实验设备的操作系统为 Ubuntu 18.04,GPU 为 NVIDIA RTX2080Ti。所用软件及其版本号如表 7-14 所示。

表 7-14　所用软件及其版本号

软　件	版本号	软　件	版本号
python	3.6.13	pandas	1.1.5
cuda	10.1	scikit-learn	0.24.2
pytorch	1.8.1	yaml	5.1.2
numpy	1.19.2	torch_geometric	1.7.1

在进行参数设置时，笔者主要考虑了数据规模、计算能力等因素。Batch Size 表示每个 Batch 中的训练样本数量，为了在内存效率和内存容量之间寻求最佳平衡，本章将 Batch Size 设置为 32，将 Epoch 设置为 200 次，随着 Epoch 数量的增加，神经网络中更新迭代的次数增多，从最开始的不拟合状态，慢慢进入优化拟合状态。参数设置文件 sz.yaml 的详细信息代码如下。

```
base_dir: data/checkpoint/sz_mrgcn_global_local_fusion
data:
  batch_size: 32
  dataset_dir: data/shenzhen
  graph_pkl_filename:
   - data/shenzhen/graph_sz_conn.pkl
   - data/shenzhen/graph_sz_sml.pkl
   - data/shenzhen/graph_sz_cor.pkl
  name : sz
  test_batch_size : 8
  val_batch_size : 8
log_level : INFO
model :
  K : 1
  cl_decay_steps : 200
  dropout_prop : 0.05
  dropout_type : zoneout
  filter_type : chebnet
  fusion : concat
  global_fusion : true
  graph_type : cso
  horizon : 4
  input_dim : 2
  l1_decay : 0
  norm : true
  num_bases : 3
  num_branches : 1
  num_nodes : 80
  num_relations : 3
  num_rnn_layers : 2
  output_dim : 2
  output_type : fc
  rnn_units : 256
```

```
    save_path : trained/sz.pt
    seq_len : 4
    use_curriculum_learning : true
    use_input : true
  train :
    base_lr : 0.001
    epochs : 200
    epsilon : 0.0001
    global_step : 0
    lr_decay_ratio : 0.1
    max_grad_norm : 5
    max_to_keep : 100
    min_learning_rate : 2.0e-06
    optimizer : adam
    patience : 100
    save_every_n_epochs : 1
    steps :
     - 100
     - 150
    test_every_n_epochs : 1
```

在 Ubuntu 终端使用以下命令开始预测。

```
python ggnn_train.py - config data/model/ggnn_sz_multigraph_rnn256_global_local_fusion_
input.yaml
```

通过调整超参数 RNN Units(隐藏层单元的个数)来确定最优模型,记录训练过程中隐藏层单元的个数对于 MAE、MAPE 和 RMSE 的影响,实验结果如表 7-15 所示。

表 7-15　不同 RNN Units 值对应的测试结果

rnn_units	MAE	MAPE	RMSE
256	3.12	45.02%	4.36
128	3.12	44.35%	4.32
64	3.13	43.89%	4.37
32	3.08	42.96%	4.29
16	3.10	44.74%	4.28
8	3.16	46.77%	4.35

当隐藏层单元的个数为 32 时,MAE 和 MAPE 曲线均处于波谷,即达到最小值。虽然当隐藏层单元的个数为 16 时,RMSE 的值最低,但是 MAE 和 MAPE 的值均较高。因此隐藏层单元的个数的最优值为 32,此时模型的预测能力最优,当 Epoch 为 83 时达到最优预测结果。

隐藏层单元的个数对预测结果的影响如图 7-10 所示。

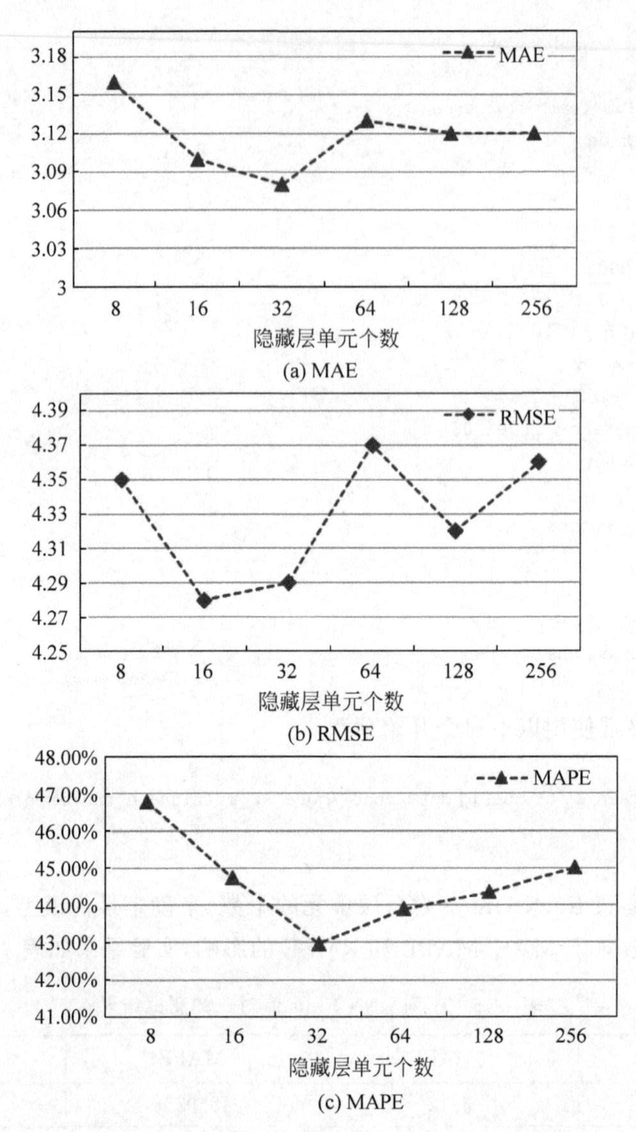

(a) MAE

(b) RMSE

(c) MAPE

图 7-10 隐藏层单元的个数对预测结果的影响

7.6 本章小结

本章首先介绍了人工智能在私家车轨迹大数据的几个主流研究方向，并以利用私家车轨迹数据进行车流量预测为研究案例，详细介绍了私家车轨迹数据的获取手段及开源数据集、轨迹数据预处理过程、流量预测模型的完整建模和参数分析过程。通过对本章的学习，初学者可以对私家车流量预测有直观的了解。

第 8 章

基于深度学习的空中交通运行数据案例实战

8.1 研究背景

航空运输业在世界经济和社会发展中发挥着重要的推动作用，据相关统计数据显示，全球空中交通量约每 15 年增加一倍，不断增长的空中交通需求与有限的空域系统供给能力之间形成日益突出的矛盾，使得空中交通安全、空域拥挤、航班延误等现实问题日趋严峻。进入新时代以来，军事航空、公共运输航空、通用航空和无人机等各类航空用户正呈现前所未有的多元化井喷式发展，未来国家空中交通管理系统发展趋势具有多空域单元、多航空用户混合运行、多利益主体协同运行等特点。航空需求空前旺盛，这就要求空中交通管理（空管）的能力不断增强，在维持空中交通安全水平的同时加快空中交通运行效率。

现有的空管自动化系统能自动获取和处理空管信息，经过数据融合和处理形成空中交通运行态势，以供空中交通管制员指挥使用，但其仅具备有限的决策支持能力，空管智能化程度较低，不能较好地适应未来空管发展的需要。我国当前的空中交通管理技术体制决定的"以人为中心"运行模式将无法突破发展瓶颈，需要通过技术变革实现由"以人为中心"的运行模式向"以机器为中心的自治型"运行模式转变，构建自治型智慧空中交通运行生态环境，以满足我国未来发展需求。

人工智能是引领未来的战略性技术，世界主要发达国家均将发展人工智能作为提升国家竞争力的重大战略。2018 年 11 月，中国民用航空局印发《新时代民航强国建设行动纲要》，提出"着力推动民航与互联网、人工智能和大数据等新技术的深度融合"。2019 年 3 月，中国民用航空局局长冯正霖提出了智慧民用航空运输系统（简称智慧民航）的定义：智慧民航是运用各种信息化和通信手段，分析整合各种关键信息，最终实现对行业安全、服务、运营和保障等需求做出数字化处理、智能化响应和智慧化支撑的建设过程，主要特征是物联网、云计算、移动互联网和大数据等新一代信息技术在民航的广泛应用和深度融合。

近年来,在深度学习、高性能计算和大数据的支撑下,人工智能技术在各行业得到快速应用,计算机视觉、语音识别、自然语言处理等技术取得突破性进展并迅速产业化。人工智能技术在空中交通管理中的推广应用,也将提供更好的空中交通共同态势感知及智能化、自动化辅助决策手段,大大提高空管的安全性和效率,提升空管服务品质,降低管制员工作负荷。以深度学习为代表的人工智能技术强调在大量先验知识的基础上做出判断和决策,这与空中交通管理运行决策过程相契合,深度学习技术日新月异的发展有望进一步推动空中交通管理的智能化改革,产生巨大的效益。

本章将以空中交通复杂性评估问题为例,介绍人工智能技术在空中交通领域的应用现状,在此基础上,以空中交通为应用背景,以"数据获取-数据预处理-应用实战"为主线,带领初学者完整实现一套标准的深度学习建模流程。

8.2 研究现状

随着空管业务和技术的迅猛发展,空管系统沉淀了飞行航迹、飞行计划、气象、航行情报等海量、多源、异构的空管数据,这些数据种类繁多,数据量大,规则复杂,具有明显的时空特征,为人工智能技术的应用提供了良好的数据场景。从空域运行的角度出发,可以将空中交通领域的关键科学问题解构为"态势感知-规律认知-规划决策"三个阶段的子问题。态势感知阶段,借助卷积神经网络、递归神经网络、迁移学习等机器学习技术从海量历史数据中发现空域运行趋势,实现不同时空尺度的空域态势预测,为决策部门提供精确态势依据,其核心应用可涵盖城市空中交通 OD 预测、枢纽空中交通飞行流量预测等方面。规律认知阶段,运用复杂网络、模式识别及数据挖掘等技术,提取空域运行的时空特征,发现时空特征之间的关联关系并挖掘时空演化趋势,进而揭示空域运行规律,开展航空交通网络结构分析、空域运行特征识别、航空交通流复杂性分析等研究,并为规划决策提供参考。规划决策阶段,基于空域运行的时空特征、关联关系以及演化趋势等规律,采用群体智能、强化学习等方法对具体规划决策问题进行求解,为空中交通管理中的飞行调配、进离场排序、冲突解脱等策略提供快速、精确的决策建议,辅助空管部门制定科学的管理手段。

本节主要探讨分布在"态势感知-规律认知-规划决策"各阶段且人工智能技术广泛应用的主流研究方向,分别为:空中交通流量预测、四维航迹预测、空中交通复杂性评估、空管交通优化与控制。下面分别对这四个部分进行介绍。

8.2.1 基于深度学习的空中交通流量预测

空中交通流量预测的目标是根据实时交通情况和历史运行数据估算未来给定空域的交通分布,准确的空中交通流量预测结果是实施空中交通流量管理的前提和基础,也是实现空域管理科学决策的重要依据。在空管研究中,空中交通流量预测通常根据预测周期分为三个层次,即长期、中期和短期。

传统的空中交通流量预测方法主要是依据历史观测流量时序数据，采用历史平均模型、移动平均模型、自回归滑动模型、组合预测模型等统计预测模型，或神经网络等人工智能预测模型对后续流量时序数据进行预测。为考虑航空器飞行过程中的动态性，基于飞行计划的空中交通流量预测方法也是现有工程应用中使用的主要方法之一，该方法以飞行计划、雷达数据为主要数据源，结合空域结构、航空器性能、实时气象信息及流量管制等因素，推测单架航空器在未来时刻的四维时空位置信息，进而统计得出相应空域单元在未来时刻的流量预测值。同时还有基于概率的空中交通流量预测方法，通过考虑与空中交通相关的随机因素来预测空中交通流量。

在最新的相关研究中，基于深度学习的空中交通流量预测方法取得较好效果。研究通过综合考虑相邻空域扇区的空间相关性和给定空域扇区上历史交通情况的时间相关性，使用网格图方法将整个空中交通流情况编码为一个新的数据表示形式(交通流矩阵)，全面表示空中交通流量的固有特征及其在不同空域单元和飞行高度上的演化模式。利用卷积神经网络和递归神经网络对空间和时间相关性建模的强大能力，提出了 ConvLSTM 模块，以建立可训练的空中交通流量预测模型，从而实现高精度的空中交通流量预测。

8.2.2　基于深度学习的四维航迹预测

民用航空器四维航迹预测是保障飞行安全、提升运行效率、缓解航班延误、倡导绿色飞行的有效支撑和重要保证。随着通信、导航、监视手段以及机载设备的不断更新，航迹预测实时性与准确性的要求不断提高，主流的航迹预测方法可分为两大类：基于航空动力学的方法、数据驱动的方法。

基于航空动力学的方法是一类基于物理模型的航迹预测研究方法，通过模拟分析航空器的受力作用和运动模型，来推算未来航迹信息。该方法涉及航迹计算、性能参数、环境状态及航空器意图等多方面的融合。基于数据驱动的航迹预测方法不依赖于航空动力学模型，主要通过对大量的航空器历史运行相关数据进行探索，根据数据属性之间的隐含关系及高维映射关联，得出航空器的时空运动规律。它包括状态估计方法和机器学习方法两类，其中，机器学习方法是重要的热点研究方向，主要包括航迹相似性和重构输入输出空间两方面。从航迹相似性角度出发，主要是采用如 K-means、DBSCAN 的聚类方法对航空器轨迹进行分类，并选取典型航迹作为预测结果；从重构输入输出空间的角度，主要是采用如传统回归、深度学习的方法。

基于航空动力学的方法通常要求对飞机性能程序和实时飞机状态进行精确建模，但实际中大多数模型的输入并非随时可用，其模型的许多参数难以精确测量，存在一定的局限性。相比之下，基于数据驱动的模型不考虑航空器的空气动力学特性，而是主要从大量的历史航空器轨迹数据中学习得到航迹信息的时空特性和运动规律。由于航空器运行产生大量飞行轨迹数据，这使得复杂的轨迹模式挖掘和重要特征提取成为可能。

总的来说，数据驱动的方法从历史数据中进行复杂特征学习，特别是基于深度学习的航迹预测方法，能够突破原有基于航空器性能模型的预测方法中部分参数无法精确获取的局限性，具有易于操作的优点，其预测精度较高且性能稳定。

8.2.3 基于机器学习的空中交通复杂性评估

目前的空管系统是以管制员为主体来提供空中交通管制服务的，世界各国对于空中交通的管理方式一般是将空域划分为若干个子空域——扇区，各个扇区在任一执勤时间都配备有一两名管制员对本区域内的空中交通进行管制，保障航空器之间、航空器与障碍物之间保持安全间隔的同时高效利用空域资源。若扇区内的空中交通复杂性超出管制员的管制能力，则极易导致空中交通安全事件发生，因此需要对扇区内的空中交通复杂性进行科学准确地评价。同时，空中交通复杂性的评价结果也是空中交通运行效率优化的基础所在，无论是在扇区动态划分、扇区开合扇等空域管理措施，还是在地面等待策略、改航等流量管理调控措施中都扮演着重要的角色。

由于影响空中交通复杂性的动态静态因素众多(涵盖扇区/航路航线/限制区等空域要素、飞行性能/飞行任务/飞行状态等航空器要素、风/云/降水/能见度等气象要素、通信/导航/监视等设备要素)，不同因素对复杂性的影响机理各异，且因素间的耦合关系极为复杂，因此准确评价空中交通复杂性具有较大的难度。

目前针对此方向的研究主要可分为两类，一类是通过单一维度指标来定义空中交通复杂性，例如，航空器冲突概率、Lyapunov 指数、迫近及连携度等。此类方法往往会给出明确的空中交通复杂性计算公式，但计算角度单一性导致对复杂性的度量较为片面。另一类方法是综合多种因素提取高层的复杂性指标，代表性方法包括线性回归、神经网络、集成学习。

第二类方法的评估性能依赖标定样本，而空中交通复杂性的样本标定需要空中交通管制专家在细致查看管制信息的基础上进行人工标定，获取成本很大。鉴于标定样本难获取的现实问题，有学者通过有监督角度的半监督学习、迁移学习，以及无监督角度的聚类学习对此问题进行解决。近年来，深度学习技术发展迅速，在某些实际应用问题上效果显著。考虑到手工构造空中交通复杂性特征的主观性以及描述能力的有限性等缺点，相关研究利用深度卷积神经网络方法对空中交通复杂性特征进行自动提取，避免了手工特征存在的不足和使用烦琐的缺陷，取得了较好的空中交通复杂性评估效果。本章的应用案例部分将以基于深度卷积神经网络的空中交通复杂性评估为例，对深度学习在空中交通中的应用实战进行讲解说明。

8.2.4 基于强化学习的空中交通优化控制

随着民航运输业的飞速发展，空中交通存在大幅增长的交通流量与有限的空域、机场资源不匹配的现象，从而引发航班延误日趋严重、飞行冲突和安全风险不断增加等问题。现有的空中交通管理方法在解决以上问题时存在实际运行影响考虑较少、连续决策能力不足等缺点，同时传统的人工管制方式也可能因为精力有限、预判能力不足等原因导致飞行事故隐患。因此，作为人工智能的重要分支技术，强化学习方法逐渐被引入到空中交通领域，旨在发展智能化空中交通优化控制技术，解决空中交通行业面临的痛点问题。强化学习在空中交通领域的研究开始相对较晚，但已在大多数空中交通管理问题中有所涉及，下文将从机场停机位规划、飞行冲突调配、进离港航班排序 3 个方面对强化学习在空中交通领域的应用进行介绍。

在停机位规划问题中，由于航班的到达流是一个时间序列，相关研究将停机位分配优化问题模型建模为马尔可夫决策过程，构建深度神经网络作为停机位分配策略网络，利用策略梯度算法对策略网络进行训练，最后通过仿真对基于深度强化学习算法进行了评估。其中，定义停机位动作空间是 a_v，$a_v=j$ 表示当前航班 v 被分配至第 j 号停机位。策略网络输出停机位分配动作后，资源视图矩阵会根据动作进行状态转移。智能体将航班分配至近机位的立即奖赏大于分配至远机位，保证智能体在选取近机位作为输出时将获得更大的立即奖赏，在训练后会将航班尽可能分配至近机位。在停机位分配过程中，每个航班逐个降落至机场，智能体单步决策仅可获得当前航班进行停机位分配决策后的立即奖赏，研究的优化目标是最大化多次决策之后的累计奖赏。

在进离港航班排序问题中，进港航班排序强化学习模型由状态、动作、Agent、环境、奖赏函数和 Q 学习组成。其中，状态是各进港航班的到达时刻，航班的预计到达时刻为初始状态；动作是对航班到达时间的调整，在满足机场到达容量和进港航班不能提前降落的限制下，对状态进行调整；智能体对航班的到达时刻进行调整，环境对动作做出反应，一个新的到达时间和奖赏值被传给智能体，奖赏函数考虑了延误时间、经济成本、对后续航班的影响。模型中状态集 S、动作集 A 和目标函数均已知，以矩阵 Q 表示智能体所学到的知识，当矩阵 Q 达到收敛状态，满足整个学习条件，终止学习。

在飞行冲突调配问题中，研究主要围绕着构建基于马尔可夫决策过程的管制冲突调配策略模型进行。状态空间(集合)S 是指某一时刻管制扇区内所有航空器位置状态信息的集合。在冲突探测模型探测到航空器之间的冲突后，划定一定范围的飞行空域，作为当前冲突场景的状态空间。以两架航空器冲突点为范围中心，各自向外围延伸，确定每一个冲突场景的状态空间。动作空间(集合)A 是指在每个时刻管制员可以采取的冲突调配指令。管制运行中冲突调配指令包括调高度、调速度、调航向三类。状态转移是指当前时刻空域内所有目标状态 s 在采取管制员发出的指令动作 a 后，某架航空器的运行状态受到改变后到达下一状态，此过程称为状态转移。由于奖赏函数的角色极为重要，相关研究分别从冲突调配时机、指令动作调整幅度、是否产生潜在冲突、调配效果等角度进行设计，以求在下一步对冲突调配模型求解最优策略时起到指导训练学习的重要作用。

综上所述，强化学习初步涉及空中交通领域的主要研究问题，但相关研究数量较少，属于探索起步阶段。未来可以通过进一步理解空中交通方面研究问题及强化学习模型的关键要素，继续探索适用于空中交通优化控制问题的强化学习场景，将强化学习和空中交通领域的应用深度融合，创造出广泛、强大的研究价值及成果。

8.3 数据获取手段及开源数据集简介

空中交通领域主要包含飞行计划、ADS-B 航迹、雷达航迹、气象报文、飞机性能等数据，本章案例以空中交通复杂性评估为主，因此仅介绍空中交通复杂性相关数据的基本情况。

空中交通复杂性评估可视为一类有监督学习任务，其数据集一般由特征集、标签集两部分组成，其中，特征集通过空域静态结构数据、管制自动化系统记录的航班动态运行数据及其他相关数据计算得到，标签集则是由管制员对特定的空中交通场景样本进行人工标定获得。下面将对构建空中交通复杂性数据集所需原始数据的相关情况进行简介。

其一为空域扇区静态结构数据。由空域扇区边界经纬度坐标、空域扇区上下限高度、扇区开放时间等组成，用于确定目标扇区的空间位置以及对动态空中交通运行数据进行时空范围的筛选。

其二为动态空中交通运行数据。根据数据采集原理的不同一般分为 ADS-B 数据和雷达数据两种，本章实战部分所采用的原始数据为雷达数据，来源于单雷达航迹处理和多雷达航迹处理相结合处理方式的最终结果。雷达数据的数据形式为指定时间段内目标空域内的空中交通动态运行数据，也称作雷达航迹数据。雷达航迹数据拥有详细且完整的航空器运行信息，每隔 4～5 秒就会采集区域内所有航空器的航迹数据，包含的数据项有航班号、SSR 代码、经度、纬度、高度、速度、航空器类型、尾流等级等信息。需要注意的是，一般原始雷达航迹数据不存在航向和垂直速度信息，在数据预处理过程中可以根据短时更新的经纬度位置数据、飞行高度变化数据及对应的时间戳信息推算出航空器的实时航向和垂直速度数据。

其三为管制员-飞行员陆空通话语音数据。空中交通运行由空中交通管制员全权负责进行管理，管制员通过甚高频无线电语音与航班上的飞行员进行实时沟通，管理指导航空器的运行，保证所辖空域内空中交通安全、高效地运行。管制员-飞行员陆空通话与空中交通复杂性之间具有密切的关系，航空器数量增多或者航空器间的迫近交互态势趋于复杂都可能会使得管制员与飞行员之间进行更为频繁的陆空通话以保证空中交通的安全顺畅运行，而此种情况下也对应着更大的空中交通复杂性。因此，陆空通话数据可以作为空中交通复杂性影响因素来源的一部分。本章内容不涉及此部分数据的使用，在此仅做介绍。

其四为空中交通复杂性等级数据。复杂性等级作为一种粗粒化的度量，符合空中交通复杂性本身具有一定模糊性的特点，通过管制员的人工等级评估可以较为合适地反映空中交通复杂性的真实情况。本章采用 5 级复杂性等级标签来衡量空中交通复杂性的大小，在复杂性标签采集的过程中，邀请多位经验丰富且自身条件相似的管制员通过管制镜像系统设备观看管制回放录像的方式对历史空中交通场景进行空中交通复杂性等级评估，评估时间粒度为 1 分钟。

以上数据中的动态空中交通运行数据和空中交通复杂性等级数据（由于信息安全原因，仅提供部分的动态空中交通运行数据实战部分不需要用到空域扇区静态结构数据），相关数据集可通过本书前言提供的获取方式进行获取。

8.4 数据预处理

本节以中南地区雷达航迹数据为例，介绍如何对原始雷达航迹数据进行处理以得到符合要求的目标空域扇区雷达航迹数据。雷达航迹数据记录覆盖区域内几乎所有航空器的详细信息，使得空中交通管理系统可以准确地定位及识别每一架航班，从而辅助空中交通管制员在各种气象条件下 24 小时不间断地监视空中的航班并提供管制指导。雷达航迹数据记录的信息包含13个字段,具体信息如表8-1所示。

表8-1 雷达航迹数据字段列表

字段名	说明	字段名	说明
Trackid	自增id	Longitude	纬度
Callsign	航班号	Latitude	经度
Number	航迹号	Altitude	高度
SSRcode	二次代码	Speed	速度
Adep	起飞机场	ATO	实际过点时间
Ades	降落机场	TAC	机型
WTC	尾流等级		

利用该数据可以全面了解航空器运行状态,准确掌握空中交通流时空分布规律,为空中交通运行态势的分析提供基础。需要注意的是,本章使用的原始雷达航迹数据不包含飞行航向和垂直速度信息,但可根据短时更新的经纬度位置、飞行高度数据以及对应的时间戳推算出相应的信息。

航空器始终处于连续运动状态,雷达航迹数据以固定时间间隔的方式进行信息采集,采集时间间隔为4～5秒,即雷达航迹数据含有每架航空器每隔4～5秒的航空器运行信息。

原始的雷达航迹数据一般不按划设好的空域扇区进行区分,而空中交通复杂性评估研究是针对某一空域扇区进行的,因此需要根据目标空域扇区的地理位置对原始雷达航迹数据进行筛选。空域扇区是一个三维空间,包含平面范围和扇区上下限,根据三维空间范围对雷达航迹数据进行筛选。同时,原始雷达航迹数据也存在冗余数据和缺失数据的情况,例如,军方航空器存在或者因为设备、操作等原因未采集到的数据。

基于以上情况,数据预处理主要分成以下两个步骤。

(1) 根据三维空域范围筛选指定区域、指定时间段的雷达航迹数据。

① 初步筛选扇区外接矩形区域的数据。

② 筛选指定时间段的数据。

③ 筛选高度符合要求的数据。

④ 筛选位于真实扇区内的数据。

根据三维空域范围筛选指定区域、指定时间段的雷达航迹数据的代码如下。

```
import numpy as np
import pandas as pd
import time
import datetime
import math
from math import radians, cos, sin, asin, sqrt
import warnings
warnings.filterwarnings('always')
warnings.filterwarnings('ignore')

#筛选外接矩形范围数据
def RectangleArea_filter(poly, df):
    poly_length = len(poly)                        #边界点的个数,数列的长度
```

```
    poly_longitude = np.zeros(poly_length)
    poly_latitude = np.zeros(poly_length)
    for i in range(0, poly_length):
        poly_longitude[i] = poly[i][0]            #取出所有的经度
        poly_latitude[i] = poly[i][1]             #取出所有的纬度
    max_poly_longitude = max(poly_longitude)  #选出最大的经度
    max_poly_latitude = max(poly_latitude)    #选出最大的纬度
    min_poly_longitude = min(poly_longitude)  #选出最小的经度
    min_poly_latitude = min(poly_latitude)    #选出最小的纬度

    #根据最大最小经纬度筛选矩形区域内的数据
    df = df[(df['longitude'] >= min_poly_longitude) & (df['longitude'] < max_poly_
longitude)]
    df = df[(df['latitude'] >= min_poly_latitude) & (df['latitude'] < max_poly_latitude)]
    return df

#射线法筛选位于不规则区域内的数据
def isRayIntersectsSegment(poi, s_poi, e_poi): #[x,y] [lng,lat]
    #输入:判断点,边起点,边终点,都是[lng, lat]格式数组
    if s_poi[1] == e_poi[1]:  #排除与射线平行、重合,线段首尾端点重合的情况
        return False
    if s_poi[1] > poi[1] and e_poi[1] > poi[1]:   #线段在射线上边
        return False
    if s_poi[1] < poi[1] and e_poi[1] < poi[1]:   #线段在射线下边
        return False
    if s_poi[1] == poi[1] and e_poi[1] > poi[1]:#交点为下端点,对应 spoint
        return False
    if e_poi[1] == poi[1] and s_poi[1] > poi[1]:#交点为下端点,对应 epoint
        return False
    if s_poi[0] < poi[0] and e_poi[1] < poi[1]:   #线段在射线左边
        return False
    xseg = e_poi[0] - (e_poi[0] - s_poi[0]) * (e_poi[1] - poi[1]) / (e_poi[1] - s_poi
[1])                                               #求交
    if xseg < poi[0]:                              #交点在射线起点的左侧
        return False
    return True                                    #排除上述情况之后

def isPoiWithinPoly(poi, poly):
    sinsc = 0                                      #交点个数

    for i in range(len(poly) - 1):                 #[0,len - 1]
        s_poi = poly[i]
        e_poi = poly[i + 1]
        if isRayIntersectsSegment(poi, s_poi, e_poi):
            sinsc += 1                             #有交点就加1
    return True if sinsc % 2 == 1 else False

def search_in_or_not(Longitude, Latitude, poly):
```

```
    poi = (Longitude, Latitude)
    if isPoiWithinPoly(poi, poly):
        return 1
    else:
        return 0
```

（2）剔除冗余数据，补充缺失数据。

① 去掉航班号为空的数据。

② 计算航空器的垂直速度、判断垂直飞行状态。

③ 计算航空器的飞行航向。

剔除冗余数据，补充缺失数据的代码如下。

```
#计算航空器垂直速度
def get_vertical_speed(trajectory_number, callsign, actual_over_time, test_df):
    new_df = test_df[(test_df["trajectory_number"] == trajectory_number) & (test_df
["callsign"] == callsign)]        #应该可以挑选出这个时段内对应唯一呼号的航班
    new2_df = new_df.sort_values(by = ['actual_over_time'], ascending = True, inplace =
False)                            #将筛选出来的同一航班数据升序排序
    new3_df = new2_df.reset_index(drop = True)  #重置 new2_df 索引
    index = new3_df[(new3_df["actual_over_time"] == actual_over_time)].index.tolist()[0]
                                  #找出 new3_df 中那条对应时刻数据的索引,并输出

    last_index = index - 1        #那条对应时刻数据的索引的前一个索引
    next_index = index + 1        #那条对应时刻数据的索引的后一个索引

    if len(new3_df) == 1:         #排除只有 1 条数据的情况
        vertical_speed = 0        #若该时段内只存在 1 条数据,则无法计算航空器垂直速度,
                                  #令垂直速度为 0!
    if len(new3_df) > 1:
        if index == (len(new3_df) - 1):   #最后尾部一条数据的处理办法
            time_seperation = (new3_df.loc[index, "actual_over_time"] - new3_df.loc
[last_index, "actual_over_time"]).seconds   #与前一条数据的时间差
            vertical_speed = (new3_df.loc[index, "altitude"] - new3_df.loc[last_index,
"altitude"]) / time_seperation
        else:
            time_seperation = (new3_df.loc[next_index, "actual_over_time"] - new3_df.
loc[index, "actual_over_time"]).seconds    #与后一条数据的时间差
            vertical_speed = (new3_df.loc[next_index, "altitude"] - new3_df.loc[index,
"altitude"]) / time_seperation
    return vertical_speed

#判断航空器实时的垂直飞行状态
def climb_or_descend(x , climb_speed_min , descend_speed_min):
    if x < descend_speed_min:
        return -1
    if x > climb_speed_min:
        return 1
```

```
    else:
        return 0

#计算航空器实时航向
def geoDegree(lng1, lat1, lng2, lat2):
    lng1, lat1, lng2, lat2 = map(math.radians, [float(lng1), float(lat1), float(lng2),
float(lat2)])
    dlon = lng2 - lng1
    y = math.sin(dlon) * math.cos(lat2)
    x = math.cos(lat1) * math.sin(lat2) - math.sin(lat1) * math.cos(lat2) * math.cos
(dlon)
    brng = math.degrees(math.atan2(y, x))
    brng = (brng + 360) % 360
    return brng

def get_heading(trajectory_number, callsign, actual_over_time, longitude, latitude, test_
df):
    new_df = test_df[(test_df["trajectory_number"] == trajectory_number) & (test_df
["callsign"] == callsign)]  #应该可以挑选出这个时段内对应唯一呼号的航班
    new2_df = new_df.sort_values(by = ['actual_over_time'],ascending = True, inplace =
False)                    #将筛选出来的同一航班数据升序排序
    new3_df = new2_df.reset_index(drop = True)  #重置 new2_df 索引
    index = new3_df[(new3_df["longitude"] == longitude)].index.tolist()[0]
                          #找出 new3_df 中那条对应时刻数据的索引,并输出

    last_index = index - 1
    next_index = index + 1
    lat1 = new3_df.loc[index,"latitude"]
    lon1 = new3_df.loc[index,"longitude"]
    if len(new3_df) == 1:    #排除只有 1 条数据的情况
        heading = 999
        acraftname = new3_df.loc[0,'callsign']
        print('*************', acraftname, "航班仅有 1 条数据,无法计算 heading 和垂直
速度")
    if len(new3_df) > 1:
        if index == (len(new3_df) - 1):
            lat0 = new3_df.loc[last_index, "latitude"]
            lon0 = new3_df.loc[last_index, "longitude"]
            heading = geoDegree(lon0, lat0, lon1, lat1)
        else:
            lat2 = new3_df.loc[next_index, "latitude"]
            lon2 = new3_df.loc[next_index, "longitude"]
            heading = geoDegree(lon1, lat1, lon2, lat2)
    return heading
```

笔者得到的原始雷达航迹数据存储在 CSV 文件中,每个 CSV 文件以日期命名,由于信息安全原因,原始雷达航迹数据不便于直接公开,在此仅公开部分雷达航迹数据。完整的数据预处理代码流程如下所示,该段代码的输入为原始雷达航迹数据 CSV 文件,输出为预处理后的雷达航迹数据,如表 8-2 所示。输出结果存储在 CSV 文件中。

表 8-2　预处理后的雷达航迹数据

航班号	航迹号	起飞机场	落地机场	经度/°	维度/°	高度/m	速度/$km \cdot h^{-1}$	实际过点时间	机型	尾流等级	垂速/$m \cdot s^{-1}$	航向/°
CCA1760	1832	ZUCK	ZSHC	109.9202	29.03965	8884.92	1019.685	2019/12/1 12:38	A319	M	0	124.8211
CCA4270	2628	ZPDL	ZSOF	111.5068	29.21428	9479.28	1084.982	2019/12/1 12:38	B737	M	0	67.9157
CSN3793	2932	ZGSZ	ZLXY	109.7751	28.16078	8107.68	778.8516	2019/12/1 12:38	B738	M	0	358.1474
CSC8992	1439	ZSHC	ZUUU	111.8739	28.36003	9182.1	647.3409	2019/12/1 12:38	A321	M	−1.524	303.0929
CES9660	1276	ZGNN	ZBYN	109.7637	28.47787	8107.68	824.6166	2019/12/1 12:38	B737	M	0	358.6232
CCA4060	2813	ZSWZ	ZUUU	111.4276	28.61404	8580.12	626.2138	2019/12/1 12:38	A321	M	−3.048	302.8401
CSN6425	697	ZHHH	ZPPP	109.4143	28.65664	9174.48	632.7454	2019/12/1 12:38	A320	M	1.524	246.66
QTR870	2317	OTHH	ZSPD	109.9307	28.6586	10698.48	1164.069	2019/12/1 12:38	B77W	H	0	67.67239
CSC8541	2444	ZBYN	ZJSY	111.5413	28.86786	9776.46	634.4745	2019/12/1 12:38	A321	M	0	219.3451
CES2481	2258	ZPPP	ZHHH	110.4775	28.85324	9479.28	1049.383	2019/12/1 12:38	B738	M	0	68.10425
CGZ7172	2367	ZSSH	ZUGY	110.1173	28.90554	8412.48	618.7001	2019/12/1 12:38	E190	M	0	247.8623
CES9660	1276	ZGNN	ZBYN	109.7634	28.48827	8107.68	826.3961	2019/12/1 12:38	B737	M	0	359.2729
CCA4060	2813	ZSWZ	ZUUU	111.4202	28.61824	8564.88	625.4534	2019/12/1 12:38	A321	M	−7.62	302.9094
CSN6425	697	ZHHH	ZPPP	109.4057	28.6534	9182.1	637.0907	2019/12/1 12:38	A320	M	0	245.9871
QTR870	2317	OTHH	ZSPD	109.9459	28.66404	10698.48	1163.236	2019/12/1 12:38	B77W	H	0	67.64637

数据预处理过程的主函数代码如下。

```
if __name__ == "__main__":
    #设置目标开始、结束时间
    StartTime_all_str = '2019-12-13 08:00:00'        #开始时间
    EndTime_all_str = '2019-12-13 13:59:59'          #结束时间
    StartTime_all_datetime = datetime.datetime.strptime(StartTime_all_str, "%Y-%m-%d %H:%M:%S")
    EndTime_all_datetime = datetime.datetime.strptime(EndTime_all_str, "%Y-%m-%d %H:%M:%S")

    #目标扇区高度上下限
    level_lowest = 7900
    level_highest = 15000

    #目标扇区边界点经纬度坐标
    poly = [[109.4,29.5167],[111.1333,29.4667],[112.1667,29.4167],[112.1956,28.5167],[112.0761,28.5019],[111.9278,28.4414],\
            [111.7889,28.3183],[110.7153,28.1308],[109.3558,27.8825],[109.3833,28.7833],[109.4,29.5167]]

    #航空器垂直飞行状态判定阈值
    climb_speed_min = 2.5        #超过此速度判定为爬升状态,单位:米/秒
    descend_speed_min = -2.5     #低于此速度判定为下降状态,单位:米/秒

    #时间片段粒度,单位:秒
    time_interval_span = 60

    #读取原始雷达航迹数据
    TrajectoryData_Raw_df = pd.read_csv(r"Original_Radardata.csv", encoding='utf-8')

    #筛选目标扇区外接矩形范围内的雷达航迹数据(粗略地理范围筛选)
    TrajectoryData_InRectangle_df = RectangleArea_filter(poly, TrajectoryData_Raw_df)

    #筛选指定时间段内的数据
    TrajectoryData_InRectangle_df['actual_over_time'] = pd.to_datetime(TrajectoryData_InRectangle_df['actual_over_time'])  #将数据类型转换为datetime类型
    TrajectoryData_WithinTargetTime_df = TrajectoryData_InRectangle_df[(TrajectoryData_InRectangle_df['actual_over_time'] >= StartTime_all_datetime) & (TrajectoryData_InRectangle_df['actual_over_time'] < EndTime_all_datetime)]

    #筛选符合高度上下限要求的雷达航迹数据
    TrajectoryData_InAltitude_df = TrajectoryData_WithinTargetTime_df[(TrajectoryData_WithinTargetTime_df['altitude'] >= level_lowest) & (TrajectoryData_WithinTargetTime_df['altitude'] <= level_highest)]

    #筛选位于目标扇区不规则范围内的雷达航迹数据(细致地理范围筛选)
    TrajectoryData_InAltitude_df['in_or_not'] = TrajectoryData_InAltitude_df.apply(lambda x: search_in_or_not(x["longitude"], x["latitude"], poly), axis = 1)
#判断点是否在扇区内
```

```
TrajectoryData_InSector_df = TrajectoryData_InAltitude_df[(TrajectoryData_InAltitude_df['in_or_not'] == 1)]  #只保留经过扇区的数据

#去掉航班号为空的数据
TrajectoryData_InSector_df["callsign"] = TrajectoryData_InSector_df["callsign"].fillna("999")
TrajectoryData_InSector_WithoutNull_df = TrajectoryData_InSector_df[(TrajectoryData_InSector_df["callsign"] != '999')]

#计算原始数据缺失的航空器垂直速度信息
TrajectoryData_InSector_WithoutNull_df['vertical_speed'] = TrajectoryData_InSector_WithoutNull_df.apply(lambda row: get_vertical_speed(row['trajectory_number'], row['callsign'], row['actual_over_time'], TrajectoryData_InSector_WithoutNull_df), axis = 1)
#, row['latitude'], row['track_id']

#判断航空器实时的垂直飞行状态
TrajectoryData_InSector_WithoutNull_df['vertical_status'] = TrajectoryData_InSector_WithoutNull_df.apply(lambda row : climb_or_descend(row['vertical_speed'] , climb_speed_min , descend_speed_min), axis = 1)

#计算原始数据缺失的航空器航向信息
TrajectoryData_InSector_WithoutNull_df['heading'] = TrajectoryData_InSector_WithoutNull_df.apply(lambda row: get_heading(row['trajectory_number'], row['callsign'], \
row['actual_over_time'], row['longitude'], \
row['latitude'], TrajectoryData_InSector_WithoutNull_df), axis = 1)
#去掉仅单独存在的一条数据
TrajectoryData_InSector_WithoutNull_df = TrajectoryData_InSector_WithoutNull_df[(TrajectoryData_InSector_WithoutNull_df["heading"] != 999)]

#将预处理完成后的数据导出
TrajectoryData_InSector_WithoutNull_df.to_csv(r"…\Proprocessed_Radardata.csv", sep = ',', index = True, header = True)
print("数据预处理过程完成")
```

8.5 基于 PyTorch 的空中交通数据建模

8.5.1 问题描述及模型框架

如 8.2 节中关于空中交通复杂性部分的研究现状所述，机器学习技术是现有主流的空中交通复杂性评估方法，通过综合多种可能影响空中交通复杂性的特征因素来反映更高层级的空中交通复杂性大小。但传统基于机器学习的空中交通复杂性评估方法存在手工特征不足、实际工作中计算困难等缺点。本节通过构建空中交通态势虚拟图像来刻画空中交通态势关系，使用深度卷积神经网络(Convoutional Neural Network，CNN)自动提取蕴含的复杂性特征，以完成空中交通复杂性评估任务。

本节将基于预处理后的雷达航迹数据 CSV 文件，构建简单的深度学习模型，进行实战应用与详解。本文所解决的问题为使用雷达航迹数据，将空中交通态势信息图像化处理，借助深度卷积神经网络模型以及相应的训练策略，对未知空中交通场景的交通复杂性大小进行评估。基于深度卷积神经网络的空中交通复杂性评估框架，如图 8-1 所示。主要由三个部分组成：①空域静态结构数据及雷达航迹动态数据预处理；②空中交通态势"图像"生成；③深度卷积神经网络的构建与训练。

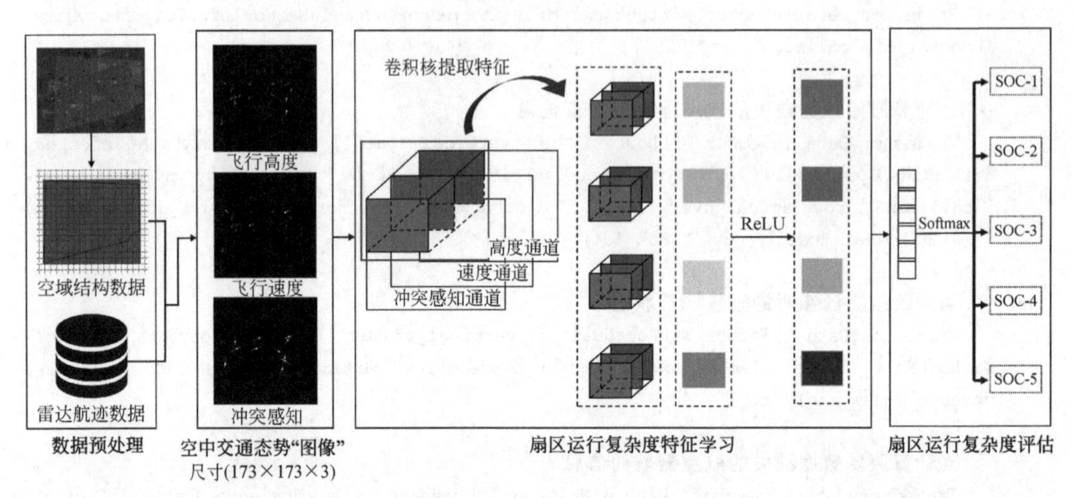

图 8-1 基于深度卷积神经网络的空中交通复杂性评估框架

本章代码的目录框架如下所示，其中，data 文件夹主要用于读取原始雷达航迹数据并进行预处理，得到指定时间范围、目标空域内的雷达航迹数据，相应内容已在 8.4 节中进行了介绍。multichannel_traffic_scenario_image 文件夹包含预处理步骤后的雷达航迹数据、复杂性标签数据以及空中交通态势图像生成的相应代码。model 文件夹主要提供了本节使用的深度卷积神经网络模型、参数设置和模型相关的训练策略。results 文件夹用于存储模型预测结果。savemodel 用于保存训练过程的模型。下面将对各部分代码依次进行详细介绍。

```
-- 01 - data
--------- Original_Radardata.csv
--------- Data_Preproposed.py
-- 02 - multichannel_traffic_scenario_image
--------- Proprocessed_Radardata.csv
--------- Label_Data.csv
--------- MTSI_Cal_def.py
--------- MTSI_Cal.py
-- 03 - model
--------- Scenario_X.npy
--------- Scenario_Y.npy
--------- Model_and_Training.py
-- 04 - results
-- 05 - save_model
```

8.5.2　数据准备

本章使用的为中南地区连续多天雷达航迹数据以及对应的空中交通复杂性标签数据，通过使用带有复杂性标签的空中交通场景数据来训练空中交通复杂性评估模型，利用训练完成的模型来评估无复杂性标签的空中交通场景复杂性等级。

在输入给模型训练之前，需要将雷达航迹数据转换为模型所能使用的数据格式。传统的机器学习方法需要二维矩阵式的特征数据，即每一行代表一条空中交通样本，每一列代表一种与空中交通复杂性相关的特征，通过大量样本的训练，可以使得机器学习模型学习到空中交通复杂性评估模式。但本章的案例是从深度学习的角度出发，无需手工构建的复杂性特征，直接将原始的雷达航迹转换为一种图像式数据，利用多通道图像来表示空域扇区内全局的空中交通态势以及航空器之间的相互影响关系，接着使用深度卷积神经网络对构建的图像进行特征学习，挖掘空中交通复杂性的评估模式。

因此，本节的任务是基于8.4节处理后的所需时段目标扇区内的雷达航迹数据，将其转换为深度学习模型所需的图像式数据，具体包含空域扇区网格化预处理、基于航行信息的历史航迹生成和基于冲突感知信息的预测航迹生成3个步骤。

首先是空域扇区网格化预处理，即将空域扇区进行网格化划分，使其用于构建图像的基底。本节划设一个345km×345km的正方形空间，以此作为目标空域的研究范围。确定目标扇区的空间范围后，此正方形空间将按照合适比例被划分为若干网格。通过考虑实际情况，为确保交通样本生成的每个图像网格内都存在交通数据以及实际计算过程的简便性，本节将网格的宽度设置为2km，因此构建图像的网格数为173×173，具体代码如下。

```
import pandas as pd
import numpy as np
import matplotlib.pyplot as plt
import datetime
import math
import MTSI_Cal_def    #(此部分代码在书稿中省略掉,否则代码太长了)用于生成深度学习输入
                       #照片相关部分的计算函数

#空域扇区范围网格化处理及可视化
def SectorGrid_Generation(TotalArea_MinLongitude, TotalArea_MaxLongitude, TotalArea_
MinLatitude, TotalArea_MaxLatitude, TotalArea_wide, grid_wide):
    X_grid_num = TotalArea_wide // grid_wide      #X轴(经度)方向网格数目
    Y_grid_num = TotalArea_wide // grid_wide      #Y轴(纬度)方向网格数目

    x = np.linspace(TotalArea_MinLongitude, TotalArea_MaxLongitude, X_grid_num + 1)
#X轴(经度)度数细分
    y = np.linspace(TotalArea_MinLatitude, TotalArea_MaxLatitude, Y_grid_num + 1)
#Y轴(纬度)度数细分
    print('划分网格数为:', X_grid_num + 1, '*', Y_grid_num + 1)
```

```
    X, Y = np.meshgrid(x, y)              # 绘制网格
    plt.plot(X, Y,                        # 可视化图像基底
             color = 'limegreen',         # 设置颜色为 limegreen
             marker = '.',                # 设置点类型为圆点
             linestyle = '-')             # 设置线型为空,也即没有线连接点
    plt.grid(True)

    return X_grid_num, Y_grid_num, X, Y
```

接着是基于航行信息的历史航迹生成。为了反映一段时间内空域运行交通态势的真实情况,本节将目标时间段内接收到的所有交通数据一一映射到图像上。换言之,通过将目标时间段内的航空器飞行状态信息映射到二维网格矩阵的相应位置,图像将呈现出各航空器的历史飞行轨迹。考虑到空域内航空器的飞行参数数据是影响扇区运行复杂度的重要信息来源,因此将航空器飞行高度、速度和航向数据依据历史航迹的定位位置依次填充到不同通道的图像内。由此,在历史航迹角度方面,一共可以生成三个通道的空中交通态势图像,分别为飞行高度通道、飞行速度通道以及飞行航向通道和飞行状态通道,具体代码如下。

```
# 基于航行信息的历史航迹生成
def PixelAdd_HistoryTrajectory_Channel(time_interval_df, X, Y,
                                       PredictedTrajectory_channel,
                                       altitude_HistoryTrajectory_channel,
                                       speed_HistoryTrajectory_channel,
                                       heading_HistoryTrajectory_channel):
    aircraft_callsign_bighead = '999'  # 用作后面的初始航迹点包围圈的作用
    for index, row in time_interval_df.iterrows():
        aircraft_longitude = row["longitude"]
        aircraft_latitude = row["latitude"]

        # 根据航空器经纬度,计算在 image 中的位置(注意:以 image【左上角定点】为原点)
        row_grid_idx, column_grid_idx = MTSI_Cal_def.get_aircraft_grid_idx(X, Y,
aircraft_longitude, aircraft_latitude)

        # 根据得到的 image 中的坐标填充相应的航行信息数值
        altitude_HistoryTrajectory_channel[row_grid_idx, column_grid_idx] = row
['altitude']
        speed_HistoryTrajectory_channel[row_grid_idx, column_grid_idx] = row['speed']
        heading_HistoryTrajectory_channel[row_grid_idx, column_grid_idx] = row['heading']
        # 在每条航迹的第一个航迹点形成 bighead 包围圈,预示航向
        if aircraft_callsign_bighead == row['callsign']:
            pass
        else:
            PredictedTrajectory_channel, altitude_HistoryTrajectory_channel, speed_
HistoryTrajectory_channel, \
```

```
            heading_HistoryTrajectory_channel = MTSI_Cal_def.plot_trajectory_bighead
(PredictedTrajectory_channel, altitude_HistoryTrajectory_channel, speed_
HistoryTrajectory_channel, heading_HistoryTrajectory_channel, row_grid_idx, column_grid_
idx, row['altitude'], row['speed'], row['heading'])
            aircraft_callsign_bighead = row['callsign']
            #对第一个点做完之后即释放点,后续不再对相同的航班航迹点做包围圈

    return PredictedTrajectory_channel, altitude_HistoryTrajectory_channel, speed_
HistoryTrajectory_channel, heading_HistoryTrajectory_channel
```

最后是基于冲突感知信息的预测航迹生成。为了更加全面地反映空域内空中交通的运行态势和飞行冲突信息，本节还构建了基于预测航迹的空中交通态势通道图像——飞行冲突感知通道。具体而言，使用速度航向纬度和经度信息生成航空器在未来短时间内的预测轨迹，并将其映射到飞行冲突感知通道。

为了区分不同时间尺度预测航迹的影响程度，本节对其进行了弱化处理。具体地，用某一像素值填充预测航迹的起点网格，然后沿预测轨迹的方向逐次填充网格，每当填充新的网格时，像素值都会进行一定程度的减小，直到像素值减小到零或达到预测的持续时间尺度极限，以达到减弱预测航迹的效果。根据空中交通管制的真实情况，本节将预测航迹时间设置为未来3分钟，预测航迹网格初始值设置为10 000，减小率设置为100，其减小率是动态变化的，即预测航迹方向上每次前进一个网格，减小率下降40，以此种方式反映预测航迹影响加速减弱的实际情况。

另外，由于航空器飞行轨迹相交冲突可能是影响空中交通复杂性的重要因素，为了重点描述此种信息，本研究对预测航迹的相交冲突点网格进行了像素增强处理。具体步骤如下。

(1) 首先确定预测航迹冲突网格位置。

(2) 从飞行高度通道提取对应冲突的航空器对实际的高度信息。

(3) 确定相交飞行冲突点的网格像素增强值。

具体代码如下。

```
edictedTrajectory_channel,altitude_HistoryTrajectory_channel,
                                        altitude_PredictTrajectory_channel, time_length
_trajectory_prediction, delta_time_trajactory_generation)
:
    for index, row in screenshot_df.iterrows():
        trajectory_row_grid_idx, trajectory_column_grid_idx = MTSI_Cal_def.get_
PredictTrajectory_grid_idx(row["longitude"], row["latitude"], row['heading'], row['speed'
], time_length_trajectory_prediction , delta_time_trajactory_generation, X, Y)
        '''PredictTrajectory渐变色处理'''
        predict_trajectory_pixel = predict_trajectory_first_pixel
        minus_operator = 100    #渐变像素的减小步长
        row_id2 = 0
        column_id2 = 0
        delay_step = 9          #为了跳过初始航迹点和包围着的8个网格
```

```
        delay_step_i = 0
        bighead_row_grid_idx = []
        bighead_column_grid_idx = []
        for i, j in zip(trajectory_row_grid_idx, trajectory_column_grid_idx):
            if delay_step_i < delay_step + 5:
                bighead_row_grid_idx.append(i)
                bighead_column_grid_idx.append(j)
            else:  #跳过 bighead 后,开始填充渐变 PredictTrajectory
                if i == row_id2 and j == column_id2:
                    pass
                else:
                    predict_trajectory_pixel = predict_trajectory_pixel - minus_operator
                    #预测航迹逐渐淡化的 PixelValue
                    minus_operator += 40        #渐变的速度逐渐加快
                    altitude_PredictTrajectory_channel[i, j] = row['altitude']
                    if predict_trajectory_pixel < 0:  #当像素值为负值的时候,跳过
                        pass
                    else:
                        #ConflictBoosting(冲突 PixelValue 增强)
                        PredictedTrajectory_channel = MTSI_Cal_def.ConflictBoosting
(PredictedTrajectory_channel,
altitude_PredictTrajectory_channel,
i, j, row['altitude'], row['callsign'],
predict_trajectory_pixel)
                for k, l in zip(bighead_row_grid_idx, bighead_column_grid_idx):
                #填充 bighead 部分及其相邻序号的几个像素值
                    PredictedTrajectory_channel[k, l] = predict_trajectory_first_pixel
                delay_step_i += 1
                row_id2 = i
                column_id2 = j
    return PredictedTrajectory_channel
```

本节从历史航迹和预测航迹两个角度构建了 4 个通道图像用于描述空中交通态势信息,分别为飞行高度通道、飞行速度通道、飞行航向通道和冲突感知通道。在实验中选择最重要的 3 个通道(飞行高度通道、飞行速度通道和冲突感知通道)进行空中交通态势图像的构建,并与对应时段的空中交通复杂性标注等级进行关联,形成空中交通复杂性样本。将数据以多维数组的形式进行存储,作为后文的实验数据基础。在未来的研究中,可以加入更多的通道或者构建新的通道进一步对空中交通态势信息进行更为全面的表征。其中,空中交通态势多通道图像生成过程的代码如下。

```
#在指定开始结束时间段内按 1min 粒度递进生成图像
def AirTrafficImage_Generate(time_interval_span, Proprocessed_Radardata_df,
ComplexityLabel_df, X_grid_num, Y_grid_num, X, Y, label_idx_in_column):
    StartTime_all_datetime = Proprocessed_Radardata_df['actual_over_time'].min() -
datetime.timedelta(seconds = j)
    EndTime_all_datetime = Proprocessed_Radardata_df['actual_over_time'].max()
```

```
    time_delta = (EndTime_all_datetime - StartTime_all_datetime).total_seconds()
    numbers = math.ceil(time_delta / time_interval_span)
                                                    #一个时段内将会有 numbers 条数据

    #数据准备结果存储方式
    multichannel_picture_list_all = []    #所有通道数据存储位置
    multichannel_picture_list = [[] for i in range(numbers)]
    #单通道数据存储(提前生成指定位置,后续直接依据序号进行填充)

    #按照时段顺序计算生成的图像数据
    code_running = 0   #用来查看程序运行进度,同时用作定位序号

    while StartTime_all_datetime < EndTime_all_datetime:
        #代码运行进度提示
        code_running += 1
        if code_running % 50 == 0:
            print('已计算', code_running, '条数据')

        #确定每一个 time_interval 的开始时间、结束时间
        StartTime_interval_datetime = StartTime_all_datetime
        EndTime_interval_datetime = StartTime_interval_datetime + datetime.timedelta
(seconds = time_interval_span)  #逐步累加时间段长度,自定义时段长度

        #按 time interval 从 Radar data 中提取数据
        time_interval_df = Proprocessed_Radardata_df[(Proprocessed_Radardata_df['actual
_over_time'] >= StartTime_interval_datetime) & (Proprocessed_Radardata_df['actual_over_
time'] < EndTime_interval_datetime)]
        time_interval_df.sort_values(by = ["callsign", "actual_over_time"], ascending =
(True, True), inplace = True)  #用于后续初始航迹点的包围圈生成

        #提取对应时段的 complexity label
        time_interval_ComplexityLabel_df = ComplexityLabel_df[(ComplexityLabel_df['
start_time'] < EndTime_interval_datetime) & (ComplexityLabel_df['end_time'] >= EndTime_
interval_datetime)]
        if len(time_interval_ComplexityLabel_df) == 0:
            time_interval_ComplexityLabel = None
        else:
            time_interval_ComplexityLabel = time_interval_ComplexityLabel_df.iloc[0,
label_idx_in_column]

        #为每个 time interval 生成不同 channel 的空白图像(高度维、速度维、冲突信息维、航
        #向维)
        altitude_HistoryTrajectory_channel, speed_HistoryTrajectory_channel, PredictedTrajectory
_channel, heading_HistoryTrajectory_channel = np.zeros((X_grid_num + 1, Y_grid_num +
1)), np.zeros((X_grid_num + 1, Y_grid_num + 1)) ,np.zeros((X_grid_num + 1, Y_grid_num
+ 1)), np.zeros((X_grid_num + 1, Y_grid_num + 1))
        altitude_PredictTrajectory_channel = np.zeros((X_grid_num + 1, Y_grid_num +
1))   #ConflictBoosting 时需要使用
```

```
        #将每个 time interval 内的数据聚合成情景快照 screenshot
        screenshot_df = time_interval_df.groupby(['callsign']).agg({'latitude': 'last', '
longitude': 'last', 'speed':'last', 'altitude': 'last', 'heading': 'last', 'wake_turbulance
_grade': 'first'})
        screenshot_df.reset_index(level = 0, inplace = True)

        #按 time interva 扫描,生成 channel 数据
        if time_interval_df.shape[0] == 0 :  #如果筛选出的 time_interval 没有数据,则
                                              #输出缺失
            print(StartTime_interval_datetime, '-', EndTime_interval_datetime, '存在数
据缺失!')
            StartTime_all_datetime += datetime.timedelta(seconds = time_interval_span)
            continue
        else:  #如果筛选出的 time interval 有数据,则继续
            #逐点填充 HistoryTrajectory channel 的 PixelValue
             PredictedTrajectory_channel, altitude_HistoryTrajectory_channel, speed_
HistoryTrajectory_channel, heading_HistoryTrajectory_channel = PixelAdd_
HistoryTrajectory_Channel(time_interval_df, X, Y, PredictedTrajectory_channel, altitude_
HistoryTrajectory_channel, speed_HistoryTrajectory_channel, heading_HistoryTrajectory_
channel)
            #填充 PredictTrajectory 的 PixelValue
            PredictedTrajectory_channel = PixelAdd_PredictTrajectory_Channel(screenshot_df,
X, Y, PredictedTrajectory_channel, altitude_HistoryTrajectory_channel, altitude_
PredictTrajectory_channel, time_length_trajectory_prediction, delta_time_trajactory_
generation)

        aircraft_callsign = screenshot_df['callsign'].tolist()
        #交通态势图像基本信息
        multichannel_picture_list[code_running - 1].append(StartTime_interval_datetime)
        multichannel_picture_list[code_running - 1].append(EndTime_interval_datetime)
        multichannel_picture_list[code_running - 1].append(aircraft_callsign)
        #共有 4 个通道的交通态势图像
        multichannel_picture_list[code_running - 1].append(altitude_HistoryTrajectory_channel)
        multichannel_picture_list[code_running - 1].append(speed_HistoryTrajectory_channel)
        multichannel_picture_list[code_running - 1].append(PredictedTrajectory_channel)
        multichannel_picture_list[code_running - 1].append(heading_HistoryTrajectory_channel)
        #对应的复杂性标签
        multichannel_picture_list[code_running - 1].append(time_interval_ComplexityLabel)

        StartTime_all_datetime += datetime.timedelta(seconds = time_interval_span)
        print(StartTime_all_datetime)
    multichannel_picture_list_all = multichannel_picture_list_all + multichannel_
picture_list  #将不同时段的 multichannel_picture_list 连接在一起
    return multichannel_picture_list_all
```

为了提升实验过程中数据处理、转换和存储的便捷性,将列表形式存储的空中交通态势多通道图像数据及复杂度标签数据转换为 NumPy 的 npy 多维数组格式进行保存。具体代码如下。

```
#将多通道图像转换为多维数组格式
def MultiChannelImage_2_MultiDimensionArray(multichannel_picture_list_all, X_grid_num):
    valid_index = []
    #找出有效的数据时段对应的序号
    for i in range(len(multichannel_picture_list_all)):
        if len(multichannel_picture_list_all[i]) == 0:
            pass
        else:
            if multichannel_picture_list_all[i][-1] != None:
                valid_index.append(i)

    #有标签样本的数目
    sample_number = len(valid_index)

    #定义多通道存储数据的容器
    channel_number = 4
    Scenario_X = np.zeros((sample_number, X_grid_num + 1, X_grid_num + 1, channel_
number))
    Scenario_Y = np.zeros(sample_number)

    #重整转换
    for index, value in enumerate(valid_index):
        for j in range(channel_number):
            Scenario_X[index, :, :, j] = multichannel_picture_list_all[value][j + 3]
        Scenario_Y[index] = multichannel_picture_list_all[value][-1]

    return Scenario_X, Scenario_Y
```

数据准备小节部分的相关参数设置以及主函数,代码如下。

```
if __name__ == "__main__":
    #空域扇区网格化相关参数设置
    TotalArea_wide = 345                        #扇区外接正方形的宽度,单位:千米
    TotalArea_MinLongitude = 109                #扇区外接正方形边界最小经度
    TotalArea_MaxLongitude = 112.5              #扇区外接正方形边界最大经度
    TotalArea_MinLatitude = 27                  #扇区外接正方形边界最小纬度
    TotalArea_MaxLatitude = 30.5                #扇区外接正方形边界最大纬度
    grid_wide = 2                               #单个网格设置宽度,单位:km

    #航迹预测相关参数设置
    time_length_trajectory_prediction = 180     #航迹预测总的时间长度,单位:s
    delta_time_trajectory_generation = 3        #逐步向前的步长,单位:s
    predict_trajectory_first_pixel = 10000      #预测航迹的起始像素值
    time_interval_span = 60                     #时间片段粒度,单位:s
```

```
    #空域扇区网格化预处理
    X_grid_num, Y_grid_num, X, Y = SectorGrid_Generation(TotalArea_MinLongitude,
TotalArea_MaxLongitude, TotalArea_MinLatitude, TotalArea_MaxLatitude, TotalArea_wide,
grid_wide)

    #读取预处理后的雷达航迹数据
    Proprocessed_Radardata_df = pd.read_csv(r'Proprocessed_Radardata.csv')
    Proprocessed_Radardata_df['actual_over_time'] = pd.to_datetime(Proprocessed_
Radardata_df['actual_over_time'])  #将时间列的数据类型转换为 datetime 类型
#Proprocessed_Radardata_df['heading_first'] = Proprocessed_Radardata_df['heading']
#用于计算 1min 内的最小航向
#Proprocessed_Radardata_df['heading_last'] = Proprocessed_Radardata_df['heading']

    #提取复杂性标签的地址
    label_idx_in_column = 2  #在标签数据中的列序号
    ComplexityLabel_df = pd.read_csv(r'Label_Data.csv')  #提取标签数据
    ComplexityLabel_df['start_time'] = pd.to_datetime(    ComplexityLabel_df['start_time'])
    #将时间列的数据类型转换为 datetime 类型
    ComplexityLabel_df['end_time'] = pd.to_datetime(ComplexityLabel_df['end_time'])
    #将时间列的数据类型转换为 datetime 类型

    #计算生成的图像数据
    multichannel_picture_list_all = AirTrafficImage_Generate(time_interval_span,
Proprocessed_Radardata_df, ComplexityLabel_df, X_grid_num, Y_grid_num, X, Y, label_idx_in
_column)

    #查看样例图像数据
    '''不同通道的 Pixel value 测试'''
    sample_ID_1 = 100  #100(无冲突场景样例),332(有冲突场景样例)
    print('交通态势图像样例如下:')
    fig, ax = plt.subplots(figsize=(8, 8))
    ax.imshow(multichannel_picture_list_all[sample_ID_1][5], cmap=plt.cm.magma,
interpolation='nearest',origin='upper')
    #ax.imshow(multichannel_picture_list_all[sample_ID_2][5], cmap=plt.cm.magma,
interpolation='nearest',origin='upper')
    ax.set_title('Air Traffic Scenario')
    ax.spines['bottom'].set_position(('outward', 10))
    ax.spines['top'].set_visible(False)
    ax.xaxis.set_ticks_position('bottom')

    #将多通道图像转换为多维数组格式进行存储
    Scenario_X, Scenario_Y = MultiChannelImage_2_MultiDimensionArray(multichannel_
picture_list_all, X_grid_num)

    #导出预处理后的多通道图像数据为 npy 格式
    np.save("Scenario_X.npy",Scenario_X)
    np.save("Scenario_Y.npy",Scenario_Y)
```

8.5.3　模型构建

本节提供了用于空中交通复杂性评估模式挖掘的深度卷积神经网络模块，所使用的深度卷积神经网络由多个卷积层、池化层和全连接层组成。借鉴VGG的思想，采用连续多个小卷积核(3×3)来代替大卷积核，因为多层非线性层可以增加网络深度以确保学习到更复杂的模式，计算成本也更低。每个卷积层中的卷积核数目为(32,32,64,64,128,128)，最大池化大小为(2×2)。卷积过程使用“SAME”模式，学习率为0.001，批大小为50，并采用ReLU激活函数，详细参数如表8-3所示。

表8-3　卷积神经网络结构参数

模型超参数	具体数值	模型超参数	具体数值
网络层数	9	Dropout	0.4
卷积核大小	(3,3)	批采样大小	50
池化尺寸	(2,2)	迭代次数	300
卷积核数目	32,64,128		

本案例使用了Adam作为优化器，采用交叉熵作为损失函数，使用Accuracy作为模型的评价指标，具体代码如下。

```
import warnings
warnings.filterwarnings('always')
warnings.filterwarnings('ignore')
import time
import pandas as pd
import numpy as np
from pandas import DataFrame
import os
import matplotlib.pyplot as plt
from sklearn.preprocessing import StandardScaler
from sklearn.model_selection import train_test_split
from sklearn.metrics import accuracy_score, confusion_matrix, mean_absolute_error
import tensorflow as tf
from tensorflow.keras import layers
from tensorflow import keras
from tensorflow.keras import losses
from tensorflow.keras.preprocessing.image import ImageDataGenerator
from imblearn.over_sampling import RandomOverSampler
from imblearn.keras import balanced_batch_generator

#设置可使用的gpu序号
gpus = tf.config.experimental.list_physical_devices('GPU')
tf.config.experimental.set_visible_devices(devices = gpus[0], device_type = 'GPU')
print(gpus)
if gpus:
    tf.config.experimental.set_virtual_device_configuration(gpus[0],
```

```
                                                [tf.config.experimental.
    VirtualDeviceConfiguration(
                                                        memory_limit = 8000)])
        logical_gpus = tf.config.experimental.list_logical_devices('GPU')
        #卷积神经网络结构构建
    def SOCNN_model():
        model = keras.Sequential(
        [
            layers.Conv2D(input_shape = ((x_shape[1], x_shape[2], x_shape[3])),
                          filters = 32, kernel_size = (3,3), strides = (1,1),
                          padding = 'same', activation = 'relu'),
            layers.Conv2D(filters = 32, kernel_size = (3,3), strides = (1,1),
                          padding = 'same', activation = 'relu'),
            layers.MaxPool2D(pool_size = (2,2)),
            layers.Conv2D(filters = 64, kernel_size = (3,3), strides = (1,1),
                          padding = 'same', activation = 'relu'),
            layers.Conv2D(filters = 64, kernel_size = (3,3), strides = (1,1),
                          padding = 'same', activation = 'relu'),
            layers.MaxPool2D(pool_size = (2,2)),
            layers.Conv2D(filters = 128, kernel_size = (3,3), strides = (1,1),
                          padding = 'same', activation = 'relu'),
            layers.Conv2D(filters = 128, kernel_size = (3,3), strides = (1,1),
                          padding = 'same', activation = 'relu'),
            layers.MaxPool2D(pool_size = (2,2)),
            layers.Flatten(),
            layers.Dropout(0.4),
            layers.Dense(320, activation = 'relu'),
            layers.Dropout(0.4),
            layers.Dense(160, activation = 'relu'),
            layers.Dropout(0.4),
            layers.Dense(5, activation = 'softmax')
        ])

        model.compile(optimizer = keras.optimizers.Adam(),
                      loss = keras.losses.CategoricalCrossentropy(label_smoothing = 0.3),
                      #标签平滑处理后的 loss
                      metrics = ['accuracy'])
        model.summary()
        return model
```

8.5.4 模型训练、测试及评价

实际中的空中交通复杂性标注采集难度大、成本高昂，造成空中交通复杂性数据集存在各种各样的数据问题，例如，样本量规模有限、不同类别数据不平衡、标签噪声等。这些问题对于深度学习模型的训练过程影响巨大，极有可能导致模型过拟合于训练数据。因此，本节采用了多种方法来克服这些问题对于训练空中交通复杂性评估模型的影响。

(1) 数据扩充。

目前存在多种数据扩充方法，其中，图像随机旋转、随机抽取是较为简单的数据扩充方法，除此之外，还有尺度变化、偏移或翻转等方式，从而增加了卷积神经网络对物体尺度和方向上的鲁棒性。在此基础上，对原有图像或者已变换的图像进行色彩抖动也是一种常用的数据扩充手段。在实践中往往会将多种数据扩充方式叠加使用，将原始数据数量扩增至数倍或者数十倍，但前提是要根据解决的问题以及现有数据的情况，使用可以为数据集增加价值的数据扩充类型。考虑到空中交通态势的实际情况，本节采用随机旋转角度的数据扩充方式对空中交通复杂性数据集进行扩充，增加原始样本的多样性，从而防止训练模型陷入过拟合。

(2) 类别均衡采样。

为缓解样本不平衡问题，本节引入了一种直接着眼于类别的数据重采样策略，即类别平衡采样。具体方法是在生成每个小批量训练样本时对不同扇区运行复杂度等级的样本类进行均衡采样，使不同复杂度类别的交通样本参与训练的机会保持均衡，以确保模型学习过程中不会偏向具有更多样本的某个空中交通复杂性等级类别。

(3) 标签平滑。

为了防止模型过度学习标签噪声样本，本研究对输入复杂度标签数据执行标签平滑处理。标签平滑是深度学习中广泛使用的一种优化方式，由 Szegedy 等人于 2016 年第一次提出。不同于传统多分类问题中使用确定的标签作为硬目标，标签平滑使用硬目标的加权平均和标签上的均匀分布作为软目标，可以显著提升多种神经网络的泛化能力和学习速度，并在实践中被证明可应用于大量的模型或任务中，例如，图像分类、机器翻译和语音识别等。

以上三种方案的具体代码如下。

```
def label_smooth(y, coef):
    label_smoothing_coef = coef  #标签平滑系数
    y_smoothed = y * (1 - label_smoothing_coef) + label_smoothing_coef / 5
    return y_smoothed

#样本均衡采样
keras = tf.compat.v1.keras          #一定要注意使用 v1 版的 keras' Squence
Sequence = keras.utils.Sequence
class BalancedDataGenerator(Sequence):
    """ImageDataGenerator + RandomOversampling"""
    def __init__(self, x, y, datagen, batch_size = 32):
        self.datagen = datagen
        self.batch_size = batch_size
        self._shape = x.shape
        datagen.fit(x)
        self.gen, self.steps_per_epoch = balanced_batch_generator(x.reshape(x.shape[0],
-1), y,
        sampler = RandomOverSampler(),
```

```
            batch_size = self.batch_size,
            keep_sparse = True)
    def __len__(self):
        return self._shape[0] // self.batch_size

    def __getitem__(self, idx):
        x_batch, y_batch = self.gen.__next__()
        x_batch = x_batch.reshape(-1, *self._shape[1:])
        return self.datagen.flow(x_batch, y_batch, batch_size=self.batch_size).next()
```

完整空中交通复杂性数据集规模为三千余条，由于样本规模相对较小，因此采用交叉验证的方式进行数据集的划分，80%的样本用作训练集，20%用作测试集。当模型训练迭代次数达到300次时，停止训练，同时保存截至当前的最优模型。在模型训练完毕后，输出训练过程结果并保存为CSV文件格式，具体模型训练过程代码如下。

```
if __name__ == "__main__":
    #读取处理后的空中交通态势图像数据
    X = np.load("Scenario_X.npy")
    Y = np.load("Scenario_Y.npy")

    #选取要使用的图像通道
    X_altitude = X[:, :, :, 0]
    X_speed = X[:, :, :, 1]
    X_PredictConflict = X[:, :, :, 2]
    X_heading = X[:, :, :, 3]

    #将所选取的图像通道堆叠成多通道交通态势图像
    X = np.stack((X_altitude, X_speed, X_PredictConflict), axis = 3)

    #对图像进行标准化
    grid_wide = 2
    X_grid_num = 345 // grid_wide
    Y_grid_num = 345 // grid_wide
    scaler = StandardScaler()
    for k in range(3):
        X[:, :, :,
k] = scaler.fit_transform(X[:, :, :,
k].astype(np.float32).reshape(-1, 1)).reshape(-1, X_grid_num + 1, Y_grid_num + 1)

    #划分训练集、测试集
    x_shape = X.shape
    x_train, x_test, y_train, y_test = train_test_split(X, Y, test_size=0.2, stratify=Y)

    #标签 Onehot 编码
```

```
    y_train = tf.cast(y_train, tf.int64)
    y_test = tf.cast(y_test, tf.int64)
    y_train = tf.one_hot(y_train, 5)
    y_test = tf.one_hot(y_test, 5)

    x_train = np.asarray(x_train)
    y_train = np.asarray(y_train)
    x_test = np.asarray(x_test)
    y_test = np.asarray(y_test)

    #数据扩充+样本均衡采样
    batch_size = 10
    datagen = ImageDataGenerator(rotation_range = 10, fill_mode = 'wrap')
    balanced_gen = BalancedDataGenerator(x_train, y_train, datagen, batch_size = batch_
size)

    #设置训练过程参数存储地址
    checkpoint_path = "…\\save model\\training process.ckpt"
    cp_callback = tf.keras.callbacks.ModelCheckpoint(filepath = checkpoint_path, monitor =
'val_accuracy', save_best_only = True, save_weights_only = False, mode = 'auto', save_
freq = 'epoch', verbose = 1)

    #训练模型
    epochs_num = 100
    model = SOCNN_model()
    history = model.fit(balanced_gen, steps_per_epoch = 28, epochs = epochs_num,
                        validation_data = (x_test, y_test), callbacks = [cp_callback],
                        shuffle = True)

    #保存训练结果
    result = {'accuracy': history.history['accuracy'], "val_accuracy" : history.history['
val_accuracy'], \
            'loss': history.history['loss'], 'val_loss' : history.history['val_loss']}
    result_df = DataFrame(result)
    result_df.to_csv('…results\final_result.csv', sep = ',', index = True, header = True)
```

8.5.5 结果展示

训练过程中打印的模型框架如图 8-2 所示。

模型训练过程展示如图 8-3 所示。

本模型的空中交通复杂性真实值与评估值的对比如图 8-4 所示。

本案例提供的样例数据规模有限,模型并未进行细致地调参,也并未进行模型结构的调试,仅作读者参考。读者可在此模型基础上进行细致地调参以及模型结构调整。通过在更大数据集上的实验以提高模型表现,完整的代码可通过本书前言提供的获取方式进行获取。

```
Layer (type)                 Output Shape              Param #
=================================================================
conv2d_72 (Conv2D)           (None, 173, 173, 32)      896
_________________________________________________________________
conv2d_73 (Conv2D)           (None, 173, 173, 32)      9248
_________________________________________________________________
max_pooling2d_36 (MaxPooling (None, 86, 86, 32)        0
_________________________________________________________________
conv2d_74 (Conv2D)           (None, 86, 86, 64)        18496
_________________________________________________________________
conv2d_75 (Conv2D)           (None, 86, 86, 64)        36928
_________________________________________________________________
max_pooling2d_37 (MaxPooling (None, 43, 43, 64)        0
_________________________________________________________________
conv2d_76 (Conv2D)           (None, 43, 43, 128)       73856
_________________________________________________________________
conv2d_77 (Conv2D)           (None, 43, 43, 128)       147584
_________________________________________________________________
max_pooling2d_38 (MaxPooling (None, 21, 21, 128)       0
_________________________________________________________________
flatten_12 (Flatten)         (None, 56448)             0
_________________________________________________________________
dropout_36 (Dropout)         (None, 56448)             0
_________________________________________________________________
dense_36 (Dense)             (None, 320)               18063680
_________________________________________________________________
dropout_37 (Dropout)         (None, 320)               0
_________________________________________________________________
dense_37 (Dense)             (None, 160)               51360
_________________________________________________________________
dropout_38 (Dropout)         (None, 160)               0
_________________________________________________________________
dense_38 (Dense)             (None, 5)                 805
=================================================================
Total params: 18,402,853
Trainable params: 18,402,853
Non-trainable params: 0
```

图 8-2 打印的模型框架

```
Train for 59 steps, validate on 329 samples
Epoch 1/300
58/59 [==>.]- loss: 1.5911 - accuracy: 0.2781
Epoch 00001: val_accuracy improved from -inf to 0.1733, saving model to…
INFO:tensorflow:Assets written to…
59/59 [==]- loss: 1.5892 - accuracy: 0.2826 - val_loss: 1.6502 - val_accuracy: 0.1733
Epoch 2/300
58/59 [==>.]- loss: 1.4122 - accuracy: 0.5094
Epoch 00002: val_accuracy improved from 0.1733 to 0.4802, saving model to…
INFO:tensorflow:Assets written to…
59/59 [==]- loss: 1.4095 - accuracy: 0.5132 - val_loss: 1.4317 - val_accuracy: 0.4802
Epoch 3/300
58/59 [==>.]- loss: 1.3084 - accuracy: 0.6273
Epoch 00003: val_accuracy improved from 0.4802 to 0.5806, saving model to…
INFO:tensorflow:Assets written to:…
59/59 [==]- loss: 1.3088 - accuracy: 0.6269 - val_loss: 1.3563 - val_accuracy: 0.5806
Epoch 4/300
58/59 [==>.]- loss: 1.2548 - accuracy: 0.6830
Epoch 00004: val_accuracy did not improve from 0.5806
59/59 [==]- loss: 1.2545 - accuracy: 0.6834 - val_loss: 1.4123 - val_accuracy: 0.4620
Epoch 5/300
58/59 [==>.]- loss: 1.2240 - accuracy: 0.7221
Epoch 00005: val_accuracy did not improve from 0.5806
59/59 [==]- loss: 1.2249 - accuracy: 0.7207 - val_loss: 1.3365 - val_accuracy: 0.5471
```

图 8-3 模型训练过程展示

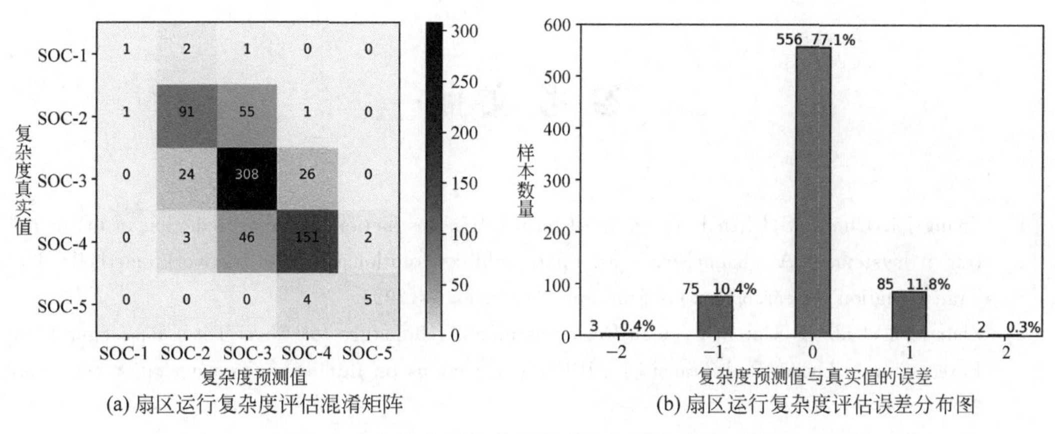

(a) 扇区运行复杂度评估混淆矩阵　　(b) 扇区运行复杂度评估误差分布图

图 8-4 空中交通复杂性真实值与评估值的对比

8.6 本章小结

本章首先介绍了人工智能、机器学习、深度学习、强化学习在空中交通领域的主流研究方向，并以利用雷达航迹数据进行空中交通复杂性评估为研究案例，详细介绍了空中交通复杂性相关数据的获取手段及开源数据集、雷达航迹数据预处理过程，以及空中交通复杂性评估模型的完整建模过程，本章随附每一部分的完整代码及数据，读者可获取完整项目代码及数据进行实战演练。

参考文献

［1］ Zhang J L，Che H S，Chen F，et al. Short-term origin-destination demand prediction in urban rail transit systems：A channel-wise attentive split-convolutional neural network method［J］. Transportation Research Part C：Emerging Technologies，2021.

［2］ Zhang J L，Chen F，Cui Z Y，et al. Deep Learning Architecture for Short-Term Passenger Flow Forecasting in Urban Rail Transit［J］. IEEE Transactions on Intelligent Transportation Systems，2020，1-11.

［3］ Zhang J L，Chen F，Guo Y N，et al. Multi-graph convolutional network for short-term passenger flow forecasting in urban rail transit［J］. IET Intelligent Transport Systems，2020.

［4］ Chen F，Zhang J L，Wang Z J，et al. Passenger travel characteristics and bus operational states：a study based on IC card and GPS data in Yinchuan，China［J］. Transportation Planning and Technology，2019，42（5）：1-23.

［5］ Wang S，Miao H，Li J，et al. Spatio-Temporal Knowledge Transfer for Urban Crowd Flow Prediction via Deep Attentive Adaptation Networks［J］. IEEE Transactions on Intelligent Transportation Systems，2021.

［6］ Miao H，Fei Y，Wang S，et al. Deep learning based origin-destination prediction via contextual information fusion［J］. Multimedia Tools and Applications，2021：1-17.

［7］ Wang S，Miao H，Chen H，et al. Multi-task adversarial spatial-temporal networks for crowd flow prediction［C］. Proceedings of the 29th ACM international conference on information & knowledge management. 2020：1555-1564.

［8］ Miao H，Wang S，Zhang M，et al. Deep Multi-View Channel-Wise Spatio-Temporal Network for Traffic Flow Prediction［J］. Traffic，2020，125：250.

［9］ Wang S，Zhang M，Miao H，et al. MT-STNets：Multi-Task Spatial-Temporal Networks for Multi-Scale Traffic Prediction［C］. Proceedings of the 2021 SIAM International Conference on Data Mining（SDM）. Society for Industrial and Applied Mathematics，2021：504-512.

［10］ Wang S，Cao J，Chen H，et al. SeqST-GAN：Seq2Seq generative adversarial nets for multi-step urban crowd flow prediction［J］. ACM Transactions on Spatial Algorithms and Systems（TSAS），2020，6（4）：1-24.

［11］ Chemla D，Meunier F，Calvo R W. Bike sharing systems：Solving the static rebalancing problem［J］. Discrete Optimization，2013，10（2）：120-146.

［12］ Contardo C，Morency C，Rousseau L M. Balancing a dynamic public bike-sharing system［M］. Montreal，Canada：Cirrelt，2012.

［13］ Pal A，Zhang Y. Free-floating bike sharing：Solving real-life large-scale static rebalancing problems［J］. Transportation Research Part C：Emerging Technologies，2017，80：92-116.

［14］ 苏影. 基于数据分析的共享单车动态调配优化研究［D］. 北京交通大学，2019.

［15］ Zhang J B，Zheng Y，and Qi D K. Deep spatio-temporal residual networks for citywide crowd flows prediction［J］. Proceedings of the AAAI Conference on Artificial Intelligence. 2017，31（1）.

［16］ Yao H X，et al. Deep multi-view spatial-temporal network for taxi demand prediction［C］. Proceedings of the AAAI Conference on Artificial Intelligence. 2018，32（1）.

[17] Yao H X, et al. Revisiting spatial-temporal similarity: A deep learning framework for traffic prediction[C]. Proceedings of the AAAI conference on artificial intelligence. 2019, 33(01).

[18] Geng X, et al. Spatiotemporal multi-graph convolution network for ride-hailing demand forecasting [C]. Proceedings of the AAAI conference on artificial intelligence. 2019, 33(01).

[19] Wang Y D, et al. "Origin-destination matrix prediction via graph convolution: a new perspective of passenger demand modeling[C]. Proceedings of the 25th ACM SIGKDD international conference on knowledge discovery & data mining. 2019.

[20] Wang D, et al. When will you arrive? estimating travel time based on deep neural networks[C]. Proceedings of the AAAI Conference on Artificial Intelligence. 2018, 32(1).

[21] Zhang H Y, et al. Deeptravel: a neural network based travel time estimation model with auxiliary supervision [C]. Proceedings of the 27th International Joint Conference on Artificial Intelligence, 2018.

[22] Fang X M, et al. ConSTGAT: Contextual Spatial-Temporal Graph Attention Network for Travel Time Estimation at Baidu Maps [C]. Proceedings of the 26th ACM SIGKDD International Conference on Knowledge Discovery & Data Mining, 2020.

[23] Xu Z, et al. Large-scale order dispatch in on-demand ride-hailing platforms: A learning and planning approach [C]. Proceedings of the 24th ACM SIGKDD International Conference on Knowledge Discovery & Data Mining. 2018.

[24] 刘晨曦，王东，陈慧玲，等. 多源异构数据融合的城市私家车流量预测研究. 通信学报，2021，42(3): 54-64.

[25] Liu C X, Xiao Z, Wang D, et al. Exploiting Spatiotemporal Correlations of Arrive-Stay-Leave Behaviors for Private Car Flow Prediction [J]. IEEE Transactions on Network Science and Engineering, 2021, 1-13.

[26] Wang D, Fan J, Xiao Z, et al. Stop-and-wait: Discover aggregation effect based on private car trajectory data [J]. IEEE transactions on intelligent transportation systems, 2018, 20 (10): 3623-3633.

[27] Xiao Z, Li P, Havyarimana V, et al. GOI: A novel design for vehicle positioning and trajectory prediction under urban environments[J]. IEEE Sensors Journal, 2018, 18(13): 5586-5594.

[28] Huang Y, Xiao Z, Wang D, et al. Exploring Individual Travel Patterns Across Private Car Trajectory Data [J]. IEEE Transactions on Intelligent Transportation Systems. 2020, 21 (12): 5036-5050.

[29] Liu C, Cai J, Wang D, et al. Understanding the Regular Travel Behavior of Private Vehicles: An Empirical Evaluation and A Semi-supervised Model[J]. IEEE Sensors Journal, 2021, 1-13, doi: 10. 1109/JSEN. 2021. 308814.

[30] Li J, Zeng F, Xiao Z, et al. Drive2friends: Inferring social relationships from individual vehicle mobility data[J]. IEEE Internet of Things Journal, 2020, 7(6): 5116-5127.

[31] Xiao J, Xiao Z, Wang D, et al. Vehicle Trajectory Interpolation Based on Ensemble Transfer Regression[J]. IEEE Transactions on Intelligent Transportation Systems, 2021.

[32] Chen J, Xiao Z, Wang D, et al. Toward opportunistic compression and transmission for private car trajectory data collection[J]. IEEE Sensors Journal, 2018, 19(5): 1925-1935.

[33] Liu L, Chen J, Wu H, et al. Physical-virtual collaboration modeling for intra-and inter-station metro ridership prediction[J]. IEEE Transactions on Intelligent Transportation Systems, 2020.

[34] 陈志杰，汤锦辉，王冲，等. 人工智能赋能空域系统，提升空域分层治理能力[J]. 航空学报，2021，42(04): 7-15.

[35] 赵嶷飞,孟令航,李克南.基于人工智能的智慧民用航空运输系统[J].指挥信息系统与技术,2019,10(06):1-7.

[36] 杨红雨,杨波,武喜萍,等.智能化空管技术研究与展望[J].工程科学与技术,2018,50(04):12-21.

[37] Liu H,Lin Y,Chen Z,et al. Research on the air traffic flow prediction using a deep learning approach[J]. IEEE Access,2019,7: 148019-148030.

[38] Wang Z,Liang M,Delahaye D. A hybrid machine learning model for short-term estimated time of arrival prediction in terminal manoeuvring area[J]. Transportation Research Part C: Emerging Technologies,2018,95: 280-294.

[39] 赵家明.机场停机位智能分配方法研究及实现[D].北京:北京工业大学,2019.

[40] 武喜萍,杨红雨,杨波.进港航班排序强化学习模型研究[J].工程科学与技术,2017,49(S2):173-178.

[41] 钱夏.空中交通管制冲突调配智能决策方法研究[D].南京:南京航空航天大学,2020.

[42] Xie H,Zhang M,Ge J,et al. Learning Air Traffic as Images: A Deep Convolutional Neural Network for Airspace Operation Complexity Evaluation[J]. Complexity,2021,2021.

[43] Cao X,Zhu X,Tian Z,et al. A knowledge-transfer-based learning framework for airspace operation complexity evaluation[J]. Transportation Research Part C: Emerging Technologies,2018,95: 61-81.

[44] colah. Understanding LSTM Networks [EB/OL].

[45] https://colah.github.io/posts/2015-08-Understanding-LSTMs/,2015-8-27

[46] https://www.cnblogs.com/charlotte77/p/5629865.html

[47] https://blog.csdn.net/orDream/article/details/106342711

[48] https://www.cnblogs.com/jfdwd/p/10964119.html

[49] https://zhuanlan.zhihu.com/p/87646306

[50] https://www.cnblogs.com/jfdwd/p/10964119.html

[51] https://blog.csdn.net/weixin_39526651/article/details/110814023

[52] https://blog.csdn.net/weixin_42052081/article/details/89108966

图书资源支持

感谢您一直以来对清华版图书的支持和爱护。为了配合本书的使用，本书提供配套的资源，有需求的读者请扫描下方的“书圈”微信公众号二维码，在图书专区下载，也可以拨打电话或发送电子邮件咨询。

如果您在使用本书的过程中遇到了什么问题，或者有相关图书出版计划，也请您发邮件告诉我们，以便我们更好地为您服务。

我们的联系方式：

地　　址：北京市海淀区双清路学研大厦 A 座 714

邮　　编：100084

电　　话：010-83470236　010-83470237

客服邮箱：2301891038@qq.com

QQ：2301891038（请写明您的单位和姓名）

资源下载：关注公众号“书圈”下载配套资源。

资源下载、样书申请

书圈

图书案例

清华计算机学堂

观看课程直播